얼음의 나이

얼음의 나이
자연의 온도계에서 찾아낸 기후변화의 메커니즘

지은이 오코우치 나오히코
옮긴이 윤혜원
감수   홍성민

1판1쇄 발행 2013. 8. 20
1판4쇄 발행 2025. 3. 10

펴낸곳 계단 출판등록 제 25100-2011-283호 주소 (04085) 서울시 마포구 토정로4길 40-10, 2층
전화 070-4533-7064 팩스 02-6280-7342 이메일 paper.stairs1@gmail.com

값은 뒤표지에 있습니다.
ISBN 978-89-98243-00-5 03450

얼음의 나이

자연의 온도계에서 찾아낸 기후변화의 메커니즘

오코우치 나오히코 지음

윤혜원 옮김 홍성민 감수

계단

| 일러두기 |

- 이 책은 大河内直彦 「チェンジング・ブル――気候変動の謎に迫る」(岩波書店, 2008, 2015)을 완역한 것이다.
- 책과 신문, 잡지는 《 》, 글과 영화는 〈 〉로 나타냈다.
- ℃는 '섭씨 도' 혹은 '도'로 나타냈다. 이 책에서 화씨 온도는 사용하지 않고, 섭씨 온도만 사용하였다. 절대온도는 '도'를 쓰지 않고 K로 구분했다. 위도와 경도를 나타내는 단위도 '도'를 사용했지만, 온도와 함께 나올 때는 온도를 나타내는 부분에 섭씨를 붙여 구분하였다.
- 원서의 주석은 각주와 미주로 나누어 배치하였다. 편집자주는 본문에서는 괄호 없이 작은 활자로 표시하고, 주석과 그림설명에서는 괄호로 구분한 후 편집자주라고 명시하였다. 본문에 나오는 괄호 안 내용은 모두 저자의 것이다.
- 인명을 포함한 외래어는 외래어표기법에 따라 표기했다.
- 굵은 활자로 표시한 부분은 원문에서 방점으로 강조한 부분이다.
- 용어의 영어 혹은 한문 병기는 찾아보기에서 확인할 수 있다.

블루, 내가 좋아하는 색이다. 옅은 푸른 빛에서 진한 쪽빛, 붉은 색을 띤 보랏빛, 녹색에 가까운 에메랄드 블루, 그 표정도 다양하다. 세상에는 색 중에서 푸른색을 좋아하는 사람이 압도적으로 많다고 한다. 분명 그 이유가 있지 않을까. 맑게 갠 하늘, 산호초 바다, 푸르스름하게 반짝이는 빙하. 생명의 근원과 자연을 상징하는 색은 모두 블루다. 또한 블루는 어머니와도 같은 지구를 상징하는 색이기도 하다.

그런데 지금 이 블루(지구)가 조금씩이지만 꾸준히 변하고 있다. 현재 대기 중의 이산화탄소 농도는 매년 400ppm에 조금씩 가까워지고 있으며, 찌는 듯한 더위와 한겨울의 이상 고온은 해마다 그 기록을 갈아치우고 있다. 누가 봐도 기후가 온난화되고 있음이 분명하다.

1980년대 후반 이후 다양한 형태로 지구온난화에 관해 논의하고 있다. 우리는 이제 지구온난화에 대한 이야기를 들어도 별로 낯설지가 않다. 인터넷에서 지구온난화라는 키워드를 검색하면 막대한 양의 정보가 넘쳐난다. 하지만 그 중에는 뻔한 내용이거나, 아니면 일부 자극적인 문제만 드러내는 균형감 없는 정보가 적지 않다. 또한 지구온난화를 둘러싼 문제는 슬쩍 정치·경제적 문제로 갈아타는 경향이 있다.

과연 우리는 이런 정보의 소용돌이 속에서 무엇을 판단의 근거로 삼아야 할까? 무슨 주장을 하고 어떻게 행동하면 좋을까? 사실 이런 물음에 대한 답을 얻으려면 문제의 근원으로 돌아가 생각할 수 밖에 없다.

이 책은 현재는 물론 과거 수만 년 동안 일어난 기후변화를 주요 소재로 하고 있다. 가끔 과거 수만 년 동안의 기후변화는 너무 오래된 정보라 현재의 기후변화를 설명하기에는 별 도움이 안 된다는 얘기를 듣곤 한다. 그렇게 생각하는 것도 무리는 아니다. 우선 태곳적에 일어난 기후변화는 무척 오래 전에 일어난 일이라 데이터의 신뢰도가 떨어진다. 하지만 이 책에서 설명하고 있듯이 고古기후변화에 관한 지식이 기후변화의 구조를 이해하는 데 큰 도움이 되어 왔음은 부정할 수 없는 사실이다. 기후변화의 구조에 대한 이해가 없다면 아무리 뛰어난 컴퓨터로 시뮬레이션을 해봐도 그것은 숫자 짜깁기에 불과하다. 하지만 안타깝게도 대부분의 일반인들은 그런 사실을 알지 못한다.

지질학자는 과거에 일어난 기후변화가 어떠했는지 명확하게 밝히는 일을 한다. 하지만 역사학자가 하는 일이 연표의 공백을 하나하나 메워가는 게 아니듯이, 지질학자의 일도 단순히 지구의 연표를 채워가는 것이 아니다. 연표에 기록되는 사건 배후의 물리적·화학적·생물학적 구조를 밝히고, '지구의 구조'를 해독하는 것이야말로 지질학자의 진정한 일이다. 그것은 마치 역사가가 역사 속 사건의 배후에 숨겨져 있는 밀약이나 음모는 물론 인간의 심층심리까지 해독하여 인간의 본성을 명확하게 드러내는 것과 많이 닮았다.

앞날이 어두운 시대일수록 역사소설이 많이 팔린다고 한다. 현재의 문제를 풀어낼 무언가가 역사에 있다고 느끼는 사람들이 많기 때문일 것이다. 우리는 현재 예측하기 어려운 지구환경 변화에 직면하고 있다. 지질학자는 이런 사실을 앞에 두고 사람들에게 무엇을 이야기할 수 있을까? 이 책에서는 자연과학의 관점에서 지구의 역사를 집중적으로 살펴보고, 그 역사를 움직여온 구조도 함께 생각해 볼 것이다.

자연과학이라고 하면 사람들은 보통 '깨끗하게 정돈된 그 어떤 것'을 떠올린다. 복잡하게 얽힌 연구 성과를 깔끔하게 정리하여 교과서에 실은 덕분이거나, 매스미디어에서 연구 성과의 **맛있는 알맹이**만 보도하기 때문일는지도 모른다. 그렇지만 자연과학도 역시 희로애락을 지닌 인간의 일상 행동을 모아놓은 것이다. 보기 좋은 결과와 성공담이 전부가 아니다. 최첨단 연구의 현장에는 오해로 생겨난 비방과 중상, 연구자의 목숨을 건 이기적인 싸움들이 어지럽게 널려있다.

연구자의 세계에서는 이런 이야기가 입에 자주 오르내리지만, 연구자가 아닌 사람은 그 속내를 전혀 알 수 없다. 그렇지만 장차 연구자를 꿈꾸는 젊은 독자들은 특히, 연구 현장의 분위기나 연구자들이 무엇 때문에 갈등하는지를 아는 것이 중요하다고 생각한다. 이 책에서는 그런 이야기들을 스토리로 엮어 정리해 봤다. 그래서 기후변화의 과학이 발전해가는 과정에 인간드라마를 섞어, 보다 친숙하고 이해하기 쉽게 설명해보았다. 광범위한 지식이 필요한 '기후변화'라는 폭넓은 주제의 모든 것을 혼자 힘으로 풀어내기란 솔직히 쉽지 않았다. 그래도 최소한 지구온난화 문제의 근원에 자리한 기후변화의 과학적 측면은 제대로 드러냈다고 생각한다.

저자로서는 독자들이 이 책을 읽고 기후변화의 과학에 조금이라도 흥미를 갖게 되는 것이 더할 나위 없이 행복할 따름이다.

오코우치 나오히코

얼음의 나이

차례

자연이야말로 가장 완벽한 감정인이라는 것을 잊어서는 안 된다.

– 아서 홈즈

프롤로그

옛 것을 익혀 새 것을 알면 스승이 될 수 있다.
. - 공자

1974년 겨울, 미국 북동부는 유난히 추웠다. 추수감사절 주말인 12월 1일 한밤중에 통과한 저기압으로 오대호의 이리 호와 휴런 호 사이에 있는 디트로이트에 무려 49센티미터의 눈이 내렸다. 1886년 이래 최대 적설량이다. 추수감사절을 맞아 고향을 방문했다 집으로 돌아가던 많은 사람들이 발이 묶여 공항 로비에서 꼬박 밤을 새워야 했다. 그 해 크리스마스에는 보스턴에도 큰 눈이 덮쳤다. 그날의 적설량은 관측을 시작한 1871년 이래 최대인 9센티미터였다.

'올해가 다른 해보다 좀 더 추운 것뿐이야'라고 태평하게 생각한 사람도 많았지만, 일부 사람들에게는 좋지 않은 예감이 머리를 스쳤다. 그해 겨울이 지나고 이듬해 《뉴스위크》 4월 28일자에 '식어가는 지구'라는 제목의 기사가 실렸다.[1] 그 일부를 한 번 읽어보자.

지구의 기후가 급격히 변하기 시작하여 식량 생산이 크게 감소할 지도 모른다는(이는 지구상 거의 모든 나라에서 정치적으로 상당히 중요한 문제다) 불길한 징후가 나타나고 있다. 식량 생산의 감소는 머지않아, 아마 채 10년이 지나기 전에 시작될 가능성이 있다. 그 영향이 미칠 지역은 북쪽으로는 밀 생산지인 캐나다와 소련(현 러시아)이 있고, 생산성이 낮고 자급자족에 의존하는 여러 열대지역, 즉 계절풍이 몰고 온 비가 식물의 성장을 좌우하는 인도의 일부 지역과 파키스탄, 방글라데시 및 인도네시아 등이다.

그리고 몇몇 과학자의 견해를 덧붙이며, 과거 10년 사이에 기온이 떨어지고 빙하가 남하했다는 등 한랭화를 시사하는 많은 증거들을 늘어놓았다. 다양한 과학적 증거가 한랭화 주장을 뒷받침하고 있다는 것이다.

그보다 1년 앞선 1974년 6월 24일자 《타임》에는 〈또다시 빙하기가?〉라는 기사가 실렸다.[2] 그 글에서도 다음과 같이 주장하고 있다.

지난 몇 년 간 이상하고 예측불가능한 기상패턴을 겪으면서, 상식적으로는 도저히 이해가 안 되는 이런 기상변화가 세계적인 기후 격변의 시작이 아닐까 의심하는 연구자가 늘고 있다. 기상조건이란 시간과 장소에 따라 크게 달라지기 마련이지만, 기상학자들은 지난 30년간 지구상의 모든 곳에서 기온이 서서히 떨어지고 있다는 것을 이미 확인하고 있다.

《타임》의 기사는 한 연구자의 견해를 인용하면서, 1971년에 북반구에서 얼음과 눈으로 뒤덮인 지역이 갑자기 12퍼센트나 늘어났다거나, 캐나다 북부의 배핀 섬이 일 년 내내 눈으로 뒤덮였다는, 지금까지 볼 수 없었던 기상학적 사실을 그 예로 들었다.

하지만 이런 기사들은 지금 그 어느 것도 주목받지 못하고 있다. 아니, 기사의 주장은 둘째 치고라도, 증거로 내세웠던 '기상학적 사

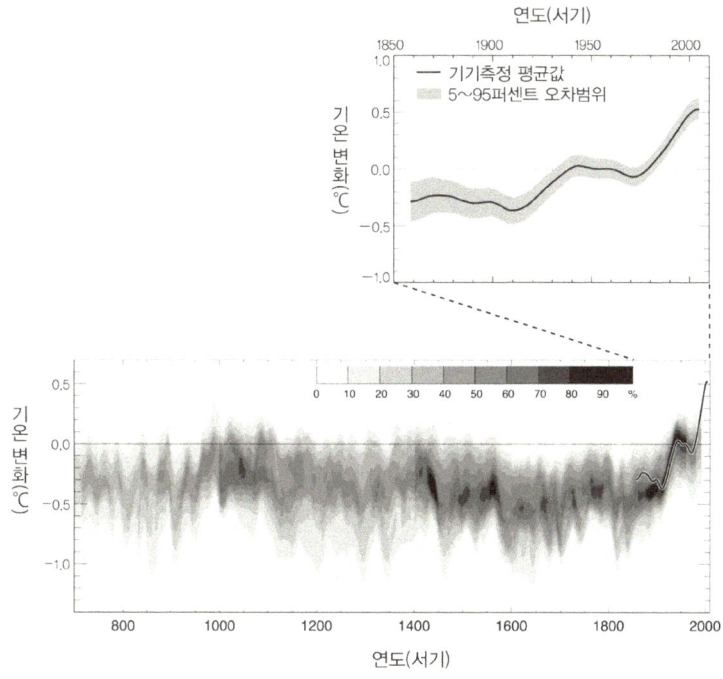

그림 0-1 그래프(위): 과거 150년 간 북반구 평균 기온의 변화. 육지와 바다의 기기 측정 결과를 정리했다. 세세한 변동은 생략했다. 그래프(아래): 과거 1300년에 걸친 북반구 평균 기온의 변화. 다양한 지질학적 기록과 고문서 기록을 근거로 복원한 것으로, 중복된 정도(%)가 표시되어 있다. 두 그래프 모두 1961-1990년의 평균 기온을 기준으로 하고 있다. IPCC(2014)을 수정.

실'은 대체 어떻게 된 것일까?

먼저 그림 0-1을 한 번 보자. 이것은 과거 1300년 동안 북반구의 평균기온을 복원한 그래프로 2014년에 발표된 '기후변화에 관한 정부간 패널IPCC[3]의 5차보고서에 실려 있다.* 세계 곳곳에서 실시한 기상

---

* IPCC(Intergovernmental Panel on Climate Change)의 보고서는 http://www.ipcc.ch/에서 누구나 확인할 수 있다. 일부 사람들은 보고서에 인용된 먼 옛날의 기후기록이 유럽 등 일부 지역에 한정되어 있어 제대로 된 결과가 아니라고 말하기도 한다. 분명 데이터는 지구의 일부 지역에서 가져왔다. 그러나 보고서 원문을 읽어 보면 알 수 있듯이 유럽 등 데이터가 풍부한 일부 지역의 기후에만 치우치지

관측 기록을 모아, 고문서나 지질학적 기록을 기온으로 바꾼 결과들을 조합한 것이다. 그래프에 따르면 서기 1200년부터 1900년 무렵까지 700년 동안 북반구의 평균 기온은, 다소 요동이 있기는 하지만 비교적 안정돼 있다. 그런데 1900년 경부터 상승 트렌드가 나타나기 시작한다. 그리고 20세기 전체를 놓고 본다면 온난화가 진행되고 있지만, 자세히 살펴보면 북반구의 평균 기온은, 1940년대 중반부터 위의 기사들이 나왔던 1970년대 중반까지는 확실히 완만한 하강국면이었다. 즉 《타임》이나 《뉴스위크》에서 언급한 내용이 과학적으로 잘못된 근거를 토대로 삼지는 않았다는 뜻이다.

그러나 그런 기사들이 유력 언론매체를 도배했다고 해서 전문 연구자들까지 지구온난화를 몰랐던 것은 아니다. 일부 연구자들은 지구한랭화를 주장하는 기사가 올라오기 훨씬 전부터 지구온난화를 집중적으로 연구하면서 여러 차례 경고의 메시지를 보내고 있었다. 캘리포니아 주 샌디에이고 교외에 있는 스크립스 해양연구소의 로저 르벨과 한스 쥐스는 일찍이 온난화를 우려하면서 바다의 이산화탄소 농도를 조사해오고 있었다. 또한 찰스 킬링이 대기 중의 이산화탄소 농도를 측정하기 시작한 것도 이들 기사가 발표되기 이십여 년 전부터다. 하지만 안타깝게도 당시에는 아직 온난화를 뒷받침할만한 증거가 충분하지 않았다.

터닝포인트는 얼마 지나지 않아 찾아왔다. 1975년 8월, 미국 컬럼비아 대학의 월레스 브뢰커가 단편적인 증거들을 한데 모아 명쾌하게 설명한 논문 〈기후변화—우리는 지구온난화라는 벼랑에 서 있는

않도록 상당히 주의를 기울였다는 것을 확인할 수 있다.

것인가?)를《사이언스》에 발표한 것이다.[4]《타임》이나《뉴스위크》의 기사가 올라온 지 일 년이 채 되지 않아서였다. 브뢰커는 논문에서 이렇게 주장했다.

> 만일 인류가 방출하는 먼지가 기후변화의 주요 요인이 아니라면, 십여 년 뒤에는 현재의 한랭화가 이산화탄소에 의해 야기되는 현저한 온난화로 바뀌게 될 것이다. (……) 일단 온난화가 진행되면, 대기 중의 이산화탄소 농도는 지수함수적으로 증가하여 기후변화에서 상당히 중요한 요인으로 자리 잡게 될 것이다. 그리고 다음 세기가 시작될 무렵이면 지구의 평균 기온은 과거 1000년 동안 경험해보지 못한 높은 기온을 기록할 것이다.

지금 다시 읽어보아도 그야말로 뛰어난 통찰력이 넘쳐나는 구절이다. 브뢰커의 논문과 뒤이은 연구는 '식어가는 지구'라는 선전문구를 멀찌감치 날려버렸다. 어째서일까? 그 이유는 그림 0-1에 나타난 지구의 평균 기온 변화를 주의깊게 살펴보면 이해할 수 있다. 마침 브뢰커가 논문을 발표한 1970년대 중반을 경계로 지구의 기온은 정말 급속히 온난화로 돌아섰다. 그 후로 현재까지 30년 동안 지구의 평균기온은 확실히 꾸준하게 상승하고 있다. 그리고 그 상승 폭은 기후의 자연적인 **요동**fluctuation 폭을 벗어나는 것으로 보인다.

이런 일련의 과정은 우리에게 두 가지 교훈을 던져준다. 먼저 20년이나 30년이라는 짧은 과거의 기록만으로는 수십 년에서 수백 년에 걸친 기후변화를 파악하는 데 턱없이 부족하다는 점. 다른 한 가지 더욱 중요한 교훈은 기후의 기본 구조에 대한 깊은 통찰이 없으면 기후변화를 예측할 수 없다는 점이다. 지구온난화라는 현상을 이해하기 위해서는 겉으로 드러난 현상을 조절하는 그 이면의 '괴물', 다시 말해 기후시스템에 대한 탁월한 통찰이 반드시 동반되어야 한다.

이 책에서는 수만 년 전부터 현재까지 기후변화의 자세한 내용과 그것이 갖는 다양한 측면에 집중할 것이다. 먼 과거의 기후는 어떠했을까? 그것은 슈퍼컴퓨터로 미래를 예측하는 오늘날에도 매우 중요하다. 그것이 기후변화의 수수께끼를 파헤칠 열쇠가 되기 때문이다. 과거의 기후변화 데이터를 통해 기후가 원래 어떤 특성을 갖고 있으며, 어느 정도의 시공간 규모로 변하는가와 같은 특징들을 알려준다. 또한 그 특징을 세세하게 파악하여 기후변화의 구조를 명확히 밝히는 것이 바로 지질학자의 임무다.

기후가 갖고 있는 독특한 특징 덕분에 현재의 기후변화를 거시적인 관점에서 풀어갈 수 있다. 그리고 앞으로 나타나게 될 변화를 예측할 수 있게 하는 길잡이가 되기도 한다. 즉 과거의 기후에 대한 이해가 미래 예측의 초석이 되는 것이다.

미래 예측에 관한 연구는 대기 중 온실기체의 모니터링과 기후 시뮬레이션은 물론, 해양과 육상 생태계의 이산화탄소 흡수와 배출 평가, 위성관측 데이터 해석법의 확립과 한 걸음 더 나아가 지구온난화를 억제하는 기술개발에 이르기까지 수많은 분야가 녹아들어야 완성된다. 그야말로 최첨단의 하이브리드 응용과학이다. 수많은 톱니바퀴들이 잘 맞물려 돌아갈 때 비로소 미래의 기후변화를 보다 정확하게 판단할 수 있다.

과거에 일어났던 기후변화를 외면하고 기후를 이해하려는 것은, 흡사 한 나라의 역사를 모른 채 그 나라를 이해하려 하는 것과 다를 바 없다. 일시적인 정치 정세나 경제 사정만으로 한 나라를 파악하려 해도 곧 한계에 부딪히기 마련이다. 그래서 우리는 이제부터 기후 변화 연구에 일생을 바친 연구자들의 활동을 통해 '기후'라는 괴물의 베일을 벗기고 본모습을 들여다 볼 것이다.

1장
바다에 답이 있다

과거를 멀리 돌아볼수록, 보다 먼 미래를 내다볼 수 있다.

—윈스턴 처칠

바 다 속 에 내 리 는 눈

세계에서 가장 깊은 바다는 도쿄에서 남쪽으로 2500킬로미터, 필리핀에서 동쪽으로 1500킬로미터 떨어진 곳에 위치한다. 바로 마리아나 해구의 챌린저 해연[1]이다. 이 해연의 수심은 약 1만 1000미터로 에베레스트 산이 푹 잠기고도 2000미터 정도의 수심이 남는다. 그렇게 생각하면 대단히 깊은 것처럼 느껴진다.

하지만 인간이 수직방향으로 걸을 수 있다고 가정하면, 성인 걸음으로 걷기 시작하여 두 시간 남짓이면 밑바닥에 닿을 수 있는 거리다. 걸어서 지구를 일주하겠다는 사람은 별로 없겠지만, 두 시간 안에 도보로 완주가 가능하다면 한번쯤 가보는 것도 좋겠다는 사람은 많을 것이다. 이렇게 보면 대수롭지 않은 깊이라는 생각도 든다. 참고로 세계 바다의 평균 깊이는 약 3800미터다.

이에 비해, 태양빛이 닿을 수 있는 수심은 채 200미터가 되지 않는다. 바다 속으로 들어오는 태양빛은 흩어지거나 흡수되어버려 그 이상 깊은 곳까지는 도달하지 못한다. 즉 빛이 닿는 깊이는 해양 표층의 5퍼센트에도 미치지 못하는 것이다. 그 아래 95퍼센트 이상은 그

야말로 암흑의 세계다.[2]

뤽 베송 감독의 영화 〈그랑 블루〉[3]는 주인공 자크와 엔조의 잠수 경쟁을 드라마틱하게 그려낸 명작이다. 훌륭한 인간 드라마도 감동적이지만, 스크린 가득 펼쳐지는 지중해의 코발트블루는 감탄사가 절로 튀어나올 정도로 아름답다. 주인공이 도전하는 수심 100미터 아래의 바다가 어둠침침하고 차가우며 불안감조차 느껴지는 불투명한 세계인 것과 선명한 대조를 이룬다.

그러나 다시 생각해보면 '불투명한 세계'란 단지 우리가 받아들인 인상에 불과할 수 있다. 영상을 봐서는 도저히 상상이 가지 않지만, 사실 그 어둠침침한 바다 속에는 넘쳐나는 생명으로 가득하다. 자크와 엔조가 잠수한 깊이보다도 훨씬 깊고 한층 어두운 바다에도 광합성을 하는 생물들이 살아 숨쉬고 있다. 식물 플랑크톤이라고 불리는 극히 작은 부유생물들은 태양에서 얻는 아주 적은 양의 빛을 에너지로 바꿔 살아간다. 그뿐만이 아니다. 식물 플랑크톤을 잡아먹는 동물 플랑크톤, 동물 플랑크톤을 잡아먹는 물고기, 플랑크톤이 내보내는 배설물과 유해를 먹고 사는 박테리아 등 셀 수 없이 많은 생물들이 살고 있다.

플랑크톤은 우리가 해수욕이나 조개 캐기를 즐기는 해변에서도 찾을 수 있다. 두 손으로 바닷물을 한번 떠보자. 플랑크톤은 상당히 작기 때문에 육안으로는 거의 볼 수 없다. 그러나 사실 그 안에는 수천에서 수만 마리의 플랑크톤과 수백만 마리의 박테리아가 있다. 달랑 두 손으로 떠올린 것뿐인데 그 정도의 숫자다. 바다가 얼마나 많은 생명으로 넘쳐나는 곳인지 짐작할 수 있을 것이다.

이런 플랑크톤 중에는 이산화규소나 탄산칼슘으로 아름다운 결정을 만들어내는 것도 많다. 각 플랑크톤의 수명은 수일에서 수개월로 허무하다싶을 정도로 짧으며, 번식을 하면 바로 생명을 마치는 라이프 사이클을 갖는다. 그들은 몇 억년에 걸쳐 끊임없이 그러한 라이프 사이클을 반복해 왔다.

죽은 식물 플랑크톤의 유해는 동물 플랑크톤이나 물고기의 먹이가 되거나, 혹은 바닷물에서 응집하여 중력에 의해 천천히 해저로 가라앉는다. 깊은 바닷속 밑바닥에 비디오카메라를 설치하고 서치라이트로 주위를 비춰보면, 깊은 바다 속은 언제나 눈 내리는 날씨다. 반짝반짝 빛나며 천천히 아래로 떨어지는 마린스노우marine snow를 관찰할 수 있다. 마린스노우는 깊이 수 천 미터의 바닷속에서 오랜 시간을 두고 서서히 가라앉는다.

육지에서 1000킬로미터 이상 떨어진 먼 바다의 해저에는 이런 마린스노우가 두껍게 쌓여있다. 마린스노우가 일 년 동안 쌓이는 평균 깊이는 수십 마이크로미터에 불과하다. 즉 기원전 3세기 무렵부터 따져봐야 고작 수 센티미터밖에 쌓이지 않았다는 뜻이다. 하지만 해저에는 이런 플랑크톤의 유해가 유구한 시간동안 내려앉아 진흙이 되어 겹겹이 쌓이고 있다.[4] 이것은 반대로 생각하면, 해저 진흙을 깊이 파고들어 갈수록 아주 오래 전에 쌓인 플랑크톤의 유해를 찾을 수 있다는 뜻이다.

예를 들어, 해저에 1킬로미터 두께의 진흙이 있다고 생각해보자. 그렇다면 과거 5천만 년 동안의 플랑크톤 유해가 차곡차곡 쌓여있는 것과 같다. 다시 말해 5천만 년에 걸친 바다의 역사가 고스란히 진흙 속에 보존되어 있다는 뜻이다. 해저를 조사해보면 대부분의 해저에는 1킬로미터가 넘는 두께의 진흙이 쌓여있다. 그 진흙이 기록하는 바다의 역사는 1억 년을 넘는 경우도 있다. 지구의 역사를 읽어내기 위해 정열을 불태우는 지질학자들이 이것을 가만둘 리 없다. 실제로 과거 반세기 넘게 지질학자들은 해저에 쌓인 진흙을 연구재료로 활용해오고 있다.

바다 밑바닥을 공략하라!

그렇다면 깊이 수천 미터의 해저에 켜켜이 쌓인 진흙을 대체 어떻게 퍼내면 좋을까. 지질학자들은 어딘가 엉성해 보이지만 무게가 수백 킬로그램에 달하는 추를 꼭대기에 매단 금속제의 긴 관을 해저에 찔러 넣는다. '코어러core'라고 불리는 투박한 도구다. 지질학자들은 이 도구를 이용하여 해저의 진흙을 채취해 왔다.

코어러의 구조는 지극히 단순하다. 그림 1-1을 보자. 길이가 수 미터에 달하는 거대한 천칭과 유사하다. 천칭의 한쪽에는 긴 관인 코어러를 매단다. 그리고 다른 한 쪽에는 트리거라고 불리는 철로 된 작은 추를 매단다. 트리거는 코어러보다 훨씬 가볍다. 그러나 지렛대의 원리로 천칭이 트리거 쪽으로 기울도록 조정돼 있다. 트리거를 매달고 있는 와이어의 길이를 조절하여 트리거의 아래 끝이 코어러의 끝보다 수 미터 아래로 내려가도록 장치되어 있다.

이것으로 일단 준비는 완료다. 장치의 설정을 마친 다음에는 배 위에서 천칭을 통째로 와이어에 매달아 천천히 바다 속으로 내려 보낸다. 천칭은 트리거 쪽으로 기운 상태로 조금씩 해저로 가라앉는다.

몇 시간 뒤 천칭은 수천 미터 깊이의 해저에 도달한다. 트리거가 바다 밑바닥에 먼저 착지한다. 그러면 그동안의 균형이 무너지면서 천칭이 코어러 쪽으로 기울고 천칭에 코어러를 고정하고 있던 맞물

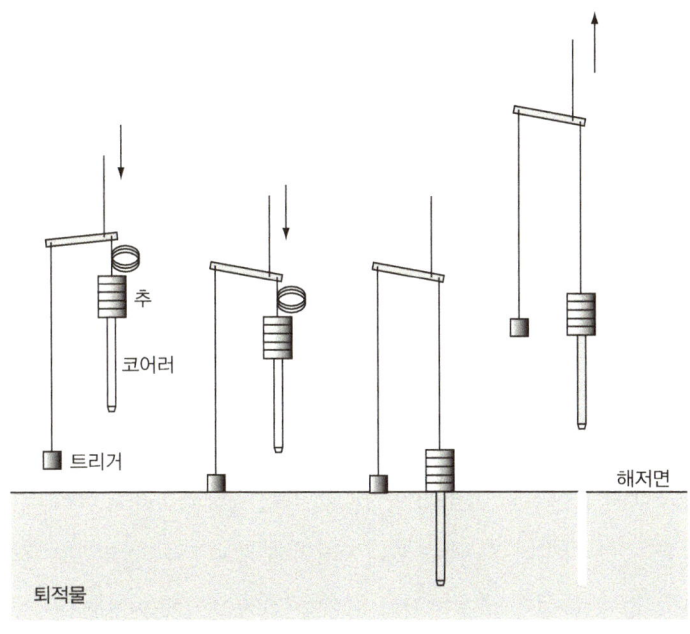

그림 1-1 코어러를 이용한 해저퇴적물 채취방법. 배 위에서 한쪽에는 코어러, 다른 한 쪽에는 트리거를 매단 커다란 천칭을 와이어를 이용해 해저로 내려 보낸다. 코어러의 끝보다 약간 아래쪽에 위치한 트리거가 해저에 떨어지면, 천칭의 균형이 무너지면서 맞물림 쇠가 풀려 코어러가 중력낙하하여 해저에 내리 꽂히는 구조다. 끌어올릴 때에는 관 안에 장착된 피스톤에 의해 음압이 걸리면서 채취한 퇴적물이 떨어지지 않게 한다. 이 정교한 시스템은 1947–1948년에 걸친 스웨덴 해군 앨버트로스 호의 항해를 앞두고 예테보리 대학의 뵈리 쿨렌베리가 발명했다.

림 쇠가 풀린다. 이때 코어러와 해저와의 사이에는 아직 수 미터의 거리가 남은 상태다. 맞물림 쇠가 풀려버린 코어러는 수백 킬로그램의 추와 함께 중력 낙하하여 해저에 그대로 내리 꽂힌다.

코어러가 밑바닥에 제대로 박히면, 다음은 배 위에서 와이어를 감아올려 회수하기만 하면 된다. 코어러의 관 안에는 목표물인 진흙이 가득 채워져 있다. 코어러 안을 채운 진흙의 무게는 상당하다. 운이 나쁘면 끌어올리는 도중에 관에서 쑥 빠져 버리고 만다. 그런 일이 생기지 않도록 관 내부에는 피스톤을 장착하여, 그 음압_{내부의 압력이 외부}보다 낮은 상태으로 진흙이 빠지지 않도록 장치해 두었다. 이런 장치를 피스톤 코어러라고 한다.

이 투박한 도구로도 두께 10미터의 진흙은 비교적 간단히 채취할 수 있는데, 10미터라면 3층빌딩 높이다. 그만큼 긴 관이 몇 초도 안 되어 단숨에 쑥 박힌다니, 해저에 쌓인 진흙이 얼마나 살포시 내려앉은 것인지 상상할 수 있을 것이다. 최신식 자이언트 피스톤 코어러를 사용하면 무려 50미터(15층짜리 건물과 맞먹는) 길이의 진흙을 채취할 수도 있다.

해저에서 끌어올린 관 형태의 진흙은 주상柱狀시료라고 한다. 주상시료를 수 밀리미터 혹은 수 센티미터의 두께로 얇게 잘라 현미경으로 관찰하고 물성을 측정하거나 다양한 화학분석에 이용한다. 세계 각지의 대학과 해양연구소에서는 이미 20세기 초반부터 적극적으로 주상시료를 채취하여 분석해왔다. 지금은 전 세계 백여 곳의 연구기관에서 해저의 주상시료를 채취하여 연구에 몰두하고 있다.[5]

예를 들어 일 년 동안 0.05밀리미터(50마이크로미터)씩 진흙이 쌓이는 해저에서 20미터 길이의 시료를 채취했다고 하자. 그렇다면 그 시료에는 과거 40만 년의 역사가 기록되어 있다고 할 수 있다. 운 좋게도 40만 년이라는 시간은 빙하시대의 기후변화 연구에 가장 적합하다. 그 정도의 기나긴 시간이라면 막연하고 아득하게만 느껴질지 모른다. 하지만 해저에는 훨씬 두꺼운 진흙이 켜켜이 쌓여있기 때문에, 20미터 길이의 시료쯤은 표면의 극히 일부를 훑은 것에 불과할 정도다.

이렇게 긴 시료를 채취하기 위해서는 해저굴착선을 이용해야 한다. 선체 중앙에 높은 구조물을 설치한 특수한 배인데, 이 배 위에서 수천 미터에 달하는 파이프를 연결하여 해저를 파내려간다. 1968년 미국에서 시작한 심해굴착계획DSDP, Deep Sea Drilling Project에서는 글로마챌린저 호가 전 세계의 해저에서 진흙과 암석을 채취했다. 그리고 글로마챌린저호의 뒤를 이어 조이데스레졸루션 호가 1985년에 미국이 주도하는 국제해양굴착계획ODP, Ocean Drilling Program을 진행했다. 심해저 과학굴착은 일본과 미국이 주도하는 국제해저지각시추사업 IODP, Integrated Ocean Drilling Program이 그 뒤를 이어 현재 진행 중이다. 해저굴착선이 하는 일은 해저에 쌓인 퇴적물 회수가 전부가 아니다. 해저에 지진계를 설치하여 지각변동을 모니터링하거나 해저에 서식하는 유용한 미생물 조사, 잠들어 있는 자원을 회수하는 방법 연구 등 그야말로 다양한 과학 프로젝트에 이용된다.

진흙에 새겨진 암호

해저에 쌓인 진흙은 과연 어떤 것일까? 물론 수심이 3천 미터, 4천 미터나 되는 깊은 바다의 밑바닥에서 끌어올린 진흙을 구경하기란 쉬운 일은 아니다. 이제부터가 해양지질학자가 본격적으로 활약할 차례다.

지질학자는 해저에 쌓인 진흙을 해저퇴적물이라고 부른다. 한 마디로 생물의 유해나 껍데기, 육지에서 옮겨온 진흙 등이 뒤섞여 해저에 내려앉은 것이다. 해안에서 수백 킬로미터 떨어진 바다로 나가면, 육지에서 흘러들어온 진흙은 부쩍 줄고, 바다 속에서 만들어진 입자

그림 1–2 다양한 해역에서 채취한 해저퇴적물. 1과 2는 후지 만, 3은 오키나와 트로프(좁고 긴 도랑 모양의 해저 지형–편집자주) 4는 남극해의 규질 연니(생물유해를 비롯한 다양한 물질이 침전한 해저 점토층–편집자주) 5와 7은 아라비아 해의 석회질 연니, 6은 술루 해의 석회질 연니.

들이 압도적으로 많아진다. 플랑크톤의 사체나 플랑크톤이 침전하여 생긴 광물입자가 바로 그것이다. 육지에서 날아든 입자도 포함되어 있지만, 바람에 의해 대기 중을 날아오는 입자는 대부분 극히 가늘다. 또한 때때로 우주에서 작은 입자가 날아와 섞여들기도 한다. 각각의 비율은 장소에 따라 크게 달라지지만, 해양 표층에서 형성된 플랑크톤이 만들어내는 물질이 절반 이상이다.

그림 1-2는 세계 각지의 바다에서 채취한 해저퇴적물이다. 흰색, 검은색, 올리브색 등 장소에 따라 다양한 색깔을 띠고 있다. 약간 떼어내 현미경으로 들여다보자. 겉으로 봤을 때의 평범한 색조와는 달리 깜짝 놀랄 만큼 아름다운 세계가 펼쳐진다. 그림 1-3을 보기 바란

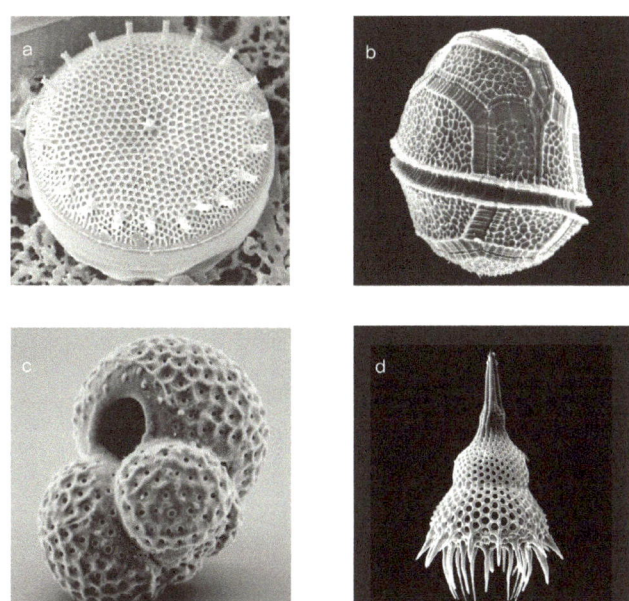

그림 1-3 해양 표층에 서식하는 (부유성)생물의 현미경사진.
a) 규조 *Thalassiosira nordenskioeldii*. 세포는 이산화규소 껍데기로 덮여있다. b) 와편모조 *Peridinium sp.* c) 유공충 *Globigerinoides sacculifer*. 세포는 탄산칼슘 껍데기로 덮여있다. d) 방산충 *Lamprocyclas maritalis*. a와 b는 식물 플랑크톤이며, c와 d는 동물 플랑크톤이다.

다. 바다에 서식하는 다양한 생물이 만들어낸 껍데기는 가히 예술적이라고 할 만큼 그 모양이 아름답다. 고둥처럼 생긴 유공충, 방사형으로 퍼진 모양의 방산충, 도시락통처럼 생겼고 표면에 작은 구멍이 고르게 정렬해 있는 규조. 연구자 중에는 몇 시간을 들여다봐도 질리지 않는 이 세계에 자기도 모르게 빠져들어 해양지질학자가 되었다는 이도 결코 적지 않다. 그런데 아직 이런 아름다운 껍데기가 어떻게 만들어지는지 생화학적 메커니즘은 여전히 수수께끼다.

해저퇴적물에는 만들어질 당시의 바다 환경 정보가 다양한 형태로 기록되어 있다. 아주 오래 전의 해양환경을 복원하는 고해양학자들은 그 정보의 해독방법을 찾아내 과거의 기후변화 이력을 풀어가는 것이다. 그들의 작업은 마치 2차 대전 중에 정보기관에서 고용한 수학자가 적국의 암호를 해독하거나, 고고학자가 고문서에 적힌 생소한 문자를 풀어내는 것과 비슷하다. 다르다면 그 암호가 인간이 만들어낸 게 아니라 자연의 산물이라는 점이고, 그래서 물리학, 화학, 생물학 등 기초과학이 바탕이 된다는 점일 것이다. 해저퇴적물에 암호로 새겨진 정보가 바로 과거의 기후를 읽어낼 열쇠고, 그 연구는 수많은 기초연구분야를 넘나드는 응용과학이다. 다음 장에서는 그 암호를 해독하는 수수께끼 풀이에 대해 이야기해보자.

2장
암호의 해독

인간의 본성에는 비밀을 폭로하고 싶어하는 강한 충동이 깊게 뿌리내려져 있다.
— 존 채드윅《선형문자 B의 해독》

고 수 온 계 를   찾 아 서

지질학 분야에는 고古수온계라는 것이 있다. 이름 그대로 먼 옛날의 수온을 측정하기 위한 온도계다. 그렇다고 계측 기기를 가리키는 것은 아니다. '타임머신을 타고 과거로 돌아가지 않는 이상, 어떻게 먼 옛날 바닷물의 온도를 측정할 수 있겠어'라고 생각하는 사람이 있을 것이다. 그러나 꼭 그렇게 해야 가능한 것만은 아니다. 해양지질학자는 퇴적물에서 과거의 수온 정보를 가진 물질을 찾아내고 분석하여 당시의 수온을 측정하는 구조를 고안해 냈다.

예를 들어 일본에서 벼농사를 시작하고 이집트와 중국에서 고대 문명이 번성했으며 네안데르탈인이 멸종하고 호모사피엔스가 번성한 먼 옛날에 일어난 사건과 기후변화 사이에는 어떤 관계가 있을까? 나처럼 과거의 기후를 연구하는 사람들은 많은 사람이 궁금해하는 이런 지적 호기심에 확실하게 답해줄 수 있다면 더할 나위 없이 기쁠 것이다. 하지만 이렇게 먼 옛날의 환경과 사건에 대해 답을 할 때는 중요한 포인트가 있다. **정량적인 숫자로 나타내야 한다**는 점이다. 예를 들어 '그해 여름의 평균 기온은 섭씨 23도였다'든지, '당시는 연평균 강우량이 지금보다 300밀리미터 적었다'는 식이다. 현재 연구에서는 그런 물리량을 한계 조건으로 삼아 기후모델을 입력해 모의실험을 하거나 결과를 비교하며 조사를 해야하기 때문이다.

사실 '기후'란 그야말로 애매모호한 단어다. 일상에서도 상황에 따라 다양하게 사용되듯이, 이 단어의 배경과 맥락이 그때그때마다 다르기 때문이다. 굳이 정의를 내린다면 '어떤 한 지역의 기온, 강수량, 습도, 식물 군락, 계절성 등으로 알 수 있는 모든 자연 현상, 혹은 환경의 총체' 정도라고 할 수 있을 것이다. 그 중에 우리와 밀접한 육상 기후에서 중요한 지표는 기온과 강수량이다. 그 중요성은 우리 일상의 생활감각으로 미루어 볼 때 쉽게 짐작할 수 있다. 또한 이것은 특별히 인간에 한정된 이야기가 아니다. 기온과 강수량은 다른 동물과 식물은 물론 박테리아와 같은 미생물에 이르기까지 그 활동을 크게 좌우한다. 다시 말해, 기온과 강수량이라는 지표가 육상생물의 서식 환경과 조건을 알기 위한 척도가 된다는 뜻이다.

바다에서는 어떨까? 바다에서는 바닷물 온도, 특히 생물이 많이 사는 해양 표층의 수온(수심 약 100미터까지의 평균 바닷물 온도)이 가장 중요한 기준이 된다. 이 '척도'를 바탕으로 과거의 기후변화를 처음으로 정량적으로 논한 사람이 바로 이번 장의 주인공인 체사레 에밀리아니이다.

고해양학의 시초

중세의 흔적이 남아있는, 이탈리아의 북부 도시 볼로냐에는 세계에서 가장 오래된 볼로냐 대학이 있다. 그 곳에서 한 청년이 바다

그림 2-1 체사레 에밀리아니 (Cesare Emiliani, 1922-1995). 미국 마이애미 대학교수 역임. 이탈리아 출신의 고기후학자. 시카고 대학의 해럴드 유리 연구실에서 퇴적물에 들어있는 유공충의 산소동위원소비를 처음으로 측정하여, 제4기에 빙하기와 간빙기가 여러 번 반복되었다는 사실을 명확히 밝혔다. 퇴적물을 분석하여 과거의 해양환경을 복원하는 고해양학이라는 분야를 개척했다.

에 사는 아주 작은 동물 플랑크톤인 유공충 연구로 박사학위를 받았다. 2차 대전이 끝나던 1945년의 일이다. 체사레 에밀리아니가 바로 그 청년이다(그림 2-1).

　유공충은 특이한 해양 부유생물이다. 단 하나의 세포로 이루어진 단세포 동물이지만, 세포 주위에 몸집보다 몇 십 배나 크고(그래봤자 직경 1밀리미터가 채 되지 않지만) 아름다운 탄산칼슘으로 된 껍데기를 만들어 낸다(그림 1-3(c) 참조). 에밀리아니는 유공충 연구로 박사학위를 받고 얼마 후에 이탈리아의 석유회사에 취직했다. 그러나 연구에 대한 꿈을 버리지 못하고 승전국인 미국에서 지원하는 장학금에

그림 2-2 해럴드 유리(Harold Urey, 1893-1981). 시카고 대학 및 캘리포니아 대학 샌디에이고 교수 역임. 중수소를 발견하여, 1934년 노벨화학상을 수상했다. 동위원소 연구 이외에도, 행성의 기원이나 생명의 기원에 관한 연구 등 폭넓은 분야에서 활약하였으며, 1960년대에는 아폴로계획에도 깊이 관여했다.

응모했다. 운 좋게도 장학금을 받게 된 에밀리아니는 1948년에 미시간 호에 접한 대도시 시카고로 건너갔다. 2년 뒤인 1950년에는 시카고 대학 지질학과에서 유공충 연구로 또다시 박사학위를 취득했다. 그리고 얼마 지나지 않아 시카고 대학 핵과학연구소의 해럴드 유리 교수의 연구원으로 채용되었다. 하지만 해저퇴적물에 새겨진 암호를 풀어가는 이번 장의 본격적인 이야기는 이보다 약간 시간을 거슬러 올라가야 한다.

연구소장인 해럴드 유리는 당시 중수소라는 무거운 수소원자*를

---

* 원자량이 2인 수소를 가리킨다. 자연계에 존재하는 수소 원자의 99.984퍼센트는 양성자 1개와 전자 1개로 이루어져 있다. 나머지 0.016퍼센트는 양성자 1개, 중성자 1개, 전자 1개로 이루어진 원자량 2의 중수소다. 이 중수소는 듀테륨(Deuterium)이라고도 불리며, 머리글자를 따 D로 표시하기도 한다. ^{1}H는 프로튬(Protium)이라 부르기도 한다.

발견하여 노벨화학상을 수상한 유명 교수였다(그림 2-2). 수많은 연구원과 대학원생이 그 밑에 모여들었고, 연구실은 활기로 넘쳐났다. 이들 대부분은 다양한 천연물질에 포함된 산소, 탄소, 수소 등의 동위원소비(박스 1 참조)를 정밀하게 측정하는 방법을 개발하고 응용하는 연구에 매진했다. 에밀리아니가 유리의 연구실에서 부여받은 연구 주제는 해저퇴적물 중에서 유공충이 만드는 탄산칼슘 껍질의 산소동위원소비를 상세히 분석하는 일이었다.

이 일의 시작은 에밀리아니가 미국으로 건너가기 얼마 전인 1946년 12월로 거슬러 올라간다. 당시 유리는 취리히에 있는 스위스연방공과대학의 초청을 받아 산소 원자의 안정동위원소에 대한 이론과 자연계 분포에 관한 강의를 했다. 유리는 통계열역학을 이용하여 물이 증발해 생긴 수증기와 처음 물 사이에서 어떻게 산소 원자의 동위원소 조성비가 변화하는지를 설명했다. 그러면서 바닷물은 민물(바닷물이 증발하여 생긴 수증기가 응결한 것)에 비해 산소동위원소비가 약간 높을 것이라는 예측을 내놓았다.

과학 분야에서 발견은 지극히 사소한 대화에서 비롯되는 경우가 많다. 강의를 듣고 있던 저명한 광물학자 파울 니글리*가, '그렇다면 바닷물에서 생성된 대리석(탄산칼슘으로 이루어진 암석)에는 산소동위원소비가 기록되어있지 않을까요'라는 의견을 제시했다. 만약 니글리의 견해가 맞다면, 대리석의 산소동위원소비를 분석함으로써 그것이 바닷물에서 침전한 것인지 혹은 민물에서 침전한 것인지 구분이 가능할 것이었다. 니글리의 의견에 번뜩 생각이 떠오른 유리는

---

* Paul Niggili(1888-1953) 스위스연방공과대학 교수로 재직하면서 X-선을 이용하여 각종 광물의 결정 형태나 구조를 해석하여 결정광물학의 기초를 확립했다.

시카고로 돌아오자마자 즉시 산소동위원소비 관계를 계산해 봤다.

유리가 생각지도 못한 '발견'과 만난 것은 한창 계산을 하던 중이 었다. 탄산칼슘의 산소동위원소비는 그 기원이 된 물뿐만이 아니라, 침전했을 당시의 수온까지 명확히 짚어낼 수 있다는 점을 깨달은 것이다.[1] 유리는 '순간 내가 고수온계를 손에 쥐고 있다는 사실을 깨달았죠'라고, 훗날 당시를 떠올리며 말하고 했다. 고수온계의 원리는 나중에 풀어보기로 하고, 이야기를 계속 이어가 보자.

유리는 고수온계를 손에 넣게 되자, 우선 공룡이 멸종한 백악기와 제3기 경계의 기후변화에 적용해 보았다. 한 때 몬태나 대학에서 동물학을 공부했던 유리는 생물 현상에도 흥미가 있었다. 그런데 마침 연구실의 한 대학원생이 퇴적물 속에 든 유공충 껍질의 산소동위원소비를 측정해 빙하기의 기후변화를 밝혀내면 어떨까라는 제안을 했다고 한다. 유리는 즉각 시카고 대학 지질학과에서 두 번째 학위를 막 받고, 유공충에 정통한 에밀리아니를 발탁했다.[2]

유리의 연구실로 자리를 옮긴 에밀리아니는 유공충이 풍부하게 들어있는 제4기260만 년 전부터 현재까지를 일컫는 지질시대 구분의 퇴적물을 찾기 시작했다.[3] 우연히도 그 때 스웨덴 예테보리 대학 해양연구소의 한스 페테르손 소장이 시카고 대학을 방문하여 강연을 하고 있었다. 그는 스웨덴 해군의 앨버트로스 호로 전 세계의 바다를 누비며 바닷물과 저질低質. 바다나 강의 바닥에 있는 물질을 조사하는 항해를 막 마친 참이었다. 페테르손은 강연 중에 세계 각지의 해저에서 채취한 300여개에 달하는 주상시료의 관찰결과를 설명했다. 운 좋게도 그 중에는 유공충이 잔뜩 포함된 퇴적물이 여럿 있었다. 에밀리아니는 강연이 끝나자마자 페테르손에게 퇴적물의 일부를 나눠줄 수 없냐고 요청했다.

1952년 여름, 에밀리아니가 직접 스웨덴으로 페테르손을 찾아가, 대서양과 태평양 두 곳에서 채취한 여러 개의 퇴적물 시료를 추출했다. 그는 시카고에 시료가 도착하자마자 현미경을 들여다보며 유공충을 찾아 모으기 시작했다. 그리고 연구실 선배인 새뮤얼 엡스타인*과 실험조수인 토시코 마에다와 함께 유공충의 산소동위원소비를 측정했다. 에밀리아니가 얻은 최초의 데이터에는 놀랄만한 사실이 들어 있었다.

산 소 동 위 원 소   온 도 계

여기서 탄산칼슘의 산소동위원소비가 어떻게 고수온계가 될 수 있는지 원리를 짚고 넘어가자. 그러기 위해서는 원자 수준에서 물 속의 산소 원자를 살펴볼 필요가 있다.

물 분자는 화학식으로 표기하면 H_2O, 즉 수소 원자 2개와 산소 원자 1개로 이루어져있다. 이 중 산소 원자에 주목해보자. 자연계에 존재하는 대부분의 산소 원자는 8개의 양성자와 8개의 중성자, 그리고 8개의 전자로 구성되어 있다. 산소 원자의 원자량은 양성자 수와 중성자 수의 합인 16이다.

그런데 아주 적은 양이긴 하지만 자연계에는 중성자가 1개 더 많은 원자량 17의 산소 원자(^{17}O)와 중성자가 2개 더 많은 원자량 18인

---

* Samuel Epstein(1919–2001) 폴란드 태생의 동위원소 전공 지구화학자. 캘리포니아 공과대학 교수 역임. 1947년부터 1952년까지 6년 동안 시카고 대학의 해럴드 유리 연구실에서 연구원으로 일하면서 산소동위원소 온도계의 확립에 공헌했다. 이후 해리슨 브라운의 권유로 캘리포니아 공과대학으로 옮겼다. 산소, 탄소, 수소 등 가벼운 원소의 안정동위원소 조성을 토대로 지구환경과 생물에 관한 응용연구에 집중했다.

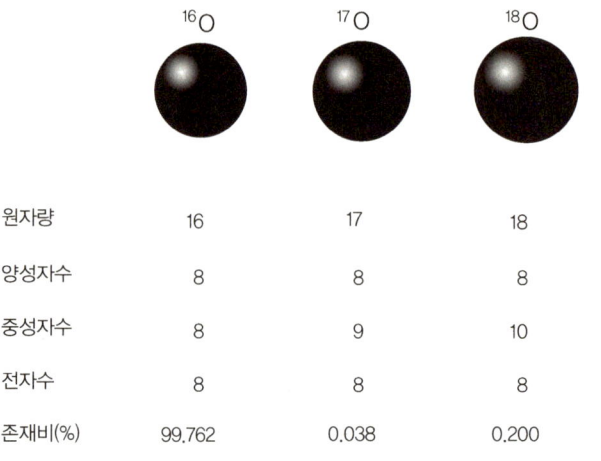

	^{16}O	^{17}O	^{18}O
원자량	16	17	18
양성자수	8	8	8
중성자수	8	9	10
전자수	8	8	8
존재비(%)	99.762	0.038	0.200

그림 2-3 세 종류의 산소 동위원소. 이들은 최외각 전자의 개수가 같기 때문에 화학적으로는 매우 유사하지만, 물리적으로는 서로 다른 움직임을 보인다.

산소 원자(^{18}O) 형제가 존재한다(그림 2-3). 이들 모두 양성자의 숫자는 똑같이 8개로(전자의 수도 똑같이 8개) 화학적인 성질은 같다. 이와 같은 형제 원자를 동위원소라고 한다. 현재 바닷물에는 ^{18}O가 평균 0.2퍼센트라는 극히 낮은 비율로 들어 있다. 자연계에 존재하는 물 분자 500개 중 1개의 물 분자에는 ^{18}O이 들어있다는 뜻이다.

해양표층수에 사는 유공충의 껍데기는 탄산칼슘($CaCO_3$)으로 이루어져 있는데, 바닷물에 녹아있는 칼슘 이온과 탄산 이온이 결합하여 만들어진다. 그 반응을 화학식으로 나타내면 다음과 같다.

$$Ca^{2+} + CO_3^{2-} \rightarrow CaCO_3$$

바닷물에 녹아있는 칼슘이온은 안정된 상태에 비해 2개의 전자가

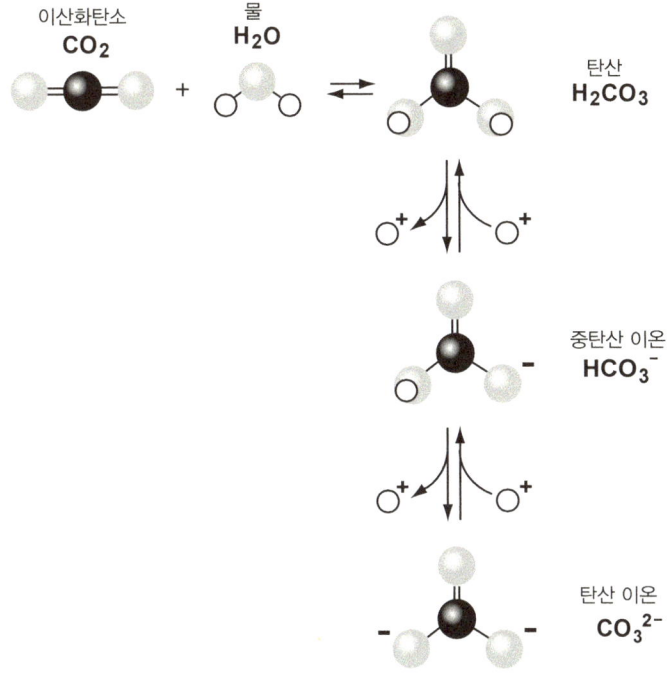

이산화탄소
CO_2

물
H_2O

탄산
H_2CO_3

중탄산 이온
HCO_3^-

탄산 이온
CO_3^{2-}

그림 2–4 탄산의 사다리. 바닷물에서 이산화탄소는 물과 반응하여 탄산을 만든다. 그림에서 검은 색은 탄소 원자, 회색은 산소 원자, 흰색은 수소 원자를 나타낸다. 그림의 오른쪽에는 탄산의 수소 이온 해리와 결합 반응이다. 탄산에 있는 탄소와 산소의 이중결합은 고정되어 있지 않고, 세 산소 원자가 번갈아가며 탄소와 이중결합을 한다. 따라서 탄산 분자에서 탄소 원자를 둘러싼 세 산소 원자의 결합길이는 동일하다.

부족하고, 탄산 이온은 2개의 전자가 남는다. 따라서 이 둘이 결합하면 전자의 과부족이 사라져 둘 다 안정한 상태가 된다. 그렇게 결합한 것이 바로 탄산칼슘이다. 탄산칼슘 분자 하나에는 3개의 산소 원자가 들어있다. 에밀리아니가 측정한 것은 바로 이 산소에 들어있는 ^{18}O의 농도였다.

탄산칼슘이 갖는 ^{18}O의 농도가 곧 수온계라는 것을 이해하기 위해서는 바닷물에 녹아있는 이산화탄소(CO_2)의 상태도 알아야 한다. 이 산화탄소는 물에 잘 녹는 기체로 1기압, 섭씨 0도의 바닷물 1리터에 무려 1.4리터나 녹을 수 있다. 하지만 물에 녹아든 이산화탄소는 결코 '이산화탄소'라는 형태 그대로 멈춰있지 않는다.

우선 이산화탄소는 물과 반응하여 탄산(H_2CO_3)이 된다. 톡 쏘는 맛을 느낄 수 있는 탄산음료의 그 탄산이다. 하지만 이 탄산도 가만히 있지 않는다. 곧바로 다시 이산화탄소로 되돌아가거나, 수소 이온을 떼어 버리고 중탄산 이온(HCO_3^-)으로 바뀐다. 그리고 중탄산 이온도 다시 탄산으로 되돌아가거나, 수소 이온을 잃고 탄산 이온(CO_3^{2-})으로 바뀌기도 한다. 탄산 이온은 더 이상 잃을 수소 이온이 없기 때문에 수소 이온과 결합하여 곧 중탄산 이온으로 돌아가기도 한다.

물에 녹아든 이산화탄소는 이런 반응을 끊임없이 반복하며 어지럽게 그 모양을 바꾼다. 바닷물에는 무수한 이산화탄소 분자가 '탄산의 사다리'를 끊임없이 오르내리고 있는 셈이다(그림 2-4).

일련의 과정을 화학식으로 나타내면 다음 세 개의 식이다.

$$CO_2 + H_2O \leftrightarrow H_2CO_3$$
$$H_2CO_3 \leftrightarrow H^+ + HCO_3^-$$
$$HCO_3^- \leftrightarrow H^+ + CO_3^{2-}$$

각각의 반응은 물리화학적으로 정해진 일정한 속도에 따라 지속적으로 일어난다. 따라서 이산화탄소의 네 가지 화학종인 이산화탄소, 탄산, 중탄산 이온, 탄산 이온의 양이 일정한 비율을 가지면, 위의 세 반응이 균형을 이루면서 각 종의 농도가 **더 이상 변하지 않고** 일정한 상태를 유지하는 것처럼 보인다. 이런 상태를 평형상태라고 한다. 예를 들어 바닷물에서는 중탄산 이온이 90퍼센트, 탄산 이온이 9퍼센트, 이산화탄소가 1퍼센트의 비율일 때 평형을 이룬다. 탄산의 양은 무시할 수 있을 정도로 미미하다.

여기에서 중요한 것은 탄산의 사다리를 오르내릴 때 ^{16}O와 ^{18}O는 미세하게 다른 상태를 보인다는 점이다. 같은 산소 원자라도 질량은 10퍼센트 남짓 차이가 나기 때문에, 이들 두 종류의 산소 동위원소를 가진 물 분자와 탄산 이온의 에너지도 약간씩 다르다. 이런 동위원소들의 상태 차이는 열역학적으로 예측할 수 있다. 예를 들어 섭씨 25도의 물에서 탄산 이온의 ^{18}O 농도는 물의 ^{18}O 농도보다 1.4퍼센트 높다.

에밀리아니가 잘 알고 있는 유공충은 바닷물에서 탄산 이온을 흡수해 탄산칼슘 껍데기를 만드는 생물이다. 섭씨 25도의 물에서는 탄산칼슘의 ^{18}O농도가 물의 ^{18}O농도보다 2.9퍼센트 높다. 모든 화학반응이 그렇듯 동위원소의 상태도 온도에 따라 변한다. 그래서 섭씨 0도의 물에서 탄산칼슘이 만들어진다면 물과의 ^{18}O농도차이는 3.5퍼센트까지 벌어진다. 즉, ^{18}O은 ^{16}O보다 온도가 낮은 물에서 더 활발하게 탄산칼슘에 녹아든다.

유리는 물과 이산화탄소에 들어있는 산소 동위원소의 농도에 관한 이론을 확립했다. 그리고 바닷물에서 침전하여 결정이 된 탄산칼슘이 고수온계로 얼마나 유용한지를 제시했다. 얼마 지나지 않아 연구실 학생인 맥크레어와 연구원으로 일하던 엡스타인이 다양한 수온에서 화학적으로 침전시킨 탄산칼슘과 사육한 조개를 이용하여 수온과 산소동위원소비의 관계를 상세하게 정리했다(그림 2-5)[4]. 이런 식으로 수온을 나타낼 수 있다.

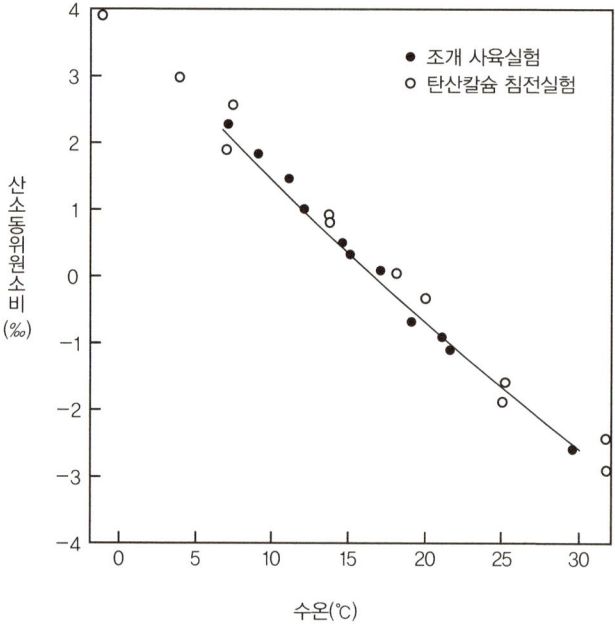

그림 2-5 탄산칼슘의 산소동위원소비와 탄산칼슘이 형성되는 수온과의 관계. 단, 모액(mother liquor)의 산소동위원소비를 0‰이라고 했을 때의 그림이라는 점에 주의한다. 조개의 사육실험과 탄산칼슘의 침전에 의한 실험은 정합적인 결과를 나타냈다. 실선은 조개의 실험결과에 의한 근사식 : $t = 16.5 - 4.3\delta + 0.14\delta^2$를 나타낸다. 이 식에서 t는 수온(℃), δ는 산소동위원소비(‰)이다. McCrea(1950), Epstein *et al.*(1953)을 수정.

$$수온(℃) = 16.5 - 4.3\delta + 0.14\delta^2$$
$$\delta = \delta^{18}O_{탄산칼슘} - \delta^{18}O_{물}$$

이 식에서는 탄산칼슘의 산소동위원소비와 물의 산소동위원소비와 차이를 2차방정식으로 정리하여 수온을 나타내고 있다. 이는 유리의 이론적 예측에 매우 가까웠다.

이 식에 따르면 수온이 4도 상승했을 때, 탄산칼슘의 산소동위원

앨프리드 니어(Alfred O. Nier, 1911-1994) 미네소타 대학 교수 역임. 1930년대부터 동위원소 질량분석기의 제작에 종사했다. 동위원소 질량분석기의 아버지.

소비는 약 1‰ 낮아진다. 그래서 ±0.1‰(박스 1을 참조) 오차범위 내에서 산소동위원소비 측정이 가능하다면, 0.4도 오차범위 수준으로 수온을 예상할 수 있다. 과거 바닷물의 산소동위원소비가 현재와 같다고 가정했을 때, 퇴적물에 들어있는 탄산칼슘 화석의 산소동위원소비를 측정하여 당시의 수온을 추정할 수 있다는 뜻이다. 이것이야말로 두말할 여지가 없는 고수온계가 아닌가!

그런데 오차 ±0.1‰이라는 것은, ^{18}O의 농도로 환산했을 때 0.20000퍼센트와 0.20002퍼센트의 차이를 구분해내는 것이다. 과연 그런 미세한 차이를 찾아낼 수 있을까? 놀랍게도 당시 에밀리아니가 이용한 동위원소 질량분석기는 그 차이를 충분히 감지할 수 있을 정도로 정밀도가 높았다.

동 위 원 소 질 량 분 석 기 의   등 장

산소동위원소비의 근소한 차이를 찾아내는 정밀한 질량분석기의 원형을 개발한 것은 미네소타 대학의 앨프리드 니어(그림 2-6)다. 미국 미네소타 출신의 니어는 고향 미네소타 대학에서 물리학을 전공했고, 대학원 시절에는 당시로서는 상당히 뛰어난 성능의 질량분석기를 개발했다. 그리고 그 질량분석기를 이용하여 칼륨의 동위원소(^{40}K)를 발견하고, 최초로 아르곤이나 아연의 동위원소 존재비를 정밀하게 파악하는 성과를 올렸다.

하버드 대학에서는 니어가 학위를 취득하자, 질량분석기를 만든 능력을 크게 인정하여 그를 박사후 연구원으로 채용했다. 1936년의 일이었다. 니어는 하버드 대학에서 성능이 훨씬 뛰어난 질량분석기를 제작하여 원자량 235와 238인 우라늄 동위원소의 존재비와, 원자량 12와 13인 탄소동위원소의 존재비 등 자연계에 널리 존재하는 물질의 동위원소비를 정밀하게 알아내는 데에 성공했다.

질량분석기가 생소한 사람은 그 이름만 듣고 복잡하고 어려운 장치를 떠올릴지도 모른다. 실제 겉모양은 상당히 **딱딱한** 인상을 풍긴다. 기묘한 형태로 조립된 갖가지 형태의 금속부품과 복잡하게 연결된 전기코드와 진공펌프때문이다. 하지만 외관과는 달리 원리는 비교적 단순하다(그림 2-7).

질량분석기는 이온화장치, 자석, 검출기의 세 부분으로 이루어진다. 이온화장치란 시료가 들어가는 부분으로 질량분석기의 입구를 말한다. 그 안에서 필라멘트라고 부르는 금속선에서 나온 전자가 시료 기체와 충돌한다. 필라멘트는 텅스텐으로 만든 매우 가는 금속선

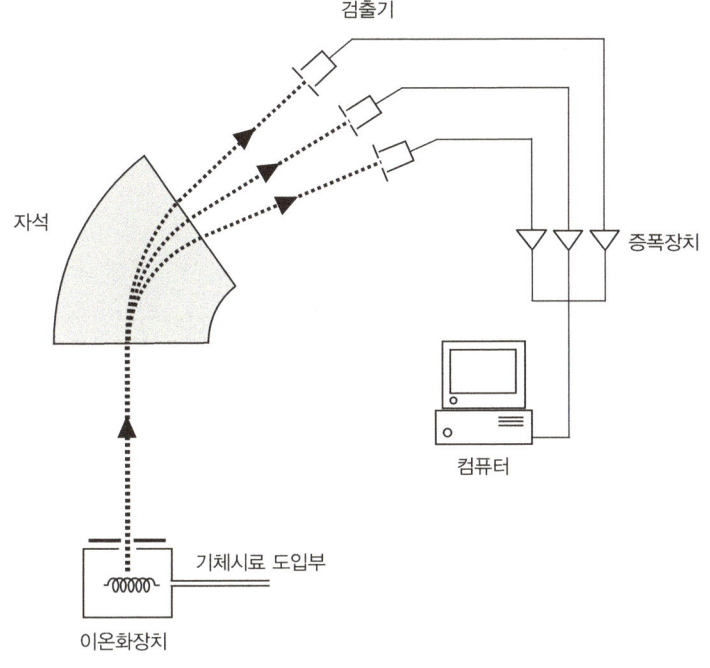

검출기

자석

증폭장치

컴퓨터

기체시료 도입부

이온화장치

그림 2-7 동위원소비를 측정하기 위해 사용하는 자기장형 질량분석기. 이온화장치로 이온이 된 시료는 속도가 빨라지면서 자석으로 빨려 들어간다. 그곳에서 질량/전하 값에 따라 분리된 이온은 검출기에서 그 개수가 측정된다.

으로, 기본적으로는 백열전구의 필라멘트와 똑같다. 백열전구와 다른 점이라면 이온화장치 안에 양전하를 띤 전극이 들어있다는 것이다. 이렇게 하면 강한 전류가 흐를 때 플러스 전극에 이끌려 필라멘트에서 음전하를 가진 전자가 튀어나온다. 그리고 이 전자가 시료 분자에 충돌하면 시료 분자는 이온 상태가 된다.

측정할 때는 이온화장치에 든 공기를 밖으로 뽑아내 진공상태로 만들어야 한다. 그러지 않으면 필라멘트에서 튀어나온 전자가 대기 중의 질소나 산소 분자와 충돌하여 시료 분자까지 도달하지 못하기 때문이다. 전자가 제대로 충돌하면 시료 분자에는 새로운 전자가 달라붙든지, 아니면 전자 한 개를 밀어낸다. 전자는 음전하를 띤 입자이기 때문에, 전자가 달라붙으면 그 분자는 음전하를 띠고, 전자를 밀어내면 양전하를 띠게 된다.

전하를 띤 시료는 높은 전압에 의해 이온화 장치에서 밀려나 자기장 속을 통과한다. 그러면 이온은 질량에 따라 진행방향을 꺾게 된다. 이 현상은 전기장과 자기장과 힘은 서로 직각으로 교차하는 관계라는, 플레밍의 왼손법칙*으로 설명할 수 있다. 질량이 큰 이온일수록 자기장을 통과할 때 보다 큰 곡선을 그리며 나아간다.

유공충의 산소동위원소비를 측정할 때에는 우선 탄산칼슘으로 된 껍데기를 산과 반응시켜 이산화탄소를 만들어 질량분석기에 넣는다. 이산화탄소 분자는 한 개의 탄소 원자와 두 개의 산소 원자로 이뤄져 있기 때문에 원자량이 보통 $44(=12+16+16)$다. 그런데 그 중에는 원자량이 18인 산소 원자(^{18}O)를 가진 이산화탄소 분자도 들어있다. 이들은 원자량이 2가 커져 $46(=12+16+18)$이 된다. 그리고 이 두 분자를 동시에 측정하기 위해, 검출기인 패러데이 컵에 원자량 44와 46인 이온이 잘 들어갈 수 있도록 자기장과 가속전압을 조절하면 된다.

미국의 미네소타 대학에서 자기장형 동위원소 질량분석기 1호기가 탄생한 것은 1930년대였다. 이후에 시카고 대학 유리의 연구실에서 이 질량분석기를 개량하여, 현재까지 전 세계의 많은 연구실에서

---

* 왼손 엄지는 위로, 검지는 정면, 중지는 오른쪽으로 향하게 했을 때, 중지가 전류가 흐르는 방향, 검지는 자기장의 방향, 그리고 엄지가 힘의 방향이라는 법칙. 영국의 전기공학자 존 플레밍(John A. Fleming 1849–1945)이 학생들에게 가르치기 위해 고안한 암기법이다.

쓰이는 동위원소 질량분석기를 완성했다[5]. 1940년대 말의 일이다. 유리의 연구실에서 제작한 질량분석기로는 많은 원소의 동위원소비를 정밀하게 측정할 수 있었다. 그리고 그 하나하나가 에밀리아니의 고수온계처럼 지구과학의 여러 분야에서 난관을 극복할 수 있게 돕는 연구 성과의 원천이 되었다.

에밀리아니의 고수온계

다시 에밀리아니 이야기로 돌아오자. 에밀리아니의 카리브 해 해저코어 분석결과가 그림 2-8에 나와 있다. 산소동위원소비가 시대에 따라 변했으며 먼 옛날 빙하기와 간빙기가 여러 차례 반복되었다는 것을 여실히 보여주고 있다.

빙하기에 해당하는 한랭화는 비교적 천천히 일어나고, 몇 만 년이나 이어진 빙하기의 후반부에 가장 추운 시기가 찾아오는 것이 일반적인 패턴이었다. 그리고 빙하기에서 간빙기로 진행하는 온난화는 1만 년 정도의 비교적 짧은 기간에 일어난다. 기후변화는 사인 곡선이 아니라 톱니 모양 패턴으로 일어났다. 에밀리아니는 빙하기에 서식한 유공충의 산소동위원소비가 현재(간빙기)에 비해 약 2‰ 무거웠다는 것을 알아냈다. 이 결과는 상당히 중요하다. 고수온계의 계산식에 따르면 빙하기에는 지금보다 수온이 8도나 낮았다는 것을 뜻하기 때문이다.

에밀리아니는 이 결과를 확인하기 위해 주의에 주의를 기울여, 대서양과 태평양 등 총 열 곳에서 채취한 해저코어[6]*의 산소동위원소

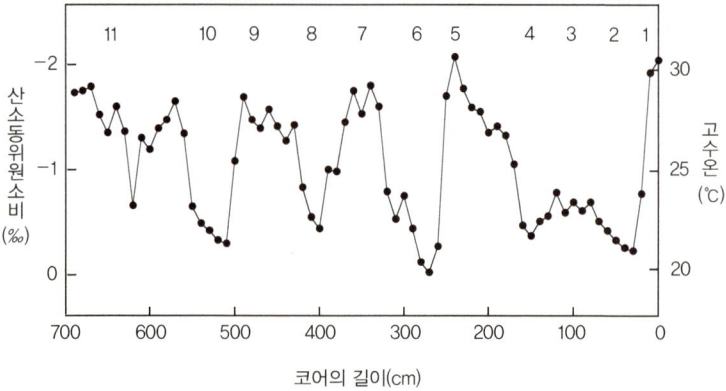

그림 2-8 1955년 《지질학저널》에 게재된 체사레 에밀리아니의 혁명적인 논문의 성과. 카리브 해의 해저코어에 포함된 부유성 유공충의 산소동위원소비를 나타낸 것으로, 빙하기와 간빙기의 산소동위원소비 차이는 약 2‰임을 알 수 있다. 그래프 위에 매겨진 번호는 산소동위원소 스테이지(OIS). 산소동위원소비가 큰 값을 갖는 빙하기에는 짝수가, 작은 값을 갖는 간빙기에는 홀수가 매겨져 있다. 그래프의 오른쪽 축은 산소동위원소비로 계산한 고수온이다. 그러나 이 고수온의 변화는 대륙빙하의 형성에 따른 바닷물의 산소동위원소 조성 변화를 포함하고 있지 않기 때문에 빙하기-간빙기의 수온 변동을 과대평가하고 있다는 것에 주의한다. 자세한 내용은 본문 참조.

비를 분석했다. 그리고 모든 해저코어에서 카리브 해의 코어와 비슷한 산소동위원소비 변화가 기록되어 있음을 확인했다. 이 결과는 기후변화가 지구 전체 규모로 일어났었다는 것을 말해주는 것이 틀림없었다. 에밀리아니는 현재의 간빙기를 스테이지 1, 직전의 빙하기를 스테이지 2, 그리고 그 이전의 간빙기를 스테이지 3 스테이지는 주로 MIS(Marine Isotope Stage)로 표현하고, 간혹 OIS(Oxygen Isotope Stage)로 부르기도 한다이라는 식으로 번호를 붙였다. 이렇게 하면 따뜻한 간빙기에는 홀수의 스테이지 번호가, 추운 빙하기에는 짝수 번호가 붙는다. 에밀리아니는

---

* 에밀리아니가 이 연구에 사용한 12개의 코어 중 8개는 예테보리 대학에서 나머지 4개는 컬럼비아 대학의 라몬트-도허티 지구연구소에서 받았다.

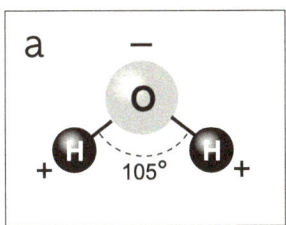

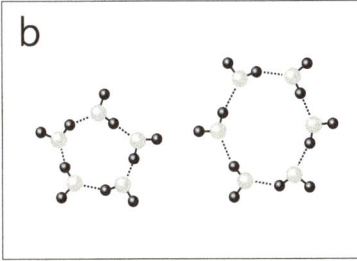

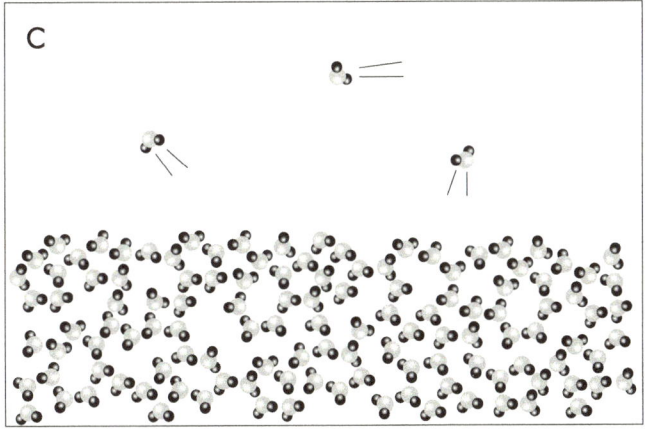

그림 2–9 물 분자의 구조와 분포. a) 물 분자는 산소 원자의 양쪽에 수소 원자가 약 105°각도로 결합해 있다. 산소 원자와 수소 원자가 공유하는 전자는 산소 원자 쪽으로 약간 치우쳐 있기 때문에 산소 원자 쪽이 음전하를, 수소 원자 쪽이 양전하를 띤다. b) 물 분자 자체가 전기적으로 극성을 띠고 있어, 물 분자의 산소 원자는 다른 물 분자의 수소 원자를 서로 끌어당긴다. 그 결과, 물 분자 다섯 혹은 여섯 개가 하나의 클러스터를 이룬다. c) 물 표면에서는 일부의 물 분자가 클러스터를 무너뜨리고 대기 중으로 '증발'한다.

이들 해저코어에 적어도 4회분의 빙하기가 기록되어 있다는 것을 알아냈다.

그런데 산소동위원소비의 시간변화를 해석할 때에는 고수온계의 변동은 물론이고 바닷물 자체의 산소 동위원소 조성 변화도 포함되어 있다는 것에 반드시 주의해야 한다. 앞에 나온 수온을 구하는 환산식을 봐도 알 수 있듯이, 수온은 탄산칼슘이 침전할 때 바닷물의 산소동위원소비의 함수이다. 예를 들어 수온이 같더라도, 본래 바닷물의 산소동위원소비가 변하면 거기에서 침전하는 탄산칼슘의 산소동위원소비도 변한다는 의미다. 어떤 의미에서는 가장 중요한 논리다. 그러면 바닷물의 산소동위원소비는 시대와 함께 얼마나 변화해왔을까?

우선 바닷물의 산소 동위원소 조성이 변하는 과정을 알아두자. 그림 2-9(a)에서 볼 수 있듯이, 물 분자는 산소 원자가 가운데 있고 그 양쪽으로 수소 원자가 결합하고 있다. 하지만 물 분자를 구성하는 세 원자가 일직선으로 늘어서 있는 것은 아니다. 수소-산소-수소의 각도는 약 105도로, 산소 원자를 중심에 두고 천칭과 같은 모양을 하고 있다. 중심의 산소 원자와 양쪽의 수소 원자는 공유결합으로 이어져 있어, 서로 상대방의 전자 한 개씩을 공유하고 있다.

그러나 공유하는 전자를 양쪽에서 공평하게 붙잡고 있는 게 아니고 산소 원자 쪽으로 약간 치우쳐 있다.* 하나의 분자 안에 전자배치의 치우침이 생기면 그 분자에는 전기장이 생긴다. 물 분자의 경우, 전기음성도가 큰 산소 원자 쪽이 음전하를 띠고, 전기음성도가 작은

---

* 산소는 수소보다 전기음성도가 크기 때문에, 산소와 수소가 공유하는 전자 분포의 중심은 두 원자의 가운데가 아닌 산소 원자 쪽으로 약간 치우친다.

수소 원자 쪽은 양전하를 띤다. 그렇다면 물 분자 옆에 다른 물 분자가 어떻게 올지는 자연히 결정된다. 음전하를 띠는 산소 원자는 양전하를 띠는 또 다른 물 분자의 수소 원자와 서로 끌어당기기 때문이다(그림 2-9(b)). 이처럼 분자 사이에 작용하는 전기적 힘에 의한 결합을 수소결합이라고 한다.

이 수소결합 덕분에 물을 구성하는 하나하나의 물 분자는 독립된 분자로 존재하는 것이 아니라 주위의 물 분자와 클러스터cluster를 이루고 있다. 물 분자가 물에서 수증기가 되기 위해서는 분자 사이에 작용하는 수소 결합을 끊어 이 클러스트를 무너뜨려야 한다. 우리가 일상적으로 접하는 증발이, 분자 수준에서는 수소결합을 떼어놓는 현상이다. 물 분자는 분자 중에서 서로 끌어당기는 힘이 비교적 강하기 때문에 증발하려면 꽤 많은 에너지가 필요하다. 그런데 물 분자는 가만 있는 것이 아니라 항상 부들부들 진동하고 있다. 이렇게 진동하다가 간혹 운이 좋은 녀석은, 잡아당기는 힘을 뿌리치고 대기 중을 마음대로 떠돌아 다니기도 한다. 이렇게 자유로운 물 분자가 바로 수증기다(그림 2-9(c)).

물이 따뜻해지면 증발이 쉽게 일어난다. 물의 온도가 높아지면 물 분자의 진동이 과격해져 주위 물 분자의 끌어당기는 힘을 뿌리칠 가능성이 커지기 때문이다.

그런데 물 분자라고 하나로 뭉뚱그려 표현했지만, 그 중에는 산소 원자의 원자량에 따라 '가벼운 물 분자'와 '무거운 물 분자'가 있다. 여기에서 가벼운 물 분자란 ^{16}O를 갖는 분자로, $H_2^{16}O$를 말한다. 무거운 물 분자는 ^{18}O를 갖는 $H_2^{18}O$를 가리킨다. 부들부들 진동하는 물 분자가 수소결합을 뿌리치고 대기 중으로 증발할 확률은 가벼운

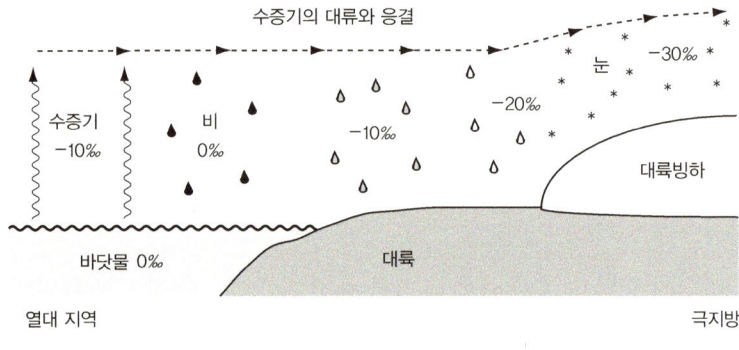

그림 2-10 물의 증발, 대류, 응결에 따른 산소동위원소비의 변화. 바닷물이 증발하여 생긴 수증기의 산소동위원소비는 −10‰이지만, 응결할 때에 ^{18}O가 선택적으로 제거되면서, 수증기의 공급원(주로 열대 지역)에서 멀어질수록 수증기에 포함된 ^{18}O의 농도는 작아진다. 즉, 극지방이나 대륙 내부로 갈수록 비나 눈의 산소동위원소비는 작아진다. Dansgaard(2004)를 수정.

물 분자 쪽이 1퍼센트(10‰)정도 높다.[6] 바닷물의 산소동위원소비는 어디에서든지 0‰이기 때문에, 바닷물이 증발하여 갓 생긴 수증기는 어디에서나 약 −10‰의 산소동위원소비를 갖는다.

해수면에서 증발한 가벼운 물이 대기 중에서 응결하여 비가 될 때에는 정반대의 일이 일어난다. 무거운 물 분자가 응결할 확률이 1퍼센트(10‰)정도 높다. 그래서 비에 들어있는 무거운 물 분자의 비율은 원래의 수증기보다 10‰정도 늘어난다. −10‰의 수증기가 비가 되고 바다로 돌아올 때는 다시 10‰이 늘어나, 비의 산소동위원소비는 결국 제로, 0‰이다. 이렇게 바닷물이 증발하여 생긴 수증기가 다시 바다로 떨어지는 '최초의 비'는 원래 바닷물처럼 0‰의 산소동위원소비를 갖는다(그림 2-10).

그런데 한 번 비가 내려 공기 중에서 사라지는 수증기는 공기(기단) 중에 들어있는 전부가 아니라, 대부분 극히 일부에 불과하다. 평

균 −10‰의 수증기에서 무거운 물 분자를 많이 머금은(0‰) 비가 내
리면, 기단에 남은 수증기에는 무거운 물 분자가 부족해진다. −10‰
보다 낮아지는 것이다. 그리고 그 기단에서 제2, 제3의 비가 내리면,
남은 수증기가 점점 줄어들면서 그 안에 포함되는 무거운 물 분자의
농도는 점점 줄어든다. 물론 그 영향으로 제2, 제3의 비에 포함되는
무거운 물 분자의 농도도 점점 낮아진다(박스 2 참조).

　이제 열대지방의 따뜻한 바다 위에서 습기를 듬뿍 머금은 기단이
대기의 순환으로 위도가 높은 대륙 내부까지 이동했다고 가정하자.
기온이 낮아지면 수증기는 응결하여 기단에서 떨어져 나간다. 그리
고 대륙 위에서는 수증기가 불어날 일이 거의 없으니 기단은 점점 건
조해진다. 실제로 대륙의 내부는 어디든 건조한 곳이 많다. 조금 전
의 논리로 말하자면, 그곳에 남은 얼마 되지 않는 수증기에는 무거운
물 분자가 상당히 부족한 상태다. 실제 예를 들어보면 현재 그린란드
중앙부에 내리는 눈의 산소동위원소비는 −30‰를 밑돈다.

　빗물이 하천 등을 통해 금세 바다로 돌아간다면 바닷물의 평균적인 산
소동위원소비는 변하지 않는다. 하지만 무거운 물 분자가 극단적으로 적
어진 이 빗물이 육지에 대륙빙하가 되어 장기간 비축되면 이야기는 달라
진다. 제3장에서 자세히 설명하겠지만, 빙하기에는 무거운 물 분자가 부
족한 대량의 물이 거대한 대륙빙하가 되어 북미 대륙과 유럽 북부에 고정
되어 있었다. 그것은 빙하기의 바닷물에 상대적으로 그만큼 무거운 물 분
자가 풍부했다는(큰 산소동위원소비를 갖는다) 것을 가리킨다.

　이것이 문제다. 그림 2-8의 산소동위원소비 곡선을 그대로 고수온
으로 환산해버리면 바닷물의 산소동위원소비가 변화한 만큼 수온을
잘못 읽게 된다. 즉, 계산 결과로 나오는 8도라는 빙하기의 수온저하

수치는 과다 추정한 값이 된다. 그래서 빙하기의 수온을 정확히 알기 위해서는 당시 바닷물의 산소동위원소비를 알 필요가 있다.

에밀리아니는 여러 상황증거를 근거로 빙하기의 바닷물 산소동위 원소비가 현재의 바닷물보다 약 0.5‰정도 무거운 물 분자를 품고 있 었을 거라고 생각했다. 그리고 그림 2-8에서 빙하기와 간빙기의 산소 동위원소비의 차이인 2‰에서 0.5‰을 뺐다. 그렇다면 남은 1.5‰이 수온변화에 의한 것이 된다. 이것은 약 6도에 해당한다. 이로써 빙하 기의 카리브 해 표층수온이 현재보다 6도 낮았다는 결론을 내렸다.

에밀리아니는 시카고 대학의 학술지《지질학저널》에 해저코어의 산소동위원소비 분석결과에 대한 논문을 최초로 투고했다. 당시 이 잡지의 편집장은 전통적인 빙하지질학 분야의 일인자인 시카고 대학 의 릴랜드 호버그였다. 호버그는 이때 암과 투병 중으로 병상에서 논 문을 검토하고 있었는데, 이번 호를 마지막으로 자리에서 물러날 예 정이었다. 호버그는 빌링스 병원으로 찾아온 에밀리아니에게 침대 위에서 검토한 원고를 건네며 '난 못 믿겠군요!' 라고 웃으며 말했다 고 한다. 하지만 호버그는 원고를 그대로 출판하겠다고 약속해줬다. 그리고 그는 얼마 지나지 않아 세상을 떠났다. 고기후 연구에 기념비 적 논문이《지질학저널》에 게재된 것은 1955년 12월의 일이었다.[7]

바닷물의 수온을 둘러싼 논쟁

에밀리아니 이후에도 지질시대의 수온을 정확하게 추정하기 위해 열정을 쏟았던 해양지질학자는 여럿 있다. 영국 케임브리지 대학의 니콜라스 섀클턴(그림 2-11)도 그 중 한 사람이다. 그는 20세기 초에 인듀어런스 호를 타고 남극을 탐험한 어니스트 섀클턴*의 먼 친척이기도 하다.

1960년대 중반, 섀클턴이 케임브리지 대학의 제4기 연구과정(훗날 고드윈 연구소로 이름을 바꾸었다)의 대학원생으로 있을 때 마침 동위원소 질량분석기가 연구실에 도입됐다. 당시 제4기 연구과정에서는, 옆 연구실에서 진행 중이던 꽃가루 분석 연구와 함께 영국의 고기후를 복원하는 작업을 진행 중이었다. 섀클턴은 대학원생의 신분이었지만 특별히 이 연구의 동위원소 분석과 고수온 추정 부분을 맡고 있었다.[8]

당시 시카고 대학에서 개발한 질량분석기로 산소동위원소비를 측정하려면 퇴적물에서 무려 400마리의 유공충을 꺼내 모아야 했다. 현미경을 통해 직경이 채 1밀리미터가 안 되는 작은 유공충을 400마리나 찾아 모으는 작업은 생각보다 중노동이었다. 게다가 작업을 위해서는 여러 명의 조수를 고용해야 하는데 연구비가 모자라 어떻게든 비용을 줄여야만 하는 압박도 있었다. 이런 상황에서 섀클턴은 기존 기기를 개량하여 종전의 10분의 1에 해당하는 시료만으로도 동일한 정밀도의 산소동위원소비를 측정할 수 있는 질량분석기로 만드는 데 성공했다.[9] 필요는 발명의 어머니란 다름 아닌 이런 상황을 두

---

* Ernest Henry Shackleton(1874-1922) 아일랜드 출신의 남극 탐험가. 처음에는 로버트 스콧을 따라 참가했다. 그 뒤로 섀클턴이 대장을 맡으며 인듀어런스 호로 떠난 남극탐험(1914-1916)은 그야말로 치열했는데, 일 년 반 동안 얼음 위에서 캠핑을 하거나 소형 보트로 이동하며 표류생활을 한 끝에 기적적으로 전원이 생환했다. 섀클턴은 이후 실시한 4번째 남극탐험 중에 심장마비로 세상을 떠났다. 무덤은 남대서양의 사우스조지아 섬(영국령)에 있으며, 남극을 향하도록 만들어졌다. 긴박했던 항해의 상황은 섀클턴이 직접 쓴 《어니스트 섀클턴 자서전 SOUTH》(뜨인돌, 2004)와 앨프리드 랜싱이 쓴 《섀클턴의 위대한 항해》(뜨인돌, 2001)에 잘 나타나 있다.

고 한 말일 것이다.

　질량분석기의 개량은 생각지도 못한 곳에서 새로운 가능성의 문을 열
었다. 해양 표층부에 사는 유공충의 변종이 바다 밑바닥에도 사는데[10],
이 생물은 암흑의 해저에 떨어지는 마린스노우를 먹으며 산다. 이들
도 마찬가지로 단세포지만 자신의 수십 배 크기(그래봤자 역시 직경 1
밀리미터도 되지 않지만)의 탄산칼슘 껍데기를 만들므로, 그 껍데기의
산소동위원소비에는 해저 인근 바닷물의 귀중한 정보가 담겨있을
것이었다. 그러나 문제가 있었다. 해저퇴적물 속의 이런 저서성 유
공충 껍데기 화석은 그 수가 부유성 유공충에 비해 훨씬 적기 때문이
다. 당시의 질량분석기로는 개체수가 적은 저서성 유공충의 산소동

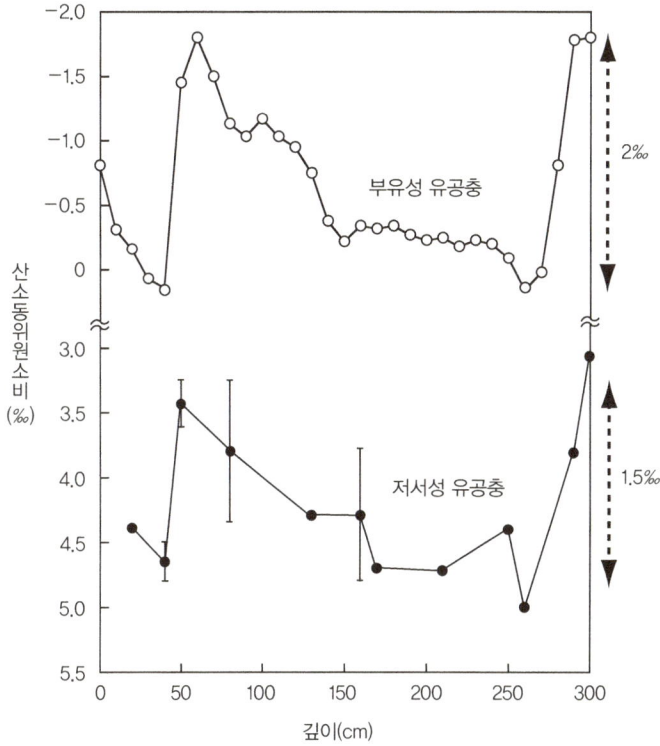

그림 2-12 카리브 해에서 채취한 해저퇴적물에 포함된 부유성 유공충(○)과 저서성 유공충 껍데기(●)의 산소동위원소비 비교. 부유성 유공충은 빙하기와 간빙기의 진폭이 약 2‰인 것에 비해, 저서성 유공충은 1.5‰이다. 해저 수온은 크게 변하지 않기 때문에, 저서성 유공충 껍데기의 산소동위원소비 변화량이 바닷물의 산소동위원소비의 변화량이라고 생각했다. Emiliani(1955), Shackleton(1967)을 수정.

위원소비를 측정하기는 거의 불가능했다.[*]

　이때 등장한 것이 섀클턴이었다. 그는 스스로 개량한 질량분석기로 카리브 해에서 채취한 저서성 유공충 껍데기의 산소동위원소비를

---

[*] 사실은 에밀리아니도 저서성 유공충 껍데기의 산소동위원소비를 측정하여 Emiliani(1955)에서 보고했다. 그러나 불행히도 측정 시료가 너무 적었기 때문에 섀클턴이 찾아낸 경향을 간과하고 말았다.

측정하는 데 성공했다.[11] 그 결과, 그림 2-12에서처럼 빙하기와 간빙기의 기후변화에 따라 저서성 유공충 껍데기의 산소동위원소비가 약 1.5‰ 변했다는 것을 알게 되었다.

그럼 과연 이 결과를 어떻게 해석해야 할까? 현재 태평양과 대서양의 심해 수온은 섭씨 0도 부근으로 바닷물의 결빙점(-1.9도)에 상당히 가깝다. 매우 추운 빙하기라 해도 수온은 이 이상 떨어지지 않는다. 바닷물이 얼어버리면 저서성 유공충과 같은 생물이 아예 살지 못하기 때문이다. 또한 바닷물이 얼었다는 증거를 어디에서도 찾을 수 없었다. 그렇다면 섀클턴이 찾아낸 저서성 유공충의 산소동위원소비 변화는 수온이 아닌 다른 요인 때문에 일어났다고 할 수 있다. 바로 바닷물 자체의 산소동위원소비가 변한 것이다. 빙하기에 무거운 물 분자가 상대적으로 적은 대륙빙하가 형성되면서, 그 대신 바닷물에 무거운 물 분자가 많아져 산소동위원소비가 1.5‰만큼 늘어났다고 밖에 생각할 수 없다. 이것은 에밀리아니가 생각했던 0.5‰보다 훨씬 큰 값이다.[12]

즉, 빙하기와 간빙기의 산소동위원소비 차 2‰에서 1.5‰을 뺀 0.5‰만큼이 수온변화에 의한 것이라는 뜻이다. 이것은 수온으로 환산하면 2도에 불과하다. 이 결과는 당시 학계에 커다란 충격을 주었다. 그때까지는 부유성 유공충의 산소동위원소비 곡선이 주로 '수온'의 변화를 반영한다고 생각했다. 그런데 사실 그 2‰에는 바닷물의 산소동위원소비 변화, 다시 말해 '대륙빙하의 크기' 변동이 반영되어 있었던 것이다. 고수온은 에밀리아니가 생각했던 것만큼 그렇게 크게 변화하지 않았다고 볼 수 있는 것이다.[13]

그러나 당사자인 에밀리아니는 섀클턴의 해석을 고집스레 받아들이지 않았다. 그는 끝까지 수온의 변화로 부유성 유공충의 산소동위원소비 변화를 설명할 수 있다고 주장했다.[14] 그리고 1995년 7월, 에밀리아니는 플로리다 주 마이애미의 자택에서 73년의 생애를 마감했다. 그의 죽음은 고기후학의 한 시대가 끝났다는 것을 상징하며, 과학사 관점에서는 '빙하기수온냉각설'의 종언이기도 했다.[15]

　유리에서 에밀리아니로, 그리고 에밀리아니에서 섀클턴으로 넘어가는 사이에 유공충 화석의 산소동위원소비가 지닌 암호는 대부분 풀렸다. 처음에는 고수온계라고 생각했던 해저퇴적물에 새겨진 산소동위원소비의 기록이 사실은 '대륙빙하량계'라고 바꿔 부를 수 있는 지표라는 것이 분명해졌다. 그러나 유공충 화석의 산소동위원소비가 갖는 정보가 물에 관련된 화학적·물리적 현상의 이력을 갖고 있다는 것은 분명하다. 그때까지 지질학자의 경험과 예측에 의존하는 일이 많았던 고기후 복원 연구는 기초과학과의 교류로 이제 새로운 길을 열게 되었다. 또한 에밀리아니와 섀클턴의 연구를 계기로 빙하기-간빙기의 기후변화에 대한 이해는 1970년대 이후 급속히 깊이를 더하게 되었다.

동위원소비와 표기방법

이 책에는 산소동위원소비 뿐만 아니라 탄소동위원소비와 수소동위원소비 등 다양한 동위원소비가 등장한다.

　여기서 먼저 간단하게 설명하기로 하자.

　현재에도 시료에 들어있는 각 원소의 동위원소 조성비를 정밀하게 파악하는 것은 그리 간단한 작업이 아니다. 대부분의 원소가 동위원소는 극히 적은 양만 존재하는데다가, 자연 상태에서 동위원소별로 존재하는 양의 차이도 무척 작기 때문이다.

　산소를 예로 들면 ^{18}O의 양은 ^{16}O의 500분의 1에 불과하다. 빙하기와 간빙기 사이의 산소 동위원소 변동비는 2‰로 매우 작아, ^{18}O의 몰분율($=^{18}O/(^{16}O+^{17}O+^{18}O)$)로 환산하면 0.0004퍼센트로 극히 미미한 수준이다.

　이렇게 작은 차이를 측정할 때는 전압의 미묘한 변화나 전기적 노이즈도 측정값에 큰 영향을 줄 수 있다. 벌써 반세기 이상 지난 이야기이지만, 유리의 실험실에서는 이를 해결하기 위해 다음과 같은 방법을 고안해냈다. 동위원소별로 균질한 표준물질을 준비해 그것과 시료를 여러 차례 번갈아 측정하고, 둘 사이의 '차이'들의 평균값을 구해 오차를 줄이는 방식이다. 이렇게 하면 시료가 갖는 동위원소의 농도는 표준물질에 대해 상대적인 값으로 나타나게 된다. 물이나 얼음은 표준바닷물SMOW, Standard Mean Ocean Water를 사용하고, 탄산칼슘은 미국 노스캐롤라이나 주에 있는 백악기의 피디 퇴적암층에서 채취한 벨렘나이트 화석PDB, Pee Dee Belemnites을 사용했다. 그리고 흔히 델타(δ)라고 부르는, 표준물질과의 '차이의 크기'는 천분율(‰, 퍼밀이라고 읽는다)로 나타내는 독특한 표기법을 제안했다.

측정상의 제약에 의해 사용하게 된 델타값 표기법은 이런 역사적 과정을 거쳐 지금도 사용되고 있다. 현재는 국제원자력기구에서 동위원소 표준물질을 관리하고 있으며 누구나 손에 넣을 수 있다.

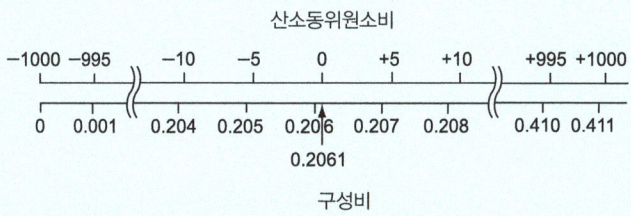

동위원소비의 표기법

$$\delta^{18}O = \left[\frac{(^{18}O/^{16}O)\ 시료}{(^{18}O/^{16}O)\ 표준물질} - 1\right] \times 1000 \quad (‰)$$

$$\delta^{13}C = \left[\frac{(^{13}C/^{12}C)\ 시료}{(^{13}C/^{12}C)\ 표준물질} - 1\right] \times 1000 \quad (‰)$$

$$\delta D = \left[\frac{(D/H)\ 시료}{(D/H)\ 표준물질} - 1\right] \times 1000 \quad (‰)$$

산소동위원소비

-1000 −995   −10   −5   0   +5   +10   +995 +1000

0   0.001   0.204   0.205   0.206   0.207   0.208   0.410   0.411

0.2061

구성비

그림 B-1 산소동위원소비를 나타내는 델타 표기($\delta^{18}O$, 위)와 ^{18}O의 절대 구성비 ($^{18}O/(^{16}O+^{17}O+^{18}O)$)×100, 아래)의 관계. 델타 표기에는 일반적으로 표준바닷물과 PDB라 부르는 벨렘나이트 화석의 두 가지 표준물질을 사용한다. 여기에서는 탄산칼슘의 산소동위원소온도계로 쓰이는 벨렘나이트 화석을 표준물질로 사용한 동위원소비를 나타냈다.

그런데 델타 표기법은 '동위원소의 비율'(산소의 경우, $^{18}O/^{16}O$)를 이용한다. 화학에서 일반적으로 사용하는 몰분율($=^{18}O/(^{16}O+^{17}O+^{18}O)$)을 쓰지 않는다. 동위원소비로부터 몰분율을 계산하려면 먼저 표준 물질에 포함된 ^{18}O의 농도를 정확하게 알아야 한다. 그런데 당시 시료의 동위원소 측정값의 변동폭과 비교했을 때, 표준 물질의 몰분율 측정값은 정밀도가 너무 낮았다. 그런 상황이라 몰분율로 환산하면 그 값은 사실 큰 의미가 없었다(그림 B-1).

한눈에 봐도 알 수 있듯이, ^{18}O의 몰분율과 ^{18}O값은 직선관계가 아니다. 이 델타값을 이해할 수 있는 방법은, 시료물질의 산소동위원소비가 0‰일 때 시료물질에 포함된 ^{18}O의 농도는 표준물질과 동일하며, −1000‰일 때 모든 산소 원자는 ^{16}O로 ^{18}O이 전혀 포함되어 있지 않음을 알아두는 것이다. 또한 +1000‰ 혹은 +2000‰이란 ^{18}O의 농도가 표준물질의 각각 2배와 3배라는 의미다.(산소동위원소비에는 ^{18}O 이외에도 ^{17}O이 포함되기 때문에 2배를 약간 벗어난다).

보통 산소동위원소비는 이보다 훨씬 작은 범위에서 움직인다. 예를 들어, 산소동위원소비에서 −2‰이란 표준시료PDB의 $^{18}O/^{16}O$비(약 0.002067)보다 0.2퍼센트 적다는 뜻으로, $^{18}O/^{16}O$비가 약 0.002063이라는 것을 나타낸다. 하지만 모두 같은 표준 시료를 이용한다면 $^{18}O/^{16}O$비의(정확한 절대값은 알 수 없어도) 정확한 상대값을 알 수 있기 때문에 비교에 아무 문제가 없다.

이처럼 델타 표기는 정말 용케 생각해낸 훌륭한 것이지만, 지구화학자들만 쓰는 이 표기방법이 다른 분야의 연구자가 안정동위원소비율을 활용한 연구에 참여하기 어렵게 만드는 원인이 되기도 한다.

::

레일리 효과

　더운 여름날 해변에 바닷물(산소동위원소비 0‰)을 컵에 담아 모래밭에 놓았다고 하자. 시간이 흐르면 그림 B-2처럼 여름의 강한 햇볕 아래에 놓인 바닷물은 증발하여 점차 줄어들 것이다. 가벼운 물 분자($H_2^{16}O$)가 먼저 증발하기 때문에 컵의 물이 줄면서, 무거운 물 분자($H_2^{18}O$)는 조금씩이지만 꾸준히 농축된다. 실험을 시작했을 때는 0‰이지만 시간이 흐를수록 컵에 남은 물의 산소동위원소비는 커진다.

　무거운 물 분자에 비해 가벼운 물 분자가 증발하기 쉽다는 것은 실험을 통해 증명되었다. 그 수치는 컵에 담긴 물의 산소동위원소비에 관계없이 일정하다. 따라서 증발이 진행될 때 컵에 남은 물의 비율과 그 산소동위원소비의 관계는 수학적으로 예측할 수 있다. 19세기 말에 영국의 물리학자 레일리 경이 혼합기체가 다공성 물질 속을 통과하여 나올 때의 조성은 시간에 따라 달라진다는 실험 결과를 듣고 수학적으로 연구한 적이 있다. 확산에 의해 기체가 분리되는 현상을 모델링한 것을 동위원소 조성 변화에 응용한 것이 레일리 증류모델이다. 자세한 내용은 뒷부분에 언급한 책을 참조하기 바라며, 여기에는 그림 B-3에 결과만 실었다.

　이것을 토대로 그림 B-2를 보면 가령, 물이 3퍼센트 증발했을 때

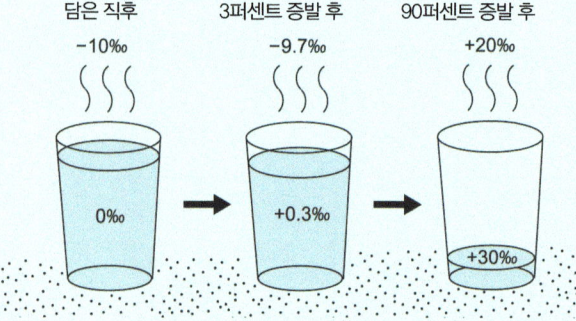

담은 직후   3퍼센트 증발 후   90퍼센트 증발 후
-10‰   -9.7‰   +20‰

0‰   +0.3‰

+30‰

그림 B-2 컵에 담아 모래밭에 놓은 바닷물의 산소동위원소비 변화. 바닷물이 증발하면서 산소동위원소비는 점점 커진다.

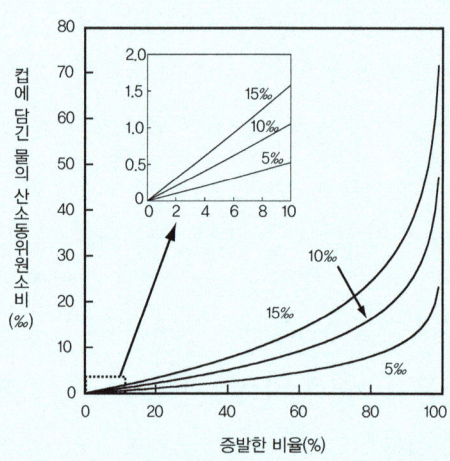

그림 B-3 레일리 효과에 의한 컵 속 바닷물의 산소동위원소비 변화. 그림 속 그림은 증발한 비율이 10% 이하의 부분을 확대한 것. 증발할 때의 동위원소 비율이 5‰, 10‰, 15‰의 세 경우를 비교했다. 수온이 25℃일 때 동위원소비는 약 10‰다.

컵에 남은 물의 산소동위원소비는 처음 물보다 약간(+3‰) '무거워져' 있다. 하지만 컵의 물이 90퍼센트나 증발해버리면 산소동위원소비가 +30‰인 상당히 '무거운' 물이 남게 된다.

이렇게 하나의 대상에서 동위원소가 분별되면서 물질이 제거되는 과정(증발, 응축, 침전, 흡착, 탈기체 등)에서, 동위원소비의 변화는 레일리 증류모델을 따른다는 것을 기억해 두자.

∷

3장
잃어버린 거대한
대륙빙하를 찾아서

망각해버린 것이야말로 우리가 가장 바르게 상기할 수 있는 존재다.
― 마르셀 프루스트 《잃어버린 시간을 찾아서》

사 라 진 거 대 대 륙 빙 하

    가까이에 세계 지도나 지구본이 있다면 한번 잘 살펴보기 바란다. 남극대륙과 그린란드만 하얗게 칠해져 있을 것이다. 그것은 거대한 대륙빙하가 그 지역을 뒤덮고 있기 때문이다. 대륙빙하란 말 그대로 얼음으로 만들어진 지반으로, 드넓은 대지를 뒤덮은 거대한 판 모양의 얼음을 말한다. 현재 그린란드에는 최대 3킬로미터 두께의 대륙빙하가 존재하며, 섬 대부분이 얼음으로 뒤덮여 있다. 남극대륙에는 두께 4킬로미터의 대륙빙하가 역시 대륙의 대부분을 뒤덮고 있다.

    그런데 놀랍게도 지질학자의 상세한 육지 조사 결과에 따르면 약 10만 년 전부터 2만 년 전까지 이어진 마지막 빙하기에는 훨씬 거대한 대륙빙하가 존재했던 것으로 드러났다. 지질학자들은 산과 들을 헤치고 다리도 없는 강을 건너고 때로는 벼랑을 기어오르며 지층과 지형에 남긴 빙하의 정보를 하나씩 끌어 모았다(그림 3-1). 수많은 지질학자가 오랜 시간에 걸쳐 이뤄낸 성과 하나하나를 지도 위에 그려내보면 현재의 캐나다와 북유럽, 러시아 북서부에 거대한 대륙빙하가 존재했었다는 사실을 확인할 수 있다.

그림 3-1 먼 옛날 대륙빙하나 빙하가 확장한 시기를 나타내는 증거인 '미아석'. 빙하기에 대륙빙하, 혹은 빙하와 함께 흘러온 거대 바위다. 빙하가 녹으면서 남겨져 미아석이라는 이름이 붙었다.

　먼 옛날 캐나다 서부를 제외한 캐나다 전 지역과 미국 북부를 뒤덮었던 거대한 대륙빙하를 로렌타이드 빙상이라고 한다(그림 3-2). 로렌타이드 빙상은 약 2만 년 전에 가장 컸으며, 허드슨 만 남부의 빙상은 두께가 3킬로미터 이상이었다고 추정하고 있다. 로렌타이드 빙상은 북쪽으로는 그린란드 빙상으로 이어지며, 남쪽으로는 오대호 아래까지 뻗어 있었다. 크기는 최대 2000만 세제곱킬로미터에 달했다고 추정하고 있다. 이것은 빙하기에 새롭게 만들어진 대륙빙하의 약 절반 정도로, 현재의 남극 빙상과 그린란드 빙상을 더한 양에 육박하며 무게는 무려 약 2경(2×10^{16})톤에 달했다.

　영국에서 북유럽에 이르는 지역을 뒤덮었던 대륙빙하는 페노스칸디아 빙상이라고 부른다. 현재의 발트 해 북부가 중심이었던 페노스칸디아 빙상은 2만 년 전에 그 두께가 약 3킬로미터에 달했다. 페노

그림 3–2 마지막 빙하기에 북미대륙 북부에 형성되었던 로렌타이드 빙상과 북부 유럽에 형성되었던 북유럽 빙상. 북유럽 빙상의 서쪽 부분을 페노스칸디아 빙상, 동쪽 부분을 바렌츠–카라 빙상이라 부르기도 한다.

스칸디아 빙상은 북유럽부터 북해, 그리고 영국 중북부에서 아일랜드 지역까지 발달해 있었다. 또한 이 대륙빙하는 러시아 최북부와 그 앞바다에 펼쳐지는 해역을 뒤덮은 바렌츠–카라 빙상이라는 대륙빙하로 이어졌다. 페노스칸디아 빙상과 바렌츠–카라 빙상을 합해 북유럽 빙상이라 부르기도 한다(그림 3-2).

캐나다 중앙부와 북유럽의 지형도를 보거나 여행을 가면 더욱 실감하겠지만, 이 부근에는 높고 험한 산이 전혀 보이지 않는다. 눈에 띠는 것이라고는 완만한 구릉지뿐이다. 우리가 흔히 볼 수 있는 험준한 지형과 비교하면 그 차이는 확연하다. 이것은 먼 옛날 이 지역을 뒤덮고 있었던 대륙빙하가 성장과 쇠퇴를 반복하면서 튀어나오거나 각진 지형을 전부 깎아버렸기 때문이다. 빙하가 지형을 대패질해버린 것이다.

주목할만한 점은 이들 두 거대 대륙빙하가 북대서양의 북부 해역을 사이에 두고 양쪽에 위치한다는 사실이다. 지금까지 남아있는 그린란드 빙상을 포함하면 북대서양 북부 해역을 에워싸는 육지 대부분이 대륙빙하에 뒤덮여 있었다. 북대서양 북부가 기후변화에 민감한 해역임을 짐작할 수 있으며, 이 사실은 기후변화를 생각할 때 매우 중요하다고 할 수 있다.

지각 평형

먼 옛날 북미와 북유럽에 대륙빙하가 존재했다는 증거는 생각지도 못한 곳에 있었다. 그림 3-3은 과거 100년 동안 스칸디나비아 반도 부근 지각의 평균 융기량을 나타낸 것이다. 지각이 발트 해 북부를 중심으로 동심원 모양으로 융기하고 있음을 알 수 있다. 중심부는 일 년 동안 무려 10센티미터 가까이나 융기했다. 지진이나 화산 등 지각변동이 거의 없는 북유럽 지역에서 어떻게 이런 일이 일어날 수 있었을까? 이 현상을 설명할 수 있는 것은 단 하나의 메커니즘뿐이다. 먼 옛날 이 땅을 뒤덮었던 대륙빙하가 빠르게 녹고, 사라져버린 무게에 대한 반동으로 땅이 융기하고 있다는 이론이다. 이 메커니

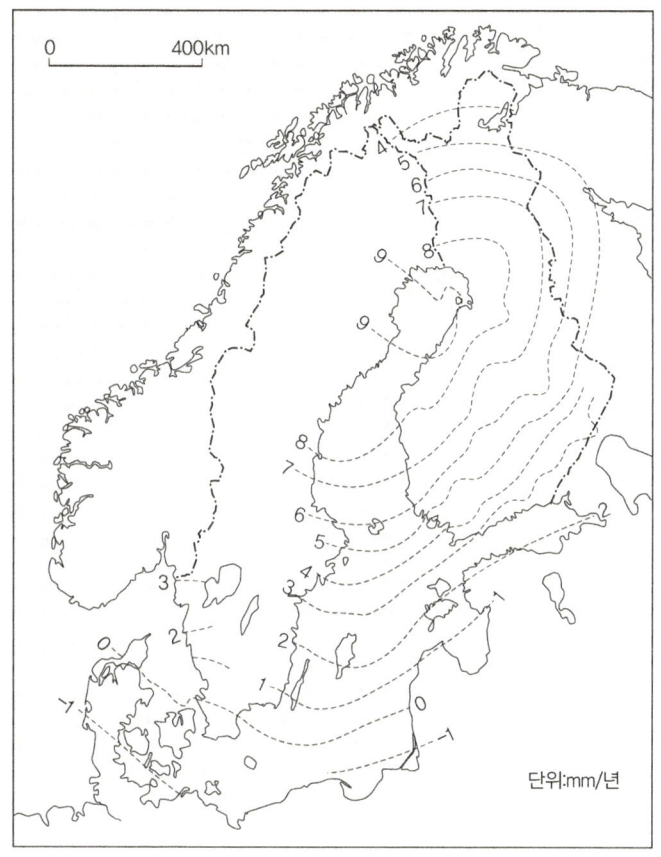

그림 3-3 지난 100년 동안 북유럽의 지각 융기량. 발트 해 북부를 중심으로 동심원 모양으로 융기했으며, 융기량이 가장 큰 곳은 10미터에 달하기도 한다. 이런 지각의 융기는 지각평형에 의한 것으로, 그 자리에 먼 옛날 페노스칸디아 빙상이 존재했다는 것을 알 수 있다. Flint(1971)를 수정.

즘을 좀 더 깊이 이해하기 위해 지각평형isostasy이라는 개념을 알아둘 필요가 있다.

지각평형이란 쉽게 말해 '정적인 균형'이다. 지구는 지각이라는 얇은 껍질이 맨틀이라는 열매 부분을 덮어싼 구조로 이루어져 있다. 지각의 두께는 육지에서는 평균 약 30킬로미터, 바다에서는 약 5킬로미터다. 30킬로미터라고 하면 얼핏 상당히 두껍게 느껴진다. 그러나 지구의 반경이 6400킬로미터이므로, 지각의 두께는 비율로는 0.5퍼센트가 채 되지 않는다. 반경 15센티미터의 지구본을 예로 들면 지각의 두께는 1밀리미터도 되지 않는다. 말 그대로 얇은 껍질이다. 지각은 아래에 있는 맨틀 위에 떠있는 상태로 있으며, 얇은 껍질이 탄력있는 과육을 감싸고 있는 사과를 생각하면 이해하기 쉽다. 사과의 표면을 손가락으로 살짝 눌러보면 껍질은 과육 안으로 약간 꺼진다. 마찬가지로 지각을 누르고 있는 거대한 대륙빙하도 그 무게만큼 지각을 맨틀 안으로 꺼지게 한다.

일반적으로 지구는 딱딱하다. 고체 상태이고, 지진처럼 급격하게 가해지는 힘에 대해서도 고체로 반응한다. 그러나 수천 년 혹은 수만 년이라는 긴 시간 단위로 보면 지구는 외부에서 가해지는 힘에 대해 마치 액체처럼 움직인다고 할 수 있다. 지구라는 물체는 고체와 액체, 두 가지 성질을 모두 갖고 있는 셈이다. 그러나 이것은 지구에 한정된 이야기만은 아니다. 이 세상 모든 물체는 고체인 동시에 액체라고 할 수 있다. 고체와 액체 사이에는 명확한 경계가 없기 때문이다. 예를 들어 과학적으로 '떡은 고체일까, 액체일까'라는 양자택일의 질문은 그야말로 난센스다.

그렇다면 지각을 누르던 무거운 대륙빙하가 갑자기 사라졌을 때 어떤 일이 일어났을까? 대륙빙하가 녹아 사라지면 얼음이 있던 자리 밑으로 맨틀 물질이 몰려들어 대륙빙하의 무게와 같아지도록 조절을 시작한다. 주로 조절의 영향을 받는 곳은 맨틀보다 다소 부드러운 연약권이라는 부분이다. 결국 지각과 상부 맨틀은 연약권이라는 바

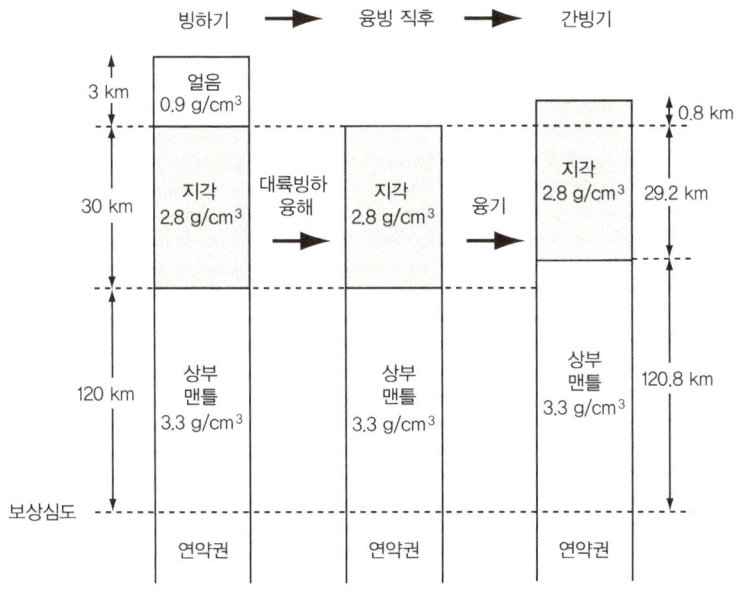

그림 3-4 지각평형에 의한 지각의 융기 현상을 설명하는 그림. 빙하기가 끝나고, 두께 3킬로미터의 대륙빙하가 녹은 뒤 지각이 융기하는 과정을 한눈에 알아볼 수 있다. 보상심도(compensation depth)는 상부 맨틀 속 연약권의 상층부(깊이 150km)로 정했다. 대륙빙하가 녹은 후 지각은 800미터나 솟아오른다.

다 위에 떠있는 셈이다.

조금 더 구체적으로 숫자를 넣어 생각해보자. 어느 평탄한 대륙지각 위의 대륙빙하가 갑자기 녹아버렸다고 가정해보자. 얼음은 1세제곱센티미터당 0.9그램의 무게가 나간다. 다시 말해 먼 옛날 두께가 3킬로미터 정도였던 페노스칸디아 빙상의 중앙부에는 1제곱미터당 무려 2700톤이나 되는 무게가 가해졌다는 뜻이다. 그리고 불과 수천 년 만에 그 엄청난 무게가 사라졌다. 그리고 대륙지각은 화강암이라는 암석으로 이루어져 있고 무게는 1세제곱센티미터당 2.8그램이다. 그에 비해 그 아래 상부 맨틀의 무게는 1세제곱센티미터당 3.3그램이다. 그렇다면 그림 3-4에서처럼 얼음이 얹혀있을 때의 무게를 기준으로 했을 때 지각은 약 800미터가 융기해야 균형을 잡을 수 있다는 계산이 나온다.

800미터가 융기하기까지 걸리는 시간은 지구가 '액체로서의 성질'을 얼마나 띠고 있느냐에 달려있다. 스칸디나비아 반도 주변은 마지막 빙하기 이후에 약 350미터나 융기한 것으로 알려져 있는데, 앞에서 본 데이터에 따르면 지금도 융기 중이다. 따라서 현재 평균 수심이 50미터 정도밖에 되지 않는 발트 해는 수천 년 뒤에 육지가 될 것이 거의 분명하다. 무엇보다 그 전에 다음 빙하기가 찾아와 새로운 대륙빙하가 형성되지 않는다는 것이 조건이기는 하지만 말이다.

한 가지 흥미로운 사실은 지구물리학자들은 지각평형 이론을 토대로 거꾸로 상부 맨틀의 점성계수를 추정한다는 점이다. 점성계수란 쉽게 말해 물질의 끈적거리는 정도를 나타내는 척도인데, 맨틀의 특성을 파악할 수 있는 매우 중요한 정보다.[1] 대륙 위에 거대한 물체(대륙빙하)를 올려두는 자연의 실험이 생각지도 못한 곳에서 도움이 되고 있다. 이런 도움이 없었다면 지구 내부의 물성을 추정하기란 쉽지 않았을 것이다.

오 르 내 리 는 해 수 면

빙하기에는 바다에서 증발한 대량의 물이 육지에 머물렀는데, 그것이 바로 북미의 로렌타이드 빙상과 북유럽 빙상이다. 그래서 당연히 그만큼 해수면이 낮았다. 그렇다면 빙하시대에는 얼마나 많은 바닷물이 대륙빙하 형태로 육지에 머물렀고, 또 해수면은 얼마나 낮았을까? 많은 연구자들이 빙하시대에 관한 연구를 시작한 초기부터 이런 소박한 의문의 답을 찾으려 했다. 그러나 어떤 분야의 과학에서든 때때로 이런 간단한 의문에 대한 답을 찾기가 가장 어렵기 마련이다.

카리브 해 동쪽 끝에 위치한 작은 섬 바베이도스는 과거 영국의 식민지였다. 1966년에 독립국가가 되어 현재는 사탕수수 재배와 관광을 주요 재원으로 삼고 있다. 바베이도스 사람들은 카리브 해의 다른 섬 사람들과 마찬가지로 활기차고, 태양과 레게의 리듬, 럼주를 즐긴다. 스틸드럼의 아름다운 음색과 잘 어울리는 이 섬은 북위 14도에 위치하며 섬 주변에는 아름다운 산호초가 빙 둘러져 있다.

산호초는 따뜻하고 얕은 바다에 형성된다.[2] 놀랍게도 산호초를 만드는 산호충은 분류학적으로는 해파리나 말미잘의 동료다. 각각의 개체는 작지만 무리를 지어 서식하고 대부분은 탄산칼슘 껍데기를 만들어낸다. 산호충은 수명을 다해도 껍데기는 그대로 남는다. 부모 껍데기 위에 자식의 껍데기가, 그 자식 껍데기 위에 손자 껍데기가 점점 쌓이며 대를 거듭하고, 이 암초는 세월의 흐름과 함께 무럭무럭 성장한다. 티끌이 모이면 태산이 된다고 했던가. 산호초는 결국 오스트레일리아 동부 연안에 수천 킬로미터나 이어지는 그레이트배리어리프같은 거대 구조물까지 만들어 낸다.

바베이도스의 어부들 사이에는 섬 앞바다 해저 깊숙한 곳에 '죽은' 산호초가 있다는 얘기가 떠돈다. 얕은 바다에 생기는 산호초가 왜 그렇게 깊은 곳에 있는 걸까? 아마도 죽은 산호초는 알 수 없는 이유로 해저가 침하할 때 함께 가라앉았거나, 아니면 먼 옛날 해수면이 낮았

그림 3-5 해수면 변동의 복원에 이용한 산호, 아크로포라 팔마타 (*Acropora palmata*).

던 시대의 산물이라고 생각할 수 있다. 바베이도스는 섬 전체가 서서히 융기하는 지형으로 알려져 있어*, 해저가 침하할 이유는 전혀 없다. 그렇다면 그것은 먼 옛날 해수면이 낮았던 시대에 형성된 산호초의 잔재라고 생각할 수 있다. 이런 산호초를 침수산호라고 한다.

컬럼비아 대학의 라몬트-도허티 지구연구소 소속 리처드 페어뱅크스는 바베이도스 섬 부근 해저에서 산호초를 굴착했다. 산호초는 탄산칼슘으로 만들어져 매우 딱딱하기 때문에 일반적인 코어러로는

---

* 바베이도스는 섬 동쪽의 남아메리카 판이 바베이도스 섬이 자리한 카리브 해 판의 아래쪽으로 가라앉고 있어 지진이 많은 나라다. 종종 대규모 지진이 일어나는데, 그 때마다 섬 전체가 융기하곤 했다. 해안부터 층층이 밭처럼 이어지는 해안단구는 산호초 화석으로 만들어진 것으로, 이곳이 먼 옛날에는 해수면 아래였다는 것을 말해준다.

얼음의 나이

채취할 수 없고 해저를 뚫을만큼 단단한 드릴로 된 본격적인 장비가 필요하다. 페어뱅크스는 그런 장비를 이용하여 해저 아래 수십 미터의 침수산호 시료를 채취하는 데 성공했다. 그리고 그 중에서 해수면 아래 5미터 이내에 사는 아크로포라 팔마타(그림 3-5)라는 산호 종만을 선택하여 방사성탄소연대를 측정했다. 이 방법을 이용하면 먼 옛날 해수면의 깊이가 어느 정도였는지 추정할 수 있다.[3] 그 결과 페어뱅크스는 과거 1만 7000년에 걸친 해수면 변동의 역사를 복원하는 데 성공했다.

이후에 타히티와 뉴기니 등에서도 같은 방식의 연구가 시도되었다. 반면에 오스트레일리아 국립대학의 요코야마 유스케(현재 도쿄대학 교수)와 커트 람벡은 다른 방법으로 해수면 변동의 복원에 몰두했다.[4] 오스트레일리아의 북서부 해역에는 넓은 대륙붕*이 펼쳐져 있는데, 요코야마 팀은 이 대륙붕에 쌓인 퇴적물을 채취하여 꼼꼼하게 분석했다. 퇴적물 속에 들어있는 얕은 바다에 사는 조개를 끈질기게 수집하여 방사선탄소연대를 측정해 언제 그 자리를 '해수면이 지났는지' 조사했다. 그 결과 1만 9000년 전에 급격한 해수면 상승이 일어났었다는 증거를 찾아냈다.

바베이도스는 애초부터 지진으로 조금씩 융기하는 섬이다. 그러나 그와 동시에 아주 조금씩 침하하고 있기도 하다. 먼 옛날 존재했던 로렌타이드 빙상과 비교적 가까워 약 7천 년 전 대륙빙하가 사라진 뒤 지각평형으로 맨틀물질이 이동하고 있기 때문이다. 따라서 여러 요인이 복합적으로 작용하는 지역이라 해수면 상승을 정확하게

---

* 대륙의 가장자리 지역으로, 수심 200미터 이내의 얕은 바다를 가리킨다. 대륙붕은 갑자기 급경사가 생기면서 심해의 바닥으로 가라앉은 경우가 많다. 대륙붕의 가장자리 수심은 대략 100미터에서 200미터 사이로, 이 깊이가 빙하기에 낮아진 해수면의 높이라고 할 수 있다.

복원하는 데 적합한 지역은 아니다. 그에 비해 오스트레일리아 북서부는 최적의 땅이라 할 수 있다. 먼 옛날에도 주변에 커다란 대륙빙하가 없었고(이런 장소를 원격지far site라고 부른다), 지각변동도 거의 없는 지역이라 바베이도스보다 정확하게 해수면 변동을 복원하는 것이 가능하다.

이런 결과들이 모여 마지막 빙하기 이래 해수면 변동 곡선의 전모가 드러난 시기는 마침 세기가 바뀔 무렵인 2001년이었다.[5] 그림 3-6에 따르면 마지막 빙하기에 해수면이 가장 낮았던 시기, 즉 대륙빙하의 규모가 가장 컸던 시대*는 1만 9000년 전에 갑자기 일어난 대륙빙하의 융해로 종말을 맞이했다. 이때 상승한 해수면의 높이는 15미터에 달했다. 요코야마 팀이 찾아낸 이 19K이벤트는, 새로운 기후상태(간빙기)로의 출발점이었다K는 1000을 의미한다. 이후로도 대륙빙하의 융해가 이어져 1만 4500년 전 경에 또다시 절정을 맞이한다. 이때는 500년 동안 해수면이 무려 20미터가 상승했으며, 이를 융빙수펄스1AMWP-1A, Meltwater Pulse-1A라고 부른다.[3] 그러나 이 급격한 대륙빙하의 융해는 영거 드라이아스기라는 1만 2000년 전 전후의 한랭한 시대에 한풀 꺾이면서 1000년간 이어지던 해수면 상승은 비교적 완만해진다. 그러나 영거 드라이아스기가 끝나면서 바로 대륙빙하가 또다시 급속히 녹아내리기 시작해 해수면도 크게 상승했다. 이 시기는 융빙수펄스1BMWP-1B라고 부른다. 융빙수펄스1B가 끝나는, 지금으로부터 7000년 전 해수면 높이는 현재보다 약 4미터가 낮았다.

어떤 대륙빙하가 어느 시대의 해수면을 상승하게 했는지는 아직

---

* 이 시대를 마지막 빙하기의 최성기라고 하며, 줄여서 LGM(Last Glacial Maximum)이라 부르기도 한다.

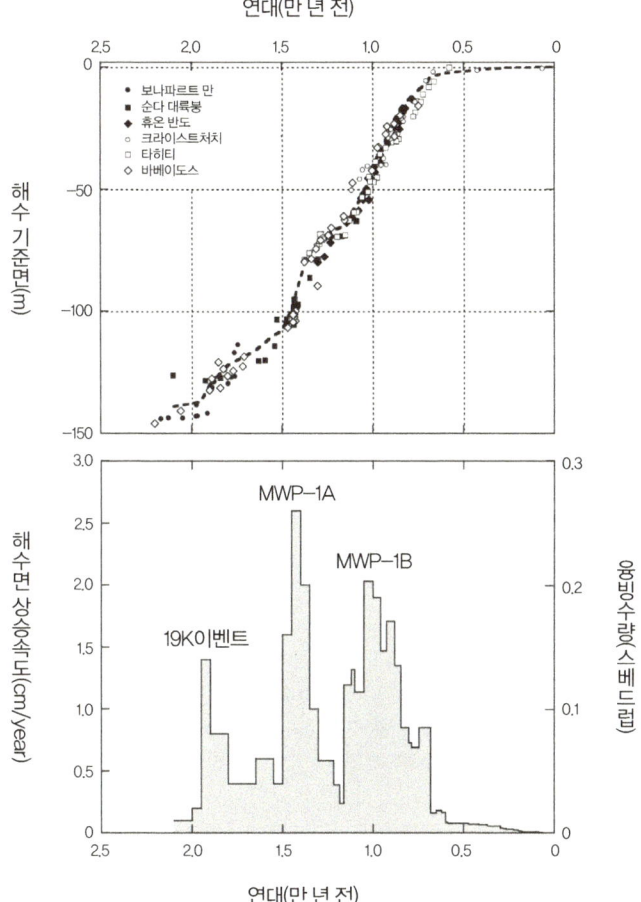

연대(만 년 전)

해수 기준면(cm)

해수면 상승속도(cm/year)

융빙수량(스베드럽)

MWP–1A

MWP–1B

19K이벤트

보나파르트 만
순다 대륙붕
휴온 반도
크라이스트처치
타히티
바베이도스

연대(만 년 전)

그림 3–6 위의 그림: 세계 각지의 지질학 기록을 토대로 복원한 과거 2만 년 동안의 해수면 변동. 현재를 0미터로 설정했다.

아래 그림: 이런 결과로 계산한 해수면 상승속도 및 융빙수의 양을 100~500년 단위로 평균화했다. 스베드럽(Sverdrup)이란 1초당 100만m³의 유량이다. 순간적으로는 더욱 큰 해수면 상승속도를 보였을 것으로 추정한다. MWP–1A 및 MWP–1B는 각각 융빙수펄스1A와 융빙수펄스1B를 나타내고, 19K이벤트와 함께 대륙빙하가 대규모로 녹았던 시기를 가리킨다. 이들 융빙하기는 각각 1만 4500년 전, 1만 년 전, 1만 9000년 전이다.

Fairbanks(1989), Chappell and Polach(1991), Bard *et al.*(1996), Yokoyama *et al.*(2000), Hanebuth et al.(2000)의 데이터를 이용하여 작성.

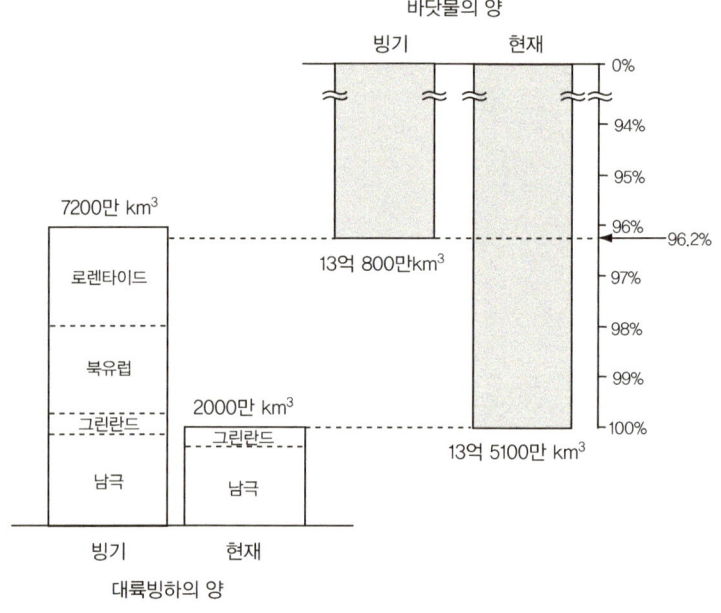

그림 3-7 마지막 빙하기와 현재의 대륙빙하량과 바닷물의 양 비교. 빙하기와 현재의 대륙빙하량의 차이는 5200만 세제곱킬로미터에 이른다. 얼음이 녹으면 부피가 감소(0℃의 얼음 밀도는 0℃의 물 밀도보다 9.1퍼센트 작다)하기 때문에, 빙하기와 현재의 해수량 차이는 약 4800만 세제곱킬로미터다. 이것은 현재 해수량의 3.8퍼센트에 해당한다.

논란의 여지가 있다. 그러나 전체적으로 보면, 빙하기의 가장 추운 시기에는 전체 해수량의 약 3.8퍼센트인 4800만 세제곱킬로미터가 대륙빙하 상태로 육지에 고정되어 있었다(그림 3-7). 그리고 그 분량의 반 가까이를 로렌타이드 빙상이, 나머지는 페노스칸디아 빙상과 바렌츠-카라 빙상, 그리고 현재까지 남아있는 남극 빙상과 그린란드 빙상이 차지하고 있었다.

그림 3-6의 위의 그림에 나타난 해수면변동 곡선을 시간으로 미분하면 아래 그림과 같이, 대륙빙하가 어느 정도의 속도로 녹았는지

를 그래프로 나타낼 수 있다. 이 그래프에 따르면 세 번의 극점이 있다. 19K이벤트, 융빙수펄스1A, 융빙수펄스1B가 그것이며, 각각 1만 9000년 전, 1만 4500년 전, 1만 년 전 무렵에 절정을 기록하고 있다. 이런 극점은 대륙빙하가 단속적으로 융해했다는 것을 뜻한다. 해수면 상승 속도는 가장 빠를 때 1년에 2.5센티미터를 기록할 정도였다. 수백 년 간의 기록을 평균한 것이므로, 실제로는 1년에 5센티미터 이상 상승한 때도 있었을 것이다.[6] 이것은 당시 인간의 수명을 40년으로 봤을 때, 일생동안 해수면이 2미터나 상승한 수치에 해당한다. 현재 우리가 지구온난화를 겪으며 직면하는 해수면 상승은 100년에 수 센티미터의 수준이므로, 이에 비하면 한 자릿수 이상 차이나는 엄청난 규모의 변동이었다고 할 수 있다.

이처럼 해수면의 상승, 즉 대륙빙하의 융해는 급작스럽게 그리고 단속적으로 일어났다. 1만 9000년 전의 급격한 해수면 상승은 600만 세제곱킬로미터의 대륙빙하가 녹아서 발생했다. 높이 1.5킬로미터에 한 변이 2000킬로미터남한 면적의 4배인 직육면체의 얼음덩이인 것이다. 이렇게 거대한 얼음이 500년이 채 지나기도 전에 모조리 녹아버렸다. 이런 해수면 상승이 먼 옛날 바닷가에서 물고기를 잡으며 살아가던 선조들에게 심각한 걱정거리를 줬으리라 상상하기는 그리 어렵지 않다.

홍 수 전 설

누구나 한 번쯤 노아의 홍수 혹은 노아의 방주 이야기를 들어 보았을 것이다. 저자도 어린이용 그림책으로 읽은 기억이 있다. 아주 먼 옛날 노아라는 신앙심 깊은 인물이 머지않아 홍수가 날 테니 방주를 만들어 대비하라는 신의 계시를 받는다. 그리고 계시대로 40일 동안 계속 비가 내렸고 노아가 미리 만들어 놓은 방주에 올라탄 동물만이 홍수를 피해 살아남을 수 있었다. 노아의 방주는 150일 동안 표류하다가 간신히 아라라트라는 높은 산의 정상에 도착했다. 이 노아의 방주 이야기는 구약성서 창세기 6장에서 9장까지의 내용이 그 기원이다. 그런데 신기하게도 노아의 방주뿐만 아니라 중국에서 남아메리카의 마야족까지 세계 각지에 이와 비슷한 홍수전설이 남아있다.

그렇다면 이 홍수 이야기의 배경에는 뭔가 있지 않을까라는 생각이 드는 사람도 있을 것이다. 일반인뿐 아니라 어엿한 연구자들 사이에서도 이 이야기가 사실에서 유래했다는 '소문'이 종종 화제에 오른다.[7] 무엇보다 이런 이야기는 종교와 관련이 있어서 사이비 과학으로 둔갑할 여지가 있다. 여러 미심쩍은 가설과 거짓 정보들이 과학이라는 가면을 쓰고 함부로 나다니기도 한다. 그래서 관련 문헌과 기사를 읽을 때에는 **120퍼센트** 주의를 기울여야 한다. 그리고 연구자 입장에서는 이런 내용에 대해 발언을 할 때 일반인들이 오해하지 않도록 심사숙고할 필요가 있다.

구약성서는 기원전 1000년 무렵에 히브리인이 쓴 것으로 알려져 있다. 지금으로부터 약 3000년 전에 중동과 소아시아 부근에서 노아의 홍수 전설과 비슷한 이야기가 전해 내려왔을 가능성을 시사한다. 만일 그 전설이 7000년 전(기원전 5000년) 이전에 있었던 해수면 상승을 가리킨 것이라면, 적어도 그 후로 4000년 동안 이 이야기가 전해 내려왔다는 뜻이다. 그러나 과연 인간사회에서 그 먼 옛날 일어난 사건을 4000년이라는 세월 동안 온전히 전할 수 있을까? 4000년이라면 약 200세대에 해당한다. 분명 기독교나 유대교에서는 구약성서를 통해 3000년 동안 신의 가르침을 전해왔다. 종교나 당시의 권력자와 결부한다면 꼭 무모한 일만은 아닐 수도 있다. 그러나 그 사실 여부에는 충분히 주의를 기울여야 할 것이다.

해수면 변동을 둘러싼 또 다른 의혹을 소개해보자. 우리는 메소포타미아 문명, 이집트 문명, 인더스 문명, 황하 문명을 4대 고대문명이라 부른다. 이들 고대문명의 공통점이라면 모든 문명이 큰 강의 축복을 받은 비옥한 대지에서 발전했다는 점이다. 즉 이들 문명은 충적층沖積層*이라는 두꺼운 퇴적층이 쌓인 해안 근처의 평야 지역에서 번성했다. 바다에 가까우면 교역에 잇점이 있다. 큰 강의 하구에 가까운 평야 지대에 문명이 번성한 것은 지금도 예외가 아니다. 도쿄, 뉴욕, 런던, 상하이, 카이로 등 대도시가 있는 곳에는 반드시 강이나 호수, 늪이 있다. 물을 쉽게 구할 수 있어야 한다는 것은 많은 사람들이 생활하는데 필수 조건이기 때문이다.

4대 문명이 번영을 누리기 시작한 시대가 모두 약 6000-7000년 전이라는 사실은 다소 놀랍다. 마지막 빙하기 이후 해수면 상승이 일단락된 것이 약 7000년 전이다. 그리고 그 이전의 시대에는 100년당 약 1미터씩이나 해수면이 상승했다. 아무리 훌륭한 도시를 만들어도 그 100년 뒤에는 반드시 내륙 쪽으로 이사를 가야했을 것이다. 마을을 옮기려면 엄청난 노동력도 필요하고 그만큼 문명을 유지하고 발전

---

* 과거 1만 년 동안을 충적세라고 하며, 이 시기에 퇴적된 지층을 충적층이라고 부른다. 해수면이 상승할 때 혹은 그 직후의 퇴적물이기 때문에 큰 강 주위의 저지대는 대부분 충적층으로 이뤄져 있다. 새로 형성된 지층이기 때문에 수분을 많이 함유하고 있어 지하수가 풍부하지만, 지진이 일어나면 액상화(지진 등의 충격을 받아 모래 속의 간극수압이 차츰 높아지다 마침내 액상이 되는 것)가 쉽게 된다는 단점이 있다.

시킬 에너지를 헛되이 소비했을 게 뻔하다. 어쩌면 그런 이유로 4대 문명 이전에는 그에 필적할만한 문명이 발달하지 못했을런지도 모른다. 따라서 부디 가까운 미래에 그와 같은 일이 일어나지 않기를 바랄 뿐이다.

만약 4대 고대문명 이전에 거대 문명이 발전했다 해도 현재는 바닷물 아래로 가라앉아 있을 뿐 아니라 10미터가 넘는 두꺼운 퇴적물로 뒤덮여있을 것이다. 육지에 가까운 바다에는 보통 1년에 수 밀리미터에서 수 센티미터의 속도로 퇴적물이 겹겹이 쌓이고 있다. 그런 과거의 문명이라면 조사하기가 결코 쉽지 않다. 만일 있다고 하더라도, 두껍게 쌓인 진흙을 치우지 않는 이상 태곳적 문명의 유적에는 다가갈 수조차 없다. 무작정 파내려 간다 해도 유적을 발견할 가능성은 크지 않다. 사전에 음파를 이용한 탐사라도 한다면 비교적 큰 인공물은 찾을 수 있을 것이다. 하지만 작은 유적이라면 찾아낼 가망성은 희박하다. 무슨 좋은 수가 없을까? 이런 공상은 진짜 나 혼자만 하고 있는 걸까?

4장
주기변동의 수수께끼

나의 목적은 천체의 구조가 신성한 생물이 아니라,
오히려 시계장치에 가깝다는 것을 증명하는 것이다.
– 요하네스 케플러

기후변화의 리듬

에밀리아니와 섀클턴이 발표한 해저코어의 산소동위원소비 결과는 빙하기에 바닷물의 산소 동위원소 조성을 바꿀만한 거대 대륙빙하가 생겨났다는 것을 말해준다. 그리고 해수면 변동에 관한 연구로 빙하기에 형성된 대륙빙하의 크기가 무려 5000만 세제곱킬로미터에 달한다는 것도 확인했다. 이런 연구 성과가 하나둘씩 축적되면서 빙하기의 기후상태가 조금씩 윤곽을 드러내고 있다.

여기서 다시 한 번 산소동위원소비 곡선에 주목해보자. 그림 4-1은 에밀리아니 이후에 많은 연구자가 집중적으로 연구한 과거 100만 년 동안의 산소동위원소비 곡선이다. 이 그림을 보면 바로 지구의 기후는 결코 제멋대로 변화해온 것이 아니라는 것을 알 수 있다. 우선, 빙하기와 간빙기라는 두 가지 상태의 기후를 여러 차례 반복하고 있다. 이 변화와 함께 북대서양을 사이에 둔 두 대륙에서 거대한 대륙빙하가 성쇠를 맞이했다는 것은 3장에서 이미 설명했다.

그림을 좀 더 주의 깊게 살펴보자. 기후변화가 리듬을 타는 것처럼 보이지 않는가? 일정한 시간간격으로 빙하기가 오거나 간빙기로 되

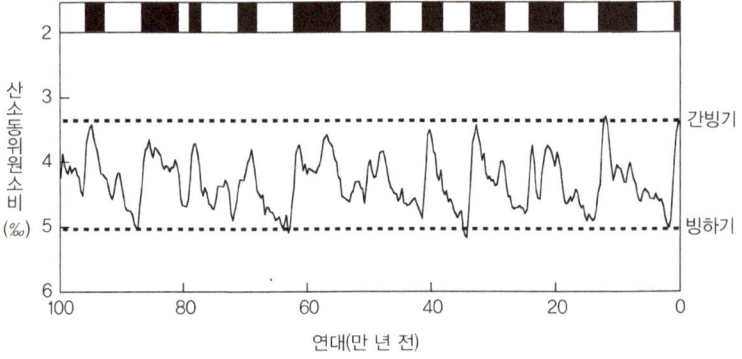

그림 4-1 과거 100만 년 동안의 저서성 유공충에 기록된 바닷물의 산소동위원소비. 적도 인근의 태평양 동쪽 해역에서 채취한 3개의 해저코어 분석결과를 정리했다. 이 그래프는 모든 바닷물의 평균적인 산소 동위원소 조성 변화를 나타낸 것이라고 봐도 무방하다. 지구의 기후는 지난 100만 년 동안 빙하기와 간빙기라는 안정적인 두 기후상태(점선)를 수차례에 걸쳐 왕복해 왔음을 알 수 있다. 위에는 빙하기(흰색)와 간빙기(검은색)를 나타냈다. Shackleton *et al.*(1983)를 수정.

돌아가거나 하는 패턴이 보이지 않는가?

태양의 복사에너지는 지구를 따뜻하게 하는 사실상 유일한 에너지원이다.* 이런 태양에너지의 총량과 분포는 지구의 공전궤도나 미세하게 변화하는 자전축의 기울기에 따라 아주 조금씩이지만 시시각각으로 변화한다. 그리고 그 변화야말로 리드미컬한 기후변화의 주요한 원동력이다. 이번 장에서는 일단 우주공간으로 시선을 돌려 주기성이 만들어지는 원인과, 주기성이 기후에 미치는 영향을 생각해보기로 하자.

---

* 지구 내부에는 미미하지만, 우라늄 등의 핵종이 붕괴하며 발생하는 열원이 있다. 하지만 지구표층에서 그 양은 태양에너지의 약 1/20000에 불과하다. 따라서 엄밀한 논의가 필요한 경우가 아니라면, 지구 표층의 에너지 값은 태양으로부터 받는 값과 거의 같다고 정한다.

늘었다 줄었다 하는 공전궤도

지구는 태양 주위를 일 년에 한 바퀴씩 돈다. 그런데 지구가 태양의 주위를 도는 공전궤도는 엄밀하게는 원이 아니다. 아주 약간 일그러진 원, 즉 타원*이다. 그럼 얼마나 일그러져 있을까? 지구의 공전궤도를 아주 작게 줄여 타원의 긴 쪽 지름이 30센티미터라고 가정해보자. 그러면 짧은 쪽의 지름은 29.996센티미터다. 두 길이의 차이는 0.04밀리미터에 불과하다. 이 타원을 그대로 종이에 그려봐도 그 그림을 타원이라고 인식하는 사람은 거의 없을 것이다. 그러나 이 아주 작은 일그러짐이 바로 지금부터 설명할 기후의 주기성을 만드는 원인 중 하나다.

그 전에 또 한 가지, 태양은 지구의 공전궤도 중심에 위치하는 것이 아니라는 점을 기억해 두자. 태양은 초점**에 있다. 이것은 케플러의 제1법칙으로 알려져 있다. 그림 4-2에서처럼 초점은 타원의 장축에 있고 중심에서 약간 벗어나 있다. 이 때문에 지구와 태양 사이의 거리는 일 년동안 조금씩이지만 꾸준히 바뀐다. 현재 지구는 1월 3일경에 태양에 가장 가까운 근일점을 통과하고, 정확히 반년 뒤인 7월 4일경에 태양에서 가장 먼 원일점을 통과한다. 차이를 느끼는 사람

---

* 타원의 중심을 원점(0,0)에 두고, 긴 쪽(장축)의 반경을 a, 짧은 쪽(단축)의 반경을 b라고 하면, 타원을 나타내는 수식은 $x^2/a^2 + y^2/b^2 = 1$이다.

** 타원의 장축 위에는 초점이라는 2개의 점이 존재한다. 타원 위를 이동하는 점 P를 생각해보자. 초점(F_1, F_2)이란 P가 타원을 따라 한 바퀴 도는 동안 $PF_1 + PF_2$의 길이가 일정($= 2a$)하다는 조건을 충족시키는 점이다. 초점은 좌표 위에서는 $(-(a^2 - b^2)^{\frac{1}{2}}, 0)$에 위치한다. 이 초점은 타원을 그릴 때에 도움이 된다. 연필 3자루와 종이 1장, 그리고 양 끝을 묶어 둥글게 만든 끈 하나를 준비하자. 종이 위에 연필 2자루를 약간의 간격을 두고 세운 뒤 둥글게 만든 끈을 그 끝에 감아 고정하고 조금씩 당기면서 세 번째 연필의 궤적을 따라 그려보자. 연필이 그리는 궤도가 타원형이며, 바로 지구의 공전궤도에 해당한다. 고정한 두 자루의 연필이 초점이고, 태양은 그 중 한 곳에 있는 셈이다(좌우대칭의 도형이므로, 어느 쪽 연필 위치든 상관없다).

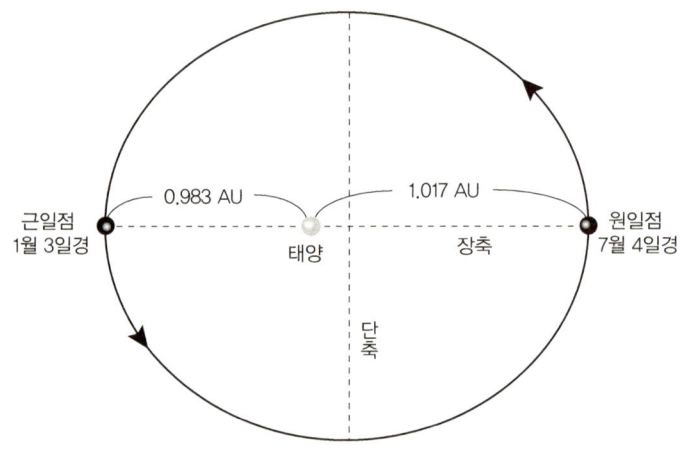

근일점
1월 3일경

0.983 AU

태양

1.017 AU

장축

원일점
7월 4일경

단축

그림 4–2 북극에서 지구(검은색 원)의 공전궤도를 바라본 그림. 근일점, 원일점과 태양(회색 원)의 관계를 나타냈다. 쉽게 알아보기 위해 타원 궤도를 과장해서 그렸다는 점에 주의. AU는 천문단위의 약자. 1AU는 약 1억 5000만 킬로미터에 해당한다. 편의상 태양은 지구와 같은 크기로 그려져 있다.

은 거의 없겠지만, 지구에서 본 태양의 크기는 1월 초순에 가장 크고, 7월 초순에 가장 작다. 둘의 차이가 워낙 미미해 쉽게 알아차리지 못할 뿐이다.

천문학자는 지구와 태양의 평균거리를 1천문단위(약 1억 5000만 킬로미터)라고 한다. 이 기준에 따르면 근일점일 때는 약 0.983천문단위이며, 원일점일 때는 약 1.017천문단위라고 할 수 있다. 즉 원일점은 근일점보다 약 3퍼센트 정도 태양에서 더 멀다. 지구가 받는 태양에너지는 거리의 제곱에 반비례하므로, 현재 지구(대기의 상층부)는 1월 3일에 태양으로부터 받는 에너지가 7월 4일에 받는 양보다 약 7퍼센트 많다.

공전궤도가 얼마나 타원과 같은 정도인지를 나타내는 기준으로 이심률이라는 특성이 있다. 이심률은 타원의 일그러진 정도를 나타내는 척도로 타원의 장축과 단축의 길이를 이용해 다음 식으로 정의한다.

$$이심률 = \frac{\sqrt{(장축의\ 길이)^2 - (단축의\ 길이)^2}}{장축의\ 길이}$$

일그러진 타원을 조금씩 펴면 단축의 길이는 장축의 길이에 가까워진다. 그리고 단축의 길이와 장축의 길이가 같아져 원이 되었을 때 이심률은 제로가 된다. 반대로 타원을 더욱 일그러뜨리면 점점 납작해져 단축의 길이가 제로에 가까워지고 이심률은 1에 가깝다고 할 수 있다. 이처럼 이심률은 0에서 1사이의 값을 가지며, 값이 작을수록 원에 가깝게 되고, 값이 클수록 더욱 일그러진 타원이 된다.

현재 지구 공전궤도의 이심률은 0.017로 상당히 작다. 하지만 이 숫자가 고정되어 있는 것은 아니다. 오랜 시간에 걸쳐 주기적으로 커지거나 작아지거나를 반복한다. 즉 공전궤도가 늘었다 줄었다 하는 것이다. 그 이유는 태양계의 행성 중 질량이 가장 큰 목성이 지구에 인력을 작용하여 공전궤도를 미묘하게 바꾸기 때문이다.

그림 4-3(a)는 과거 60만 년 동안 지구 공전궤도의 이심률 변화를 자세하게 계산한 것이다. 이에 따르면 이심률은 22만 년 전에 0.049로 가장 컸고, 37만 년 전에 0.005로 가장 작았다. 또한 최근 1만 5000년 동안에는 이심률이 조금씩 감소하고 있다. 이대로 간다면 약 2만 년 뒤에는 거의 제로, 즉 완벽한 원이 될 것이다.

현재의 지구는 북반구를 중심으로 봤을 때, 동지의 약 2주일 뒤(1월 초순)에 근일점을 통과하고, 역시 하지의 약 2주일 뒤(7월 초순)에 원일점을 통과한다. 따라서 북반구의 겨울에는 큰 일사량에 덕분에

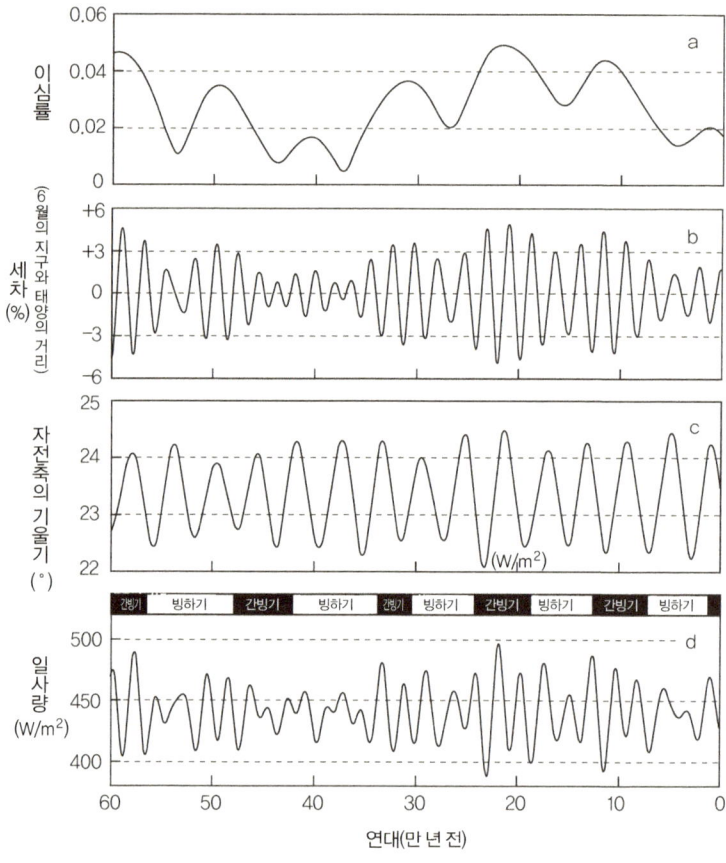

그림 4-3 지난 60만 년 동안 지구의 a) 공전궤도의 이심률 변화, b) 세차에 동반되는 6월의 지구―태양 사이의 거리 변화, c) 자전축의 기울기 변화, d)북위 65°에서 7월 중순의 일사량 변화. d 그래프 위쪽에 빙하기(흰색)와 간빙기(검은색)의 기간을 나타냈다. Berger and Loutre(1991)를 수정.

추위가 다소 누그러지게 된다. 그러나 효과는 그뿐만이 아니다. 지구가 공전궤도를 도는 속도는 근일점 부근에서 상대적으로 빨라진다. 케플러의 제2법칙에 의하면 단위시간 동안 행성과 태양을 잇는 선으로 만들어지는 면적은 항상 일정하다. 이 법칙은 1986년에 태양에 접근했던 핼리 혜성을 떠올리면 이해하기 쉽다. 76년이라는 긴 공전주기를 갖는 핼리 혜성의 공전궤도는 엄청나게 가늘고 긴 타원형이다. 즉 이심률이 0.967로 무척이나 크다. 근일점은 금성의 공전궤도 반경보다도 작은 0.6천문단위지만, 원일점은 해왕성보다 조금 작은 35천문단위나 된다. 1986년에 핼리 혜성이 태양에 접근했을 때 지구에서도 육안으로 관찰이 가능했는데, 불과 수개월 만에 우리 앞에서 모습을 감춰버렸다. 공전궤도를 일주하는 시간이 76년이나 걸려도 태양 가까이 오면 속도가 쭉쭉 올라가 눈 깜짝할 사이에 지나가는 것이다. 현재 핼리 혜성은 태양에서 점점 멀어지고 있으며, 그에 따라 공전 속도도 점점 떨어지고 있다. 참고로 다시 지구에 접근하는 시기는 한참 후인 2061년이다.

지구도 마찬가지로 일 년을 통틀어 태양과 가장 가까워지는 1월 초순에 속도가 가장 빠르다. 즉 북반구의 겨울이면 다소 잰걸음으로 지나는 것이다. 반면 남반구에서는 정반대의 일이 일어난다. 지구가 근일점을 지나는 1월 초순이 남반구에서는 한여름으로, 날씨는 점점 더워지지만 길이는 북반구에 비해 약간 짧은 편이다.

이심률의 변화는 이런 효과 외에도 공전궤도의 평균반경*을 변화시켜, 지구 전체에 도달하는 태양 복사에너지의 **연간총량**에도 변화를 가져온다. 그림 4-3에서 알 수 있듯이 지구 공전궤도의 이심률은 과거 60만 년 동안 항상 변화해 왔다. 그런데 변화량이 작아 동반되는 일사량의 연간총량 변화는 0.1퍼센트에 불과하다. 즉, 공전궤도가 늘었다가 줄어드는 효과는 일사량의 연간총량에는 별다른 영향

---

* 공전궤도의 평균반경은 $1/(1-[이심률]^2)$ 즉, '장축의 길이/단축의 길이'의 제곱에 비례한다.

을 끼치지 않는 것이다. 그러나 이 이심률의 변화는 다음에 생각하게 될 자전축의 세차를 증폭시켜, 간접적이지만 기후에 영향을 미치고 있다.

고개를 까딱이는 자전축

지구는 북극점과 남극점을 잇는 선을 축을 기준으로 하루에 한 번씩 자전한다. 그림 4-4처럼 자전축의 방향은 우주공간에서 볼 때 공전궤도면에 대해 직각이 아니라, 23.4도 기울어져 있다. 그리고 기울어진 자전축의 방향은 지구가 공전궤도상의 어디에서든 우주공간

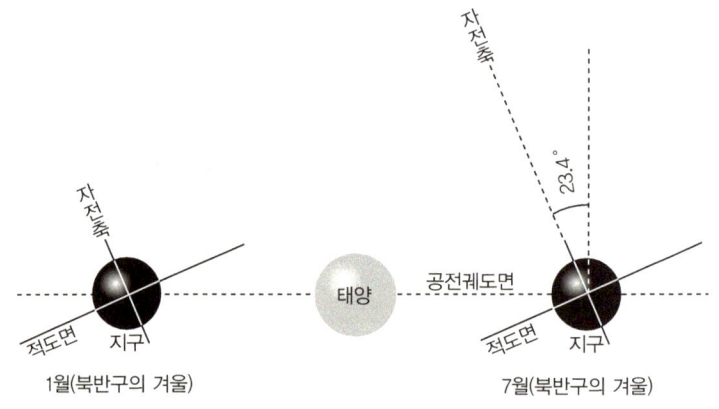

그림 4-4 공전궤도면을 옆에서 본 그림. 자전축의 방향은 공전궤도면의 수직방향에 대해 23.4° 기울어져 있다. 자전축의 방향은 공전궤도 어디에서든 우주공간의 한 방향만을 향한다. 따라서 지구가 공전궤도를 따라 돌 때, 적도면은 평행 이동을 한다. 지구가 공전궤도를 일주하는 동안 적도면은 봄과 가을에 두 번 태양을 만나고, 공전궤도상의 해당 위치를 각각 춘분점과 추분점이라고 한다. 또한 이 그림에서는 편의상 태양을 지구와 같은 크기로 나타냈다.

의 한 곳을 향한다. 그래서 계절에 상관없이 자전축의 북쪽으로 쭉 뻗은 우주공간에는 항상 북극성이 자리한다. 덕분에 북반구에서는 표식이 없는 사막이나 넓은 바다에서도 별만 볼 수 있으면 방향을 가늠하기가 어렵지 않다.

그런데 엄밀히 말해 자전축이 가리키는 우주공간의 방향은 오랜 시간을 두고 아주 조금씩 변하고 있다. 현재 정북에 있는 북극성(작은곰자리의 알파(α)별)은 시간이 흐르면서 정북 방향으로 다가와 현재의 '북극성'이 된 것이다. 사실 1만 수천 년 전의 '북극성'은 거문고자리의 알파별인 베가였다. 이것은 자전축이 세차운동이라고 부르는, 고개를 까딱이는 운동을 하고 있기 때문에 일어난다. 세차운동은 넘어지기 직전의 팽이처럼 빙글빙글 돌며 자전축이 흔들리는 것을 말한다. 팽이의 까딱이는 움직임이라면 한 바퀴에 길어봤자 몇 초가 걸리지만, 지구의 자전축이 까딱이며 한 바퀴 도는 데에는 2만 년 이상이 걸린다. 그야말로 한없이 느리다고 할 수 있다. 그러나 이 현상은 지구가 받는 태양에너지의 균형을 흩트리고, 나아가 기후를 변하게 하는 주요한 요인 중 하나다.

자전축이 까딱거리는 운동을 이해하려면 우선 춘분점을 알아야 한다. 지구의 적도면을 우주공간까지 확대했다고 생각해 보자. 이 적도면은 그림 4-4에서처럼 지구의 공전궤도면에 대해 23.4도 기울어져 있다. 그리고 연장한 적도면을 경계로 우주공간을 지구의 북반구 쪽과 남반구 쪽으로 나눌 수 있다. 지구는 태양의 주위를 공전하면서 동시에 적도면도 이동하는데, 이미 설명했듯이 자전축의 방향은 우주공간에 대해 거의 고정되어 있으므로 지구가 공전궤도 위를 일주하는 동안 적도면의 움직임은 평행이동을 한다.

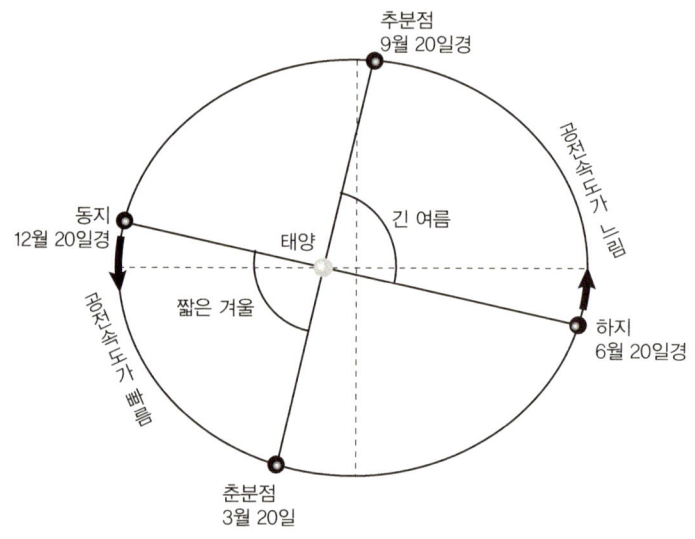

춘분점
9월 20일경

공전속도가 느림

동지
12월 20일경

긴 여름

태양

공전속도가 빠름

짧은 겨울

하지
6월 20일경

춘분점
3월 20일

그림 4-5 북극에서 지구(검은색)의 공전궤도를 바라봤을 때 춘분점의 위치를 나타낸 그림. 추분점의 위치, 북반구에서 하지와 동지의 위치도 알 수 있다. 이해를 돕기 위해 타원형을 과장하여 그렸다는 점에 주의한다. 근일점에 가까운 북반구의 동지 무렵에는 공전속도가 빠르고, 원일점에 가까운 북반구의 하지 무렵에는 공전속도가 느리다.

그림 4-4를 보면 태양은 지구의 공전과 함께 평행이동을 하는 적도면을 두 번 지난다. 남반구 쪽에 있던 태양이 북반구 쪽으로 넘어갈 때, 지구의 공전궤도상 위치를 춘분점이라고 한다. 반대로 태양이 북반구 쪽에서 남반구 쪽으로 넘어갈 때는 추분점이라고 한다. 절기상 춘분은 지구가 춘분점을 통과하는 날로 매년 3월 20일 전후다. 이 날은 적도상에서 태양이 하늘의 거의 정중앙을 통과하며, 북위 35도의 도쿄에서는 태양의 남중고도南中高度는 55도(=90도-35도)가 된다.서울의 위도는 37.3도이므로 춘분의 남중고도는 52.7도이다

춘분점은 공전궤도상의 원점이라고 부르는 포인트로, 천문학자

가 공전궤도상의 위치를 가리킬 때에는 반드시 '춘분점에서 공전방향으로 몇 도'라는 수치로 표현한다(그림 4-5). 춘분점을 기준으로 추분점은 당연히 180도에 있고, 하지와 동지는 각각 90도와 270도에 위치한다. 자전축이 가리키는 방향이 우주공간에 대해 고정되어 있다면, 춘분점의 위치는 불변이라고 할 수 있다. 그러나 자전축은 아주 느리지만 까딱이는 운동을 하고 있기 때문에, 지구의 적도면 방향도 약간씩 바뀐다. 그리고 동시에 공전궤도상의 춘분점 위치도 조금씩 이동하고, 당연히 추분점이나 하지, 동지의 위치도 이동한다. 춘분점이 공전궤도상에서 이동하는 현상을 세차歲差라고 한다.

세차, 즉 공전궤도상에서 춘분점의 위치 이동은 지구의 공전과는 반대방향으로 움직여, 북극에서 보면 시계방향이다. 그 속도는 지극히 느려서 공전궤도를 일주하기까지 약 2만 6000년이 걸린다. 상상이 가지 않는 이야기이기는 하지만 이대로 간다면, 앞으로 약 1만 3000년 뒤에는 북반구의 가장 더운 시기는 8월이 아니라 2월에 찾아오게 된다. 물론 이런 일이 일어나기 전에 현재 우리가 사용하는 달력*이 이미 수정되어 있겠지만 말이다.

잠시 되돌아가 그림 4-3(b)를 살펴보자. 이 그림은 과거 60만 년 동안 6월의 지구-태양 사이의 변화를 나타낸다. 이 변화는 이심률과 세차의 복합적 요인으로 생기는데, 주로 세차 때문이라고 할 수 있다. 그리고 세차의 주기는 자전축의 까딱이는 운동뿐 아니라, 지구의 타원궤도 자체가 우주공간에 대해 조금씩 회전하는 효과가 더해지

---

* 현재 우리가 사용하는 달력은 그레고리력으로 태양의 움직임을 기준으로 하고 있다. 16세기 후반에 교황 그레고리우스13세가 당시 사용하던 율리우스력의 오차를 수정하도록 명령한 것이 시초다. 다음 책은 달력의 역사적 맥락과 시간에 대한 관점을 과학적으로 설명하고 있다. Steel D (2000) *Marking Time: The Epic Quest to Invent the Perfect Calendar Way*. Wiley.

면서, 실제로는 2만 6000년보다도 조금 짧은 2만 3000년과 1만 9000년이라는 복합적인 주기를 갖는다.

그러면 자전축은 왜 까딱이는 것일까? 우선 지구가 완벽한 공 모양이 아니라는 점을 기억해야 한다. 즉 적도방향 반지름이 극방향 반지름보다 약간 긴 '회전타원체'다. 지구는 46억년에 걸쳐 쉼 없이 회전해왔기 때문에, 원심력에 의해 적도 쪽이 약간 부풀어 올라 있다. 그렇지만 지구의 극방향 반지름이 6357킬로미터, 적도방향 반지름은 6378킬로미터로 그 차이는 21킬로미터, 즉 지구 반지름의 0.3퍼센트에 불과하다.

그러나 이 약간의 일그러짐 때문에 지구에는 항상 불룩해진 적도를 태양 방향(공전궤도면)에 맞추려고 하는 토크_{물체를 회전시키는 힘}가 작용한다. 즉 지구의 자전축을 공전궤도면에 직립시키려고 하는 것이다. 하지만 자전축은 이 힘에 순응하지 않고, 수직방향으로 도망가려고 하다 보니 끄덕이는 움직임이 생겨난다.

그런데 여기에서 중요한 것은 자전축의 까딱이는 운동이 지구의 기후에 영향을 미친다는 점이다. 현재의 근일점은 북반구가 한창 겨울일 때 추위를 누그러뜨리는 역할을 한다. 그러나 까딱이는 운동의 결과, 약 1만 3000년 뒤의 북반구에서는 한여름에 근일점을 맞이한다. 북반구의 여름은 더욱 더워지고, 겨울은 갈수록 추워진다. 계절의 대비가 점차 커지는 것이다. 하지만 또 한 가지 크게 바뀌는 것이 있다. 근일점 부근에서는 지구의 공전 속도가 빨라질 것이라는 사실이다(그림 4-5). 따라서 1년 365일 중 북반구의 여름 일수는 줄어든다. 즉 1만 년 뒤 북반구의 여름은 현재보다 덥고 짧으며, 겨울은 춥고 길어지게 된다.

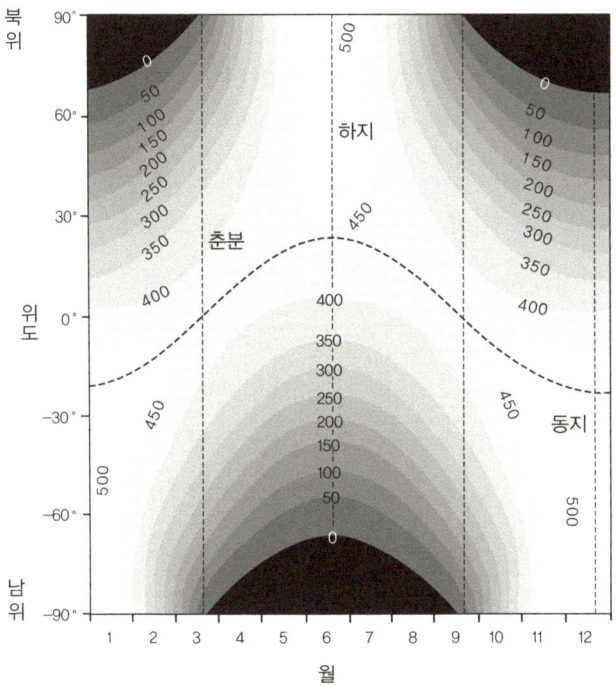

그림 4-6 지구 대기 상층부의 계절 변화에 따른 일사량(W/m²). 검은 부분은 태양이 하루 종일 지평선 아래에 있는 시기를 가리킨다. 남극점의 여름 일사량은 북극점의 여름 일사량보다 다소 많은데, 현재 공전궤도의 근일점이 남반구의 여름에 있기 때문이다.

흔들흔들하는 자전축

만일 지구의 자전축이 공전궤도면에 대해 수직으로 서있다면 어떤 일이 일어날까? 저위도 지역은 지금보다 더 덥고, 북극과 남극은 지금보다 훨씬 추워진다. 또 북위 35도에 위치한 도쿄에서는 태양의 남중고도가 일 년 내내 55도로 고정된다. 계절의 변화는 사라지고, 상상하기 어렵겠지만 같은 기후가 일 년 내내 지겹게 이어진다. 해는 아침마다 같은 시간에 뜨고, 저녁에도 같은 시간에 진다. 또한 벚꽃이나 매화는 계절에 맞추지 않고 나무에 따라 제각각 꽃을 피울 것이다. 일본과 같은 중위도 지역에는 자전축이 기울어진 덕분에 사계절을 누릴 수 있다. 뿐만 아니라 계절 변화가 뚜렷하여 달력이 없어도 지구가 공전궤도를 도는 시간을 감각적으로 파악할 수 있다.

관점을 달리하여 지구를 중심으로 고정하고 태양을 바라보자. 그러면 태양은 일 년 동안 북회귀선(북위 23.4도)과 남회귀선(남위 23.4도) 사이를 왕복한다고 할 수 있다. 태양에너지는 이렇게 지구 저위도의 비교적 넓은 영역에 들어오고 있다. 이것 역시 자전축이 기울어져 있어 가능한 일이다. 즉 태양 복사에너지의 지리적 분포를 좌우하는 것은 바로 자전축의 기울기다. 자전축의 기울기는 적도와 양극 간온도 차이를 작게 하는 데에도 큰 역할을 담당한다.

그림 4-6을 통해 대기 상층부에서 일 년 동안 일사량이 어떻게 변하는지 살펴보자. 북반구(0-90°N)의 하지 무렵(6월 20일경)에는 적도 지방이 일사량이 가장 작다. 마찬가지로 남반구(0-90°S)의 동지 무렵(12월 20일경)에도 적도 지방이 일사량이 가장 작다. 그리고 많은 사람들의 예상과는 달리 전체 일사량이 가장 많은 곳은 중저위도 지역이 아닌 극지방이다. 하지에도 극점의 태양고도는 그다지 높지 않아(23.4도), 단위시간당 일사량은 중저위도 지역에 비해 작다. 그러나 태양이 하루 종일 지지 않기 때문에 총일사량은 중저위도 지역보다 많다. 덧붙여, 하지 무렵(12월) 남극점의 일사량이 북극점의 일사량(6월)보다 다소 많은 것은 6월보다 12월에 지구가 태양에 좀 더 가까워지기 때문이다.

사실 자전축이 기울어진 각도는 일정하지 않은데, 과거 60만 년 동안 22.1도에서 24.5도 사이에서 변해 왔다(그림 4-3(c)). 현재의 자전축 기울기는 우연히도 두 기울기의 거의 중간인 23.4도로 감소추세에 있다. 자전축의 기울기가 흔들리며 변화하는 데는 두 가지 원인이 있다. 우선 공전궤도면의 기울기다. 지구 공전궤도면의 기울기를 자세히 살펴보면, 다른 행성과 약간 다르다는 것을 알 수 있다. 예를 들어 태양계 최대 행성인 목성의 공전궤도면은 지구의 공전궤도면에 비해 약 1.3도가 기울어져 있다. 상당히 근소하지만, 이 차이 때문에 목성은 지구의 공전궤도면을 자신의 공전궤도에 일치시키려고 하는 토크라는 인력을 발휘한다.

또한 매일 일어나는 밀물과 썰물도 자전축을 흔드는 중요한 원인이다. 바닷물이 들어왔다 빠져나가는 조수는 달이나 태양의 인력이 바닷물에 미치는 영향 때문에 발생한다. 태양과 달과 지구가 서로 일직선으로 나란히 서면, 지구의 공전궤도면(달의 궤도면과 거의 같다)쪽으로 바닷물이 모여들어 조수가 가장 강하게 나타난다. 이것이 사리(조석간만의 차가 가장 클 때)다. 그에 비해 태양-지구-달이 직각을 이룰 때에는 달과 태양이 바닷물에 미치는 힘이 가장 약해지는 조금(조석간만의 차가 가장 작을 때)이 된다. 이 조수에 따른 대량의 바닷물 이동은 해저면과 마찰을 일으키면서 자전축을 바로 세우려는 토크로 작용한다. 이것이 원인이 되어 자전축의 기울기가 미묘하게 변하고 있다.

그러면 자전축의 기울기 변화는 지구의 기후에 어떤 영향을 미칠까? 고위도 지역에서는 자전축의 기울기가 커지면 여름의 태양 고도가 높아지면서 햇볕이 내리쬐는 시간이 길어진다. 따라서 여름에는 일사량이 커지고 겨울에는 반대로 작아진다. 즉 자전축의 기울기는 여름과 겨울의 차이를 만들어낸다. 이런 영향은 고위도 지역일수록 뚜렷하며 저위도 지역에서는 거의 나타나지 않는다.

밀 란 코 비 치　효 과

　　태양 입사에너지의 지리적 분포와 계절적 변화는, 지구의 자전과 공전의 세 요소인 이심률, 세차운동, 자전축 기울기가 시간에 따라 달라지면서 발생한다. 이런 천문학적 요인에 따른 입사에너지의 변화는 그림 4-3(d)을 보면 잘 알 수 있다.[1] 흥미로운 것은 전체적으로 봤을 때 지구에 내리쬐는 태양에너지 양은 한랭한 빙하기에도 온난한 간빙기에 비해 결코 적지 않다는 점이다. 기후변화를 좌우하는 북반구 고위도 지역의 여름 일사량은 빙하기와 간빙기 모두 평균 1제곱미터당 450와트 내외로 거의 같다. 즉 지구는 같은 에너지를 받아도 빙하기와 간빙기라는 적어도 두 가지의 기후상태, 다시 말해 복수의 응답양식을 갖고 있는 것이다. 이에 대해서는 나중에 다시 자세히 살피기로 하자.

　　세르비아의 기상학자인 밀루틴 밀란코비치(그림 4-7)는 20세기 초에 지금까지 설명한 천문학적 요소를 꼼꼼히 계산하여 빙하기에 입사에너지가 현저하게 감소했다는 이론을 널리 알린 인물이다.

　　밀란코비치는 1879년에 세르비아의 달리라는 작은 마을(현재는 크로아티아 령으로 세르비아와의 국경에 위치한 마을)에서 태어났다. 그 무렵의 세르비아는 오스만투르크 제국과의 싸움으로 정치적 불안에 시달리던 혼돈의 시대였다. 밀란코비치는 오스트리아로 유학을 떠

그림 4-7 밀루틴 밀란코비치(Milutin Milanković,1879-1958). 베오그라드 대학 교수 역임. 일사량과 그 분포로 인해 빙하기나 간빙기라는 기후변화가 생겨났다는 밀란코비치 이론을 확립하였다.

나 1904년에 빈 공과대학에서 토목공학 박사학위를 취득했다. 이후에 건설회사에서 엔지니어로 근무하다 베오그라드 대학의 응용수학과 교수로 취임하여 은퇴할 때까지 베오그라드 대학에서 연구 활동을 했다. 1958년에 79세의 나이로 세상을 떠날 때까지 그는 발칸 전쟁, 1차 세계대전, 세계공황, 2차 세계대전 등 수많은 싸움과 혼란에 휩싸인 시기를 겪었다.*

밀란코비치는 지구의 궤도를 계산하고 그것이 기후변화에 미치는 영향에 관한 연구에 자신의 일생을 바쳤다. 그가 최초로 계산한 결과는 1920년에 《태양복사로 인한 기후변화의 수학적 이론》[2]이라는 책

---

* 밀란코비치는 1차 대전이 발발한 1914년에 오스트리아-헝가리 군에 체포되어 투옥된 적이 있다.

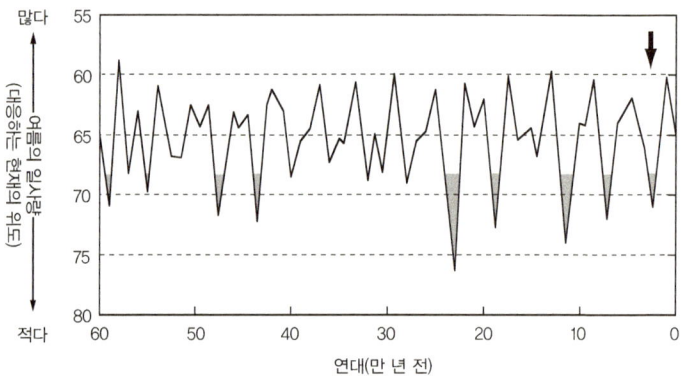

그림 4-8 밀란코비치가 계산한 과거 60만 년에 걸친 북반구 고위도 지역의 여름 일사량 변화. 세로축은 각 시대별로 구분한 북위 65도의 일사량을 현재의 위도에 대응한 것이다. 색이 채워진 부분은 밀란코비치가 빙하기로 추정한 시기다. 그에 따르면 최근 일사량이 가장 적었던 시기는 2만 5000년 전에 해당(화살표)한다. 리처드 플린트는 온화한 기후에서 만들어진 것으로 보이는 이 시기의 퇴적물을 발견하면서 밀란코비치 이론을 부정했다. Milankovitch(1941), Berger(1988)를 수정.

으로 완성되었다. 그 뒤로도 꾸준히 치밀한 계산을 거듭하여 1941년에는 무려 656페이지에 달하는《일사량과 빙하기 문제에 관한 근본 원리》라는 대작을 출판했다. 밀란코비치는 이 책을 통해 지구의 공전궤도와 자전축 변동에 따른 일사량 변화로 과거에 빙하시대가 찾아왔다는 이론을 확립했다.[3]

그림 4-8은 과거 60만 년에 걸친 북반구 고위도 지역의 일사량 변동을 계산한 결과다. 1941년에 출판된 밀란코비치 저서에서 가장 중요한 결론을 설명하는 그림이다. 이에 따르면 북반구 고위도 지역에서는 과거 60만 년 동안 입사에너지가 현저히 낮아진 시기가 여러 차례 있었다. 밀란코비치는 그 시기들이 바로 빙하기에 해당한다고 생각했다. '북반구 고위도 지역'은 거대 대륙빙하가 형성되거나(3장 참조) 심층수가 생성되는(8장 참조) 지구 기후를 좌우하는 매우 중요한 위도 지역이다.

이렇게 중요한 연구 성과를 정리한 이 책은 유럽에서 2차 대전이 한창 치열하던 시기에, 또 독일이 발칸 반도를 침공한 해에 출판되었다. 이 책은 독일어로 출판되었는데 원서 발간 후 약 30년이 지나서야 영어로 번역되었다. 밀란코비치가 세상을 떠난 지 10년 이상이 지난 1969년이었다. 기후변화의 원인이 되는 지구 궤도 요소의 변동은 그 이론을 발전시킨 밀란코비치의 이름을 따라 밀란코비치 효과 Milankovitch forcing라고 부르고 있다.[4]

사실 밀란코비치 이전에 스코틀랜드의 제임스 크롤*이나 프랑스의 위르뱅 르베리에**가 천문학적인 요인에 의한 지구기후의 변동을 연구한 바 있다. 예를 들어 크롤은 지구의 이심률 변화가 매우 작기 때문에 태양으로부터의 입사에너지 총량 변화가 빙하시대를 직접적으로 일으키지는 않겠지만, 앞에서 언급한 세 가지 천문학적 요인이 만들어낸 계절변동에 따른 일사량 변화가 기후를 변화시키기에 충분하다고 판단했다. 이런 연구 덕분에 19세기 중반에는 고등교육을 받은 사람들 대부분이 기후변화는 천문학적 요인에 의한 것이라고 알고 있었다.

밀란코비치의 공적은 이런 앞선 연구자들의 이론 중 잘못된 부분을 바로잡고 정확하게 지구의 공전요소를 계산했을 뿐만 아니라, 계산결과를 근거로 지구의 반사율과 적외선 복사까지 고려하여 실제 일어난 빙하시대와의 관계를 자세히 논했다는 점이다.[5] 그리고 이것

* James Croll(1821-1890) 스코틀랜드의 기후학자. 지구의 공전궤도와 자전축의 시간적 변동을 처음으로 자세히 계산하였고, 이 계산은 훗날 밀란코비치 이론의 바탕이 되었다.
** Urbain Le Verrier(1811-1877) 프랑스의 수학자. 계산을 통해 해왕성의 존재를 예측한 인물로도 알려져 있다.

은 독일의 지질학자 에두아르드 브뤼크너와 알브레히트 펭크가 20세기 초에 빙하지질의 연구 성과를 정리하여 고전적인 빙하시대상을 확립해 놓았기 때문에 가능한 것이기도 했다.*

제임스 크롤은 겨울 추위가 혹독했던 시기에 빙하기가 발생했다고 생각했다. 그러나 이런 가설은 이후에 많은 기후학자들이 수정하면서, 여름이 서늘한 시기에 빙하기가 발생한 것으로 바뀌게 되었다. 이것은 관찰을 통해 인식이 전환된 경우라고 할 수 있다. 대륙빙하는 대륙 한가운데 있는 평탄한 곳에 형성된다. 이런 곳은 연평균 기온이 섭씨 영하 10도 아래로 떨어지면 여름이 되어도 겨울에 쌓인 눈이 거의 녹지 않기 때문에 매년 조금씩 쌓인다. 연평균 기온이 더 떨어져도 쌓이는 눈의 두께는 큰 변화가 없다. 그보다는 눈(얼음)이 녹는 속도가 훨씬 더 중요하다. 여름철에 따뜻한 날이 여러 날 계속되면 겨울에 쌓였던 눈은 눈 깜짝할 사이에 녹아 사라진다. 즉 대륙빙하를 성장시키기에 중요한 것은 여름의 낮은 기온인 것이다.[6]

1900년대 초 독일의 기상학자 블라디미르 쾨펜**과 앨프리드 베게너***는 북반구의 고위도 지역 일사량의 계절적 변동이야말로, 빙하

---

* 20세기 초에 독일의 알브레히트 펭크와 에두아르드 브뤼크너는 알프스에서 빙퇴석(moraine, 빙하에 의해 운반된 돌과 흙 등이 섞여 쌓인 퇴적층—편집자주)과 같은 빙하 퇴적물의 분포와 연대순에 따른 변화를 연구를 한 권의 책으로 집대성하면서, 과거에 귄츠, 민델, 리스, 뷔름이라는 네 번의 빙하기가 있었다고 주장했다. Penck A, Brückner E(1909) *Die Alpen im Eiszeitalter*. Leipzig. 이들 빙하기의 이름은 빙하기의 증거가 발견된 골짜기 이름을 가져와, 오래된 것부터 알파벳 순서대로 이름을 붙였다. 미국에서는 20세기 초에 독자적으로 지질학적 근거를 내세워 과거에 5번의 빙하기가 있었다고 주장하였다. 유럽의 네 번의 빙하기에 대응하여 각각 네브래스카 빙하기, 캔자스 빙하기, 일리노이 빙하기, 위스콘신 빙하기라고 부른다.
** Wladimir P. Köppen(1846~1940) 러시아 태생으로 독일의 지리학자이자 기후학자. 유명한 쾨펜의 기후(식생)구분은 쾨펜이 라이프치히 대학에 제출한 학위논문(1870년)을 기초로 고안하여 1923년에 발표된 것이다.

기나 간빙기라는 기후변화에서 중요한 요소라고 지적했다.[7] 특히 북위 65도 부근의 일사량이 그 열쇠였다. 빙하기 초기에 이 위도 지역에서 대륙빙하가 형성되기 시작하거나, 빙하기의 막바지까지 대륙빙하가 녹지 않고 남아있기 때문이다. 당시 밀란코비치는 쾨펜이나 베게너와 교류를 나누며 그들로부터 절대적인 영향을 받았다. 그는 북반구 고위도 지역의 일사량이 감소하는 여름에 빙하기가 찾아왔으며 일사량이 증가할 때에 간빙기가 시작되었다는 이론을 이어나갔다. 물론 베게너는 대륙이동설을 주장하여 훗날 판구조론의 원점에 선 바로 그 인물이다. 지구과학 분야에 커다란 혁명을 일으킨 이 두 사람이 기후변화의 원인에 대해 함께 논의했다는 것은 꽤 흥미로운 사실이다. 또한 두 사람 모두 생전에는 그 주장을 확인받지 못했다는 점도 닮았다.

그럼 과거 지구의 기후변화가 실제 밀란코비치 효과에 의한 것이었는지 확인하려면 어떻게 하면 좋을까? 언뜻 보기에는 간단한 문제라고 생각할 수 있다. 퇴적물 속에 보존된 산소 동위원소의 기후변화 기록에서 주기를 해석하여, 그 안에 밀란코비치 효과에서 나타나는 주기성을 볼 수 있는지 확인하면 된다. 하지만 실제로는 일반적인 방법으로 확인할 길이 없다. 왜냐하면 결정적으로 해저퇴적물의 연대를 정확히 알아내기가 매우 어렵기 때문이다.

*** Alfred L. Wegener(1880–1930) 독일의 기상학자이자 지구물리학자. 1915년에 출판한 《대륙과 해양의 기원(*Die Aufstehung der Kontinente und Ozone*)》에서 대륙이동설을 주장한 학자로 널리 알려져 있다. 이 이론은 당시에는 인정받지 못했지만, 이후 판구조론으로 이어진다. 베게너는 쾨펜의 사위이기도 하다. 그는 기상학자로서도 유능하여, 기구를 사용한 기상관측을 처음으로 수행하였다. 1930년에 그린란드에서 조난을 당했다. 그의 과학자로서의 인생은 다음 저서에 잘 기술되어 있다. Dudman C (2004) *One Day The Ice Reveal All Its Dead*, Penguin USA.

밀란코비치 이론을 둘러싼 논쟁

　　현재 해저퇴적물의 연대결정에 일반적으로 사용되는 방사성탄소 연대표는 반감기가 6000년에 약간 미치지 못하기 때문에 5만 년 전까지만 적용할 수 있다. 반감기가 긴 우라늄이나 토륨 등의 방사선 원소는 퇴적물 속에 포함되어 있기는 해도 해양에서의 움직임이 복잡해 연대측정에는 적합하지 않다. 원자량 40의 칼륨(^{40}K)이 원자량 40의 아르곤(^{40}Ar)으로 방사붕괴하는 것을 이용한 칼륨-아르곤 연대법이나, 원자량 40인 방사성 아르곤이 안정적 동위원소인 원자량 39의 아르곤(^{39}Ar)으로 붕괴하는 것을 이용한 아르곤-아르곤 연대법이라는 방법도 있다. 하지만 해저퇴적물에는 이런 분석에 적합한 물질이 거의 들어있지 않다.

　　결국 해저퇴적물을 이용해 확실한 연대를 알아내려면 지자기 geomagnetism가 반전*하는 78만 년 전까지 거슬러 올라가야 한다. 즉 지금으로부터 5만 년 전에서 78만 년 전까지인 73만 년 동안은 해저퇴적물의 연대를 직접적으로 파악할 수 없는 공백기다. 퇴적물의 연대가 확실하지 않으면 밀란코비치 이론을 증명하기는 어렵다. 그래서 실증할 수 없는 밀란코비치 이론은 수많은 반론에 부딪히고 다른

---

* 나침반은 N극이 북쪽을 향하고, S극이 남쪽을 향한다. 즉, '지구라는 자석'은 북쪽이 S극, 남쪽이 N극이다. 이 지구자기장은 지질시대 동안 몇 번이나 뒤바뀐 것으로 알려져 있다. 프랑스의 베르나르 브루네는 1906년에 자기장이 뒤바뀐다는 사실을 처음으로 밝혀냈다. 1929년에는 교토 대학의 마츠야마 모토노리가 독자적으로 지구 자기장이 역전했었다는 것을 발견했다. 마츠야마는 1958년에 74세의 나이로 세상을 떠났는데, 그 무렵부터 각지에서 고(古)지자기 측정이 활발해지면서 브루네와 마츠야마의 이론을 인정하기 시작했다. 현재 260만 년 전부터 78만 년 전까지 지구의 북극 쪽이 N극이고, 남극 쪽이 S극이었던 시대에는 마츠야마 모토노리의 이름에서 따온 '마츠야마 역자극기'라는 이름이 붙여져 있다. 마쓰야마 역자극기가 끝난 78만 년 전 이후부터 현재와 같은 자기장이 형성되는 시기를 '브루네 정자극기'라고 부른다. 그리고 이 두 시기의 경계는 '브루네-마츠야마 경계'라고 하며, 제4기의 시간 규모를 결정하는 데에 중요한 시간(78만 년 전)으로 현재까지 쓰이고 있다.

가설의 반박을 받아*, 1970년 무렵에는 풍전등화의 처지까지 되었다.

미국 예일 대학의 리처드 플린트**는 밀란코비치 이론에 가장 강력하게 반대한 지질학자다. 그렇다고 플린트가 보수적인 연구자는 아니다. 그는 빙하시대의 연대결정에 방사성탄소연대를 발빠르게 응용한 '진보적' 지질학자기도 했다. 방사성탄소연대법이 확립된 직후인 1950년대에 플린트는 이미 미국의 빙하시대 연구에서 리더적 존재였다. 그는 누구보다 먼저 마지막 빙하기 당시 로렌타이드 빙상에 섞여 들어온 나뭇조각, 뼈, 유기물 등, 빙하시대에 관련한 다양한 물질의 방사성탄소연대를 측정하였다. 그 결과 온난한 기후에서 주로 형성되는 이탄지식물이 제대로 분해되지 않고 퇴적된 곳의 일부가 밀란코비치 이론에서 주장하는 일사량이 가장 작은 시기인 2만 5000년 전 무렵에 형성되었다는 것을 알아냈다. 방사성탄소연대라는 당시 최신 기술을 이용한 결과를 내세운 플린트가 밀란코비치의 의견에 강력히 반대하자, 밀란코비치에 찬성한다고 나서는 지질학자는 드물었다.[8]

그러나 이런 상황을 단숨에 역전시킨 것은 미국 브라운 대학의 존 임브리(그림 4-9)가 이끄는 팀이었다. 그들은 남인도양에서 채취한 해저코어 두 개에서 복원한 상세한 산소동위원소비와 미고생물微古生物 기록의 주기 해석에 착수했다. 그들의 연구는 기존에 사용한 가정

---

* 태양활동의 변화, 태양과 지구 사이의 물질 변화, 대기 중 화산물질의 농도 변화, 지구 자기장의 변동, 대기 중 이산화탄소 농도의 변화, 해양의 심층수 순환 변화 등을 기후가 주기적으로 변동케 하는 원인으로 꼽았다.
** Richard F. Flint(1902~1976) 예일 대학 교수 역임. 제4기 지질학자. 로키 산맥과 남미 등 각지에 남아 있는 빙하시대의 지질기록을 연구했다. 일찍부터 방사성탄소연대측정에 흥미를 갖고, 그 방법을 빙하의 연대측정에 응용한 최초의 지질학자기도 하다. 1971년에 연구를 집대성한 *Glacial and Quaternary Geology*(John Wiley&Sons)를 썼다. 플린트의 퇴직을 축하하기 위해 열린 심포지엄의 출판물 *The Cenozoic Glacial Ages*(KK Turekian ed., Yale University Press)은 인용도가 높은 논문을 많이 게재하고 있다.

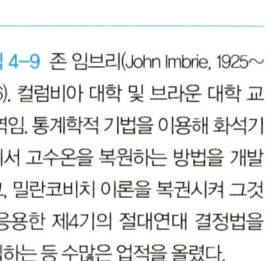

그림 4-9 존 임브리(John Imbrie, 1925~ 2016). 컬럼비아 대학 및 브라운 대학 교수 역임. 통계학적 기법을 이용해 화석기록에서 고수온을 복원하는 방법을 개발하고, 밀란코비치 이론을 복권시켜 그것을 응용한 제4기의 절대연대 결정법을 확립하는 등 수많은 업적을 올렸다.

을 그대로 적용했기 때문에 본질적으로 문제가 해결된 것은 아니었다. 하지만 주기해석에 적합한 해저코어를 신중하게 선택하고, 벨기에의 천문학자인 앙드레 베르제가 꼼꼼하게 수정한 입사에너지 데이터를 이용하여, 그때까지 발표된 그 어떤 논문보다도 수학적으로 치밀한 주기해석법을 사용했다. 그 결과 그림 4-10에 나와있는 것처럼, 해저코어의 지질기록에서 10만 6000년, 4만 3000년, 2만 4000년, 1만 9000년이라는 밀란코비치 효과에서 발견한 모든 주기를 처음으로 찾아냈다.

이 논문[9]의 충격은 엄청났다. 이후 고기후학자와 기후학자들은 빙하기와 간빙기라는 기후변화의 사이클이 주로 밀란코비치 효과에 의해 생겼다는 것을 널리 인정하게 되었다. 임브리 팀의 논문은 밀란코비치가 세상을 떠나고 이십여 년이 지난 1976년에 발표되었다. 이 논문이 발표된 해는 공교롭게도 밀란코비치 이론을 강력히 부정한 리처드 플린트가 세상을 떠난 해이기도 했다.

사실은 임브리 팀의 논문이 발표되기 전에도 일부 지질학자가 퇴적물 코어기록의 주기해석을 시도하여 밀란코비치 이론의 복권에 포

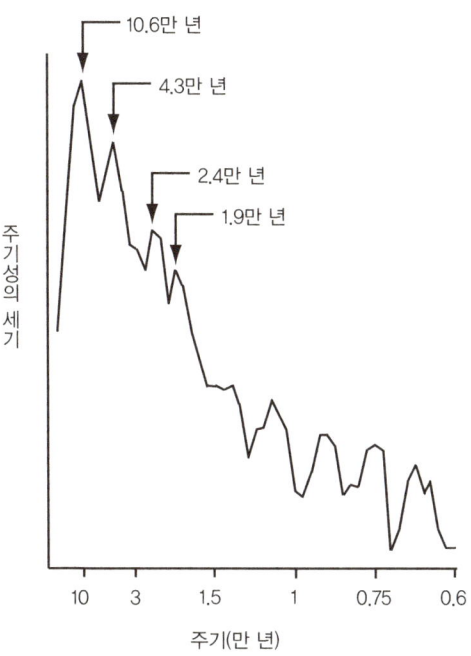

그림 4-10 지난 50만 년 동안 남인도양 해저코어에 기록된 산소동위원소비 기록을 스펙트럼 분석한 결과. 임브리 팀은 이 분석을 통해 밀란코비치 이론의 주기와 완벽하게 일치하는 10만 6000년, 4만 3000년, 2만 4000년, 1만 9000년이라는 주기를 찾아냈다. Hays *et al.*(1976)을 수정.

석을 마련했었다. 에밀리아니는 산소동위원소비를 보고한 1955년의 혁명적 논문에서 밀란코비치 이론이 옳다고 주장한 바 있다. 그는 산소동위원소비의 변동에 정확한 시간 눈금을 추가하기 위해 퇴적물의 방사성탄소연대를 측정했다. 당시 에밀리아니가 소속되어 있던 유리의 연구실은 방사성탄소연대를 개발한 윌러드 리비의 연구실 바로 옆에 있었다. 그래서 에밀리아니는 이제 막 개발된 방사성탄소연대법을 다양한 시료에 응용할 수 있었다.

에밀리아니의 측정결과는 북위 65도 지역의 태양복사 극소기와 마지막 빙하기가 시기적으로 거의 일치하는 것으로 나타났다. 이미 설명했듯이 방사성탄소연대법은 과거 5만 년 정도까지만 적용할 수 있다. 5만 년이라는 기간은 수십만 년에 걸친 해저코어의 기록을 생각하면 극히 일부에 불과하다. 따라서 이것만으로 많은 기후학자들을 납득시킬 수는 없었다. 그렇지만 밀란코비치의 의견을 지지하는 최초의 과학적인 성과로 이후에 밀란코비치 이론이 복권될 수 있는 출발점이 되었다는 것만은 분명하다.

에밀리아니는 1955년 말에 논문이 출판되자, 가장 먼저 세르비아의 밀란코비치에게 논문 복사본을 보냈다. 에밀리아니는 당시 밀란코비치가 이미 연로하여 여생이 얼마 남지 않았을 것이라 염려하고 있었다. 그는 밀란코비치가 세상을 떠나기 전에 당신의 생각을 지지하는 결정적인 증거가 나왔다는 것을 어떻게든 알려주고 싶었다. 그러나 에밀리아니는 끝내 밀란코비치의 답장을 받아보지 못했다. 그리고 3년 뒤인 1958년, 밀란코비치는 조국 세르비아에서 조용히 숨을 거두었다.

이후에 임브리는 밀란코비치의 업적을 기리기 위해 그가 살았던 세르비아의 집을 찾았다. 그리고 밀란코비치가 세상을 떠난 뒤에도 오랜 시간 보존되어 있던 파일에서 에밀리아니가 보낸 논문의 복사본을 발견했다. 밀란코비치는 분명 에밀리아니의 논문을 읽었던 것이다. 어쩌면 밀란코비치는 숨을 거두기 전에 자신의 업적이 언젠가 인정받을 것이라고 확신했을지도 모른다.

기 후 변 화 의   페 이 스 메 이 커

　　밀란코비치 효과는 수만 년 규모의 기후변화를 일으키는 근본 원인이 무엇인지 알려주었다. 하지만 실제 일어난 기후변화를 해석하기 위해서는 아직 중요한 사항들이 불분명한 상태로 남아있었다. 바로 기후시스템이 밀란코비치 효과에 어떻게 응답할까라는 점이다. 기후는 대기, 해양, 대륙빙하, 토양, 산림 등 수많은 요소가 모여 있는 복잡한 시스템이다. 그리고 각각의 요소는 밀란코비치 효과에 대해 서로 다른 답을 내놓을 것이다. 예를 들어, 특정 주파수의 입력 신호를 받아 변조 과정을 거쳐 다른 주파수로 출력하는 앰프를 생각해보자(그림 4-11). 이 앰프가 상당히 복잡한 구조를 갖고 있으리라 상상하기는 어렵지 않다. 그러나 앰프의 구조 속에는 기후시스템의 메커니즘을 풀어낼 열쇠가 분명히 숨겨져 있을 것이다. 고기후를 해석한다는 것은 기후 시스템이라는 앰프의 구조를 이해하는 것과 마찬가지다.

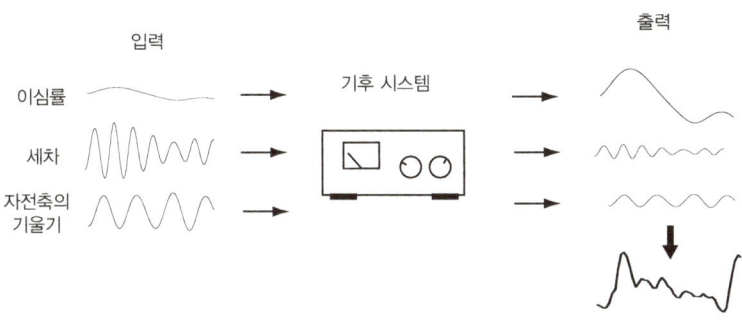

그림 4-11 밀란코비치 이론을 토대로 기후 시스템을 묘사한 그림. 기후 시스템은 다양한 파장과 진폭의 시그널을 입력하면, 진폭과 위상을 변화시킨 시그널로 답하는 '앰프'와 같은 역할을 한다.

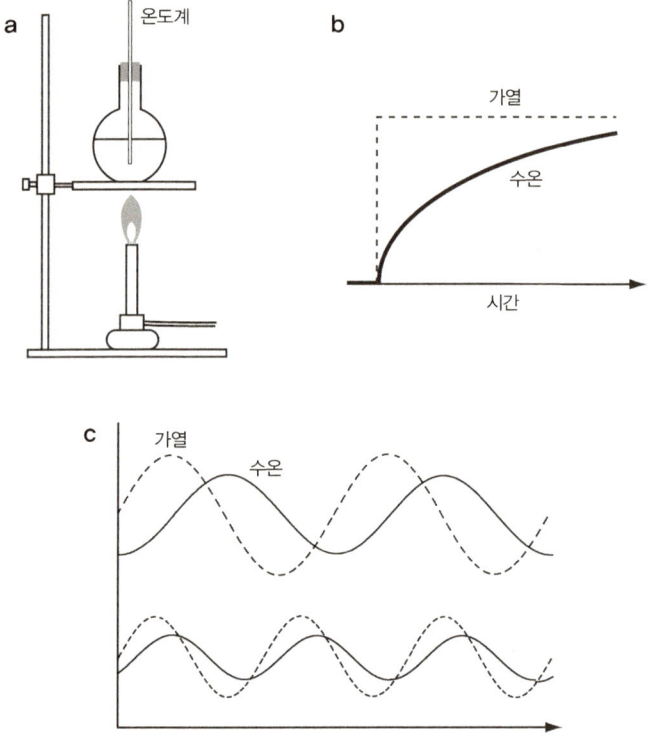

그림 4-12 단순 선형 시스템의 예. a) 플라스크에 채운 물과 열을 가하는 버너. b) 버너에 불을 붙인 뒤 플라스크 내 수온의 시간 변화. c) 가열 속도를 바꿨을 때 수온의 변화. 가열이나 냉각 속도에 변화를 주면, 진폭은 물론 위상차도 변한다. Imbrie (1985)를 수정.

기후시스템을 또 다른 비유로도 설명할 수 있다. 그림 4-12처럼 플라스크에 담긴 물을 버너로 데우는 간단한 실험을 떠올려보자.[10] 플라스크 안의 물은 기후고 버너는 태양이다. 버너의 불이 세지면 물의 온도는 올라가고, 어느 정도까지 수온이 올라가 불을 줄이면 수온은 곧 떨어진다. 플라스크 안에 있는 물의 온도는 버너가 가하는 열에너지에 좌우된다. 이와 같은 시스템이 선형 시스템이다. 그렇다면 실제 기후는 플라스크 안의 수온처럼 태양의 입사에너지에 선형적으로 반응할까?

이 문제를 풀려면 먼저 주기해석이라는 방법을 설명해야 한다. 우리는 일반적으로 시간을 가로축으로, 시간에 따라 변하는 매개변수를 세로축으로 설정하는 그래프에 익숙하다. TV의 기상예보에서 흔히 볼 수 있는 하루 동안의 기온 변화를 나타내는 그래프나 주가 변동을 나타내는 그래프 등이 그렇다. 그러나 여러 번 반복적으로 변화하는 현상에 대해서는 전혀 다른 시점에서 본 그래프가 도움이 된다. 가로축에 시간이 아닌 주파수를 넣고, 세로축에 세기나 강도를 넣는 방식인데, 이를 주기해석이라 한다. 주기해석은 시간해석과는 다른 측면에서 사물이나 현상의 중요한 측면을 부각시켜준다.

주파수는 일정 시간 동안 특정 현상이 반복되는 회수를 말한다. 단위는 헤르츠Hz를 사용한다. 예를 들어 우리가 사용하는 전기는 60헤르츠로 1초 동안에 플러스와 마이너스가 60회 반복한다. 또한 조용히 쉬고 있는 인간의 심장은 약 1헤르츠(1초에 1박동)로 박동한다.

주파수보다 주기로 표현하는 게 편리한 경우도 많다. 주기란 반복적으로 일어나는 현상이 한 번 일어날 때 걸리는 시간을 말한다. 수학적 방법을 이용하면 어떤 곡선이라도 주기나 진폭이 다른 사인곡선들을 겹쳐 만들어 낼 수 있다.* 그림 4-1에서 본 퇴적물 코어의 산소동위원소비가 그려내는 복잡한 곡선도 가능하다. 수십만 년의 주기를 갖는 것부터 수천 년의 주기를 갖는 것까지 사인 곡선들을 여럿 조합하면 산소동위원소비 곡선을 수학적으로 '만들' 수 있다. 또한 그

* 비주기 함수를 주기 함수들의 조합으로 변환하는 수학적 조작을 푸리에 변환이라 한다.

반대 경우도 가능하다. 시간과 함께 변하는 산소동위원소비를 다양한 주기의 사인 곡선으로 '분해'하여 각 주기의 세기를 알 수도 있다.

임브리 팀은 퇴적물 코어의 산소동위원소비 기록에 주기해석을 적용하여 밀란코비치 효과와 완벽하게 일치하는 기후변화의 주기성을 찾아냈다. 그리고 그 결과를 토대로 지구의 기후는, 마치 플라스크 안의 물처럼, 자전축의 기울기(약 4만 년 주기)와 세차가 만들어내는 효과(약 2만 년 주기)에 선형적으로 반응한다는 것을 증명했다. 그리고 이심률의 변화가 가져오는, 주기의 강도가 약한 효과(10만 년 주기)에는 비선형적으로 반응할 것이라고 예측했다.

주기해석은 현상에 포함된 주기성을 밝혀낼 뿐만 아니라, 중요한 또 하나의 정보를 제공한다. 바로 위상차phase difference다. 즉, 주기적으로 변화하는 두 현상이 시간적으로 얼마나 차이가 나는지 알려준다. 그림 4-12(c)에서처럼 불을 세게 혹은 약하게 하기를 주기적으로 반복하면, 플라스크 안 물의 온도도 그에 맞춰 주기적으로 변한다. 그러나 버너 불의 세기가 주는 영향이 플라스크 안의 수온에 반영되기까지는 시간차가 생긴다. 게다가 그 시간차는 불의 세기나 강약의 주기에 따라 달라진다.

태양의 입사에너지와 산소동위원소비와의 관계는 주기해석에 안성맞춤이다. 산소동위원소비는 주로 대륙빙하의 양을 나타내므로, 입사에너지의 변화에 따라 어느 정도의 시간차로 대륙빙하의 양이 변화했는지를 알 수 있다. 또 각각의 주기변동에 따른 위상차도 계산할 수 있다. 지금까지의 연구를 통해 자전축의 기울기가 주는 효과(4만 년 주기)에는 약 1만년, 세차운동이 북반구 고위도에 주는 효과(2만 년 주기)에는 약 6000년이라는 시간차가 생기는 것으로 알려져 있다. 입사에너지가 증가나 감소를

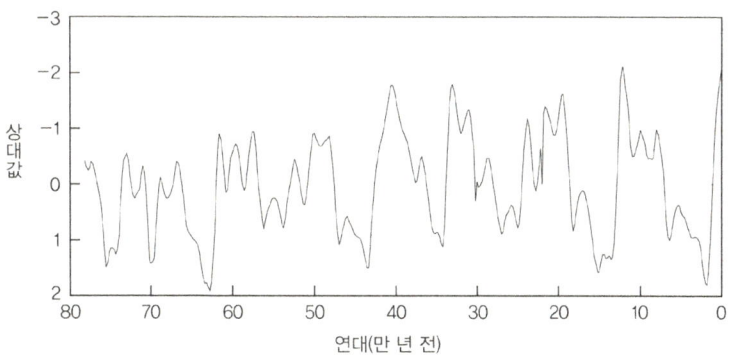

연대(만 년 전)

그림 4-13 밀란코비치 효과에 의한 기후 시스템의 반응을 가정하여 구한 산소동위원소비 표준곡선. 이 곡선과 실제 산소동위원소비 기록을 '통합'하여 해저퇴적물의 연대를 결정한다. 이것을 스펙맵 시간척도라고 한다. Imbrie et al. (1984)을 수정.

시작하고 이에 따라 대륙빙하의 양이 증가하는 반응이 나타나기까지 그 정도의 시간이 걸린다는 뜻이다. 온도를 올리는 방법에 따라서도 기후의 반응 방식은 제각각이라고 할 수 있다.

빙하기와 간빙기의 기후상태가 **기본적으로** 태양의 입사에너지에 의존한다는 주장이 연구자들 사이에 신뢰를 얻자 고기후학자들은 생각지도 못한 보너스를 손에 넣었다. 기후 시스템이라는 앰프의 구조를 알아낸 이상, 지구의 궤도를 결정하는 요소들만 계산할 수 있으면 몇천 혹은 몇만 년 전 이라도 당시의 기후를 짐작할 수 있을 것이라는 기대였다. 이런 목적으로 세계각지에서 구한 양질의 산소동위원소비 기록을 정리한 그림 4-13과 같은 산소동위원소비 표준곡선이 완성되었다. 그리고 새로운 연대결정법이 만들어졌다.[11]

연대결정 방법은 지극히 간단하다. 채취한 퇴적물의 산소동위원소비 기록을 늘이고 줄이기를 반복하여 산소동위원소비 표준곡선에 맞추기만 하면 된다. 그러면 그 퇴적물의 깊이를 연대로 바꿔 읽을 수 있다. 방사성탄소로는 연대를 측정할 수 없는 5만 년 전 이전의 퇴적물 연대를 알아내는 이 방법은 프로젝트Spectral Analysis and Mapping Project의 이름을 따 스펙맵 시간척도SPECMAP time scale라고 부른다. 그리고 산소동위원소비 표준곡선에 관한 최초의 논문이 발표된 1984년부터 현재에 이르기까지 스펙맵 시간척도는 수많은 퇴적물코어의 '시간 축 합치기'에 이용하고 있다. 지금까지 고해양학자의 골치를 아프게 한 연대결정 문제를 단숨에 해결한 스펙맵 시간척도는 연구자들에게는 그야말로 바이블이다.

미 해 결   문 제

그런데 이것으로 해피엔드를 맞았는가 하면, 사실은 그렇지가 않다. 논문을 발표한 1980년대부터 일부 연구자들 사이에서 스펙맵 시간척도가 잘못됐다는 지적의 목소리가 끊이지 않았기 때문이다. 스펙맵 시간척도를 적용하면, 지지난 빙하기가 끝이 나고 대륙빙하가 녹아내리기 시작하는 연대에서 무시할 수 없는 차이가 나타난다는 게 지적의 근거였다.

밀란코비치 이론을 기초로 한 스펙맵 시간척도에 따르면, 12만 6000년 전 무렵이 대륙빙하의 융해가 가장 왕성할 시기였다. 그런데 산호나 종유석의 우라늄, 토륨 계열의 핵종을 사용하여 알아낸 대륙빙하의 융해기 연대는 한결같이 그보다 1–2만 년이나 앞선 수치를 내놓았다. 산호나 종유석은 유공충과는 달리 우라늄이나 토륨을 비교적 많이 함유하고 있어 운 좋게도 연대결정법에 응용할 수 있다. 여기에서 그림 4-14를 주목하기 바란다. 플로리다 주 남쪽의 바하마에서 융기산호의 세밀한 연대측정을 실시한 결과, 14만~13만 5000년 전 무렵에 가장 왕성하게 대륙빙하 융해가 일어나고 있다.[12] 또한 데빌즈홀이라고 불리는 미국 네바다 주의 종유동굴도 마찬가지로 스펙맵 시간척도보다도 1만 년 이상이 앞선 시기에 대륙빙하 융해가 일어났다고 가리킨다.[13] 남극의 빙하코어에서 독자적 방법으로 알아낸 연대도 역시 13만 7000년 전 무렵을 가리켰다.[14] 공교롭게도 이들 시기는 북반구 고위도 지역의 여름 일사량이 **극히 적어지는** 시기(13만 7000년 전)와 거의 일치했다.

몇몇 기록에서 일관되게 지지난 대륙빙하 융해 시기의 연대가 예상과 다르게 나타난다는 사실은 단순히 스펙맵 시간척도의 문제만으로 끝나지 않는다. 그것은 밀란코비치 이론과 기후시스템의 골격(앰프의 구조) 등, 빙하기–간빙기의 기후변화와 관련된 상당히 본질적인 영역에도 어두운 그림자를 드리우는 것이기 때문이다. 앞으로 이 까다로운 문제를 해결하기 위해서는 우라늄, 토륨 계열의 핵종을 사용한 연대측정법의 신뢰성을 높이는 등의 다방면에 걸친 연구가 필요한 상황이다.

현재 해저코어를 이용한 대부분의 연구에서는 스펙맵 시간척도와의 비교로 퇴적물의 연대를 결정하고 있다. 그러나 방금 전에 지적한 문제와 함께, 이심률의 변동(10만 년 주기)에 따른 일사량의 변화가 미미함에도 과거 60만 년에 걸친 고기후 기록에서 10만 년 주기의 변동이 특히 두드러지게 나타난다는 문제가 아직 해결되지 않은 채 남

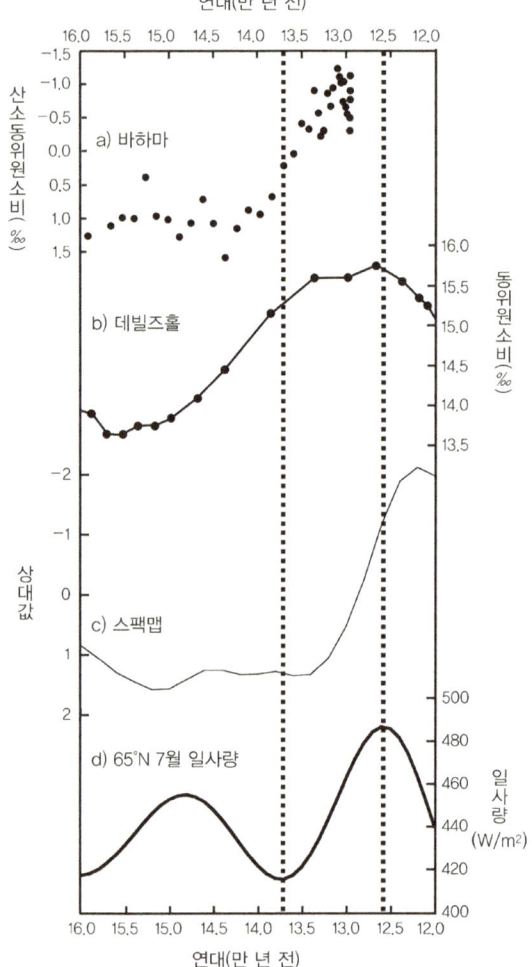

그림 4-14 지지난 빙하기부터 마지막 간빙기까지 온난화 시기에 대한 a) 바하마의 산호초 기록, b) 미국 네바다 주의 종유동굴 데빌즈홀의 종유석 기록, c) 스펙맵의 산소동위원소비 표준곡선, d) 밀란코비치 이론에서 기후를 제어하는 지역으로 지적한 북위 65도의 7월 일사량 극소기(13만 7000년 전)와 극대기(12만 6000년)를 나타내고 있다. 바하마나 데빌즈홀의 기록은 빙하기에서 간빙기까지 온난화 시점이 북위 65도의 7월 일사량 극대기보다 1~2만 년 앞서 일어났음을 알 수 있다. Henderson and Slowey(2000), Winograd *et al.*(1992), Imbrie *et al.*(1984), Berger and Loutre(1991)를 수정.

아있는 것을 잊어서는 안 된다.

　수많은 연구자들이 고기후 기록에 나타나는 강력한 10만 년 주기변동을 어떻게 설명할지 지금까지 다양한 모델을 제시했다. 비선형모델을 적극 이용하거나[15], 대륙빙하 자체의 역학모델을 이용하기도 하고[16], 대기 중 이산화탄소 농도 변화에 따라 증폭시켜보기도 하고[17], 자전축 기울기에 의한 4만 년 주기가, 2주기 혹은 3주기마다 강조되어 나타난다는 것[18]까지 그 수는 서른 가지가 넘는다. 최근에는 아베 아야코 팀이 한때 세계최고 속도를 자랑했던 일본의 슈퍼컴퓨터인 치큐 시뮬레이터[19]를 이용하여, 대륙빙하의 사이즈까지 포함한 상세한 고기후모델을 구축해 10만 년 주기를 깔끔하게 재현하는 결과를 만들어 냈다.[20] 앞으로 이 까다로운 문제해결을 위한 새로운 전개가 펼쳐지리라 기대가 모아지고 있다.

5장
기후는 어떻게 만들어지는가

물리학에서 이론은 총괄의 역할을 맡지만,
기후학에서 이론은 작업을 돕는 주석에 불과하다.
— 헨리 스톰멜, 엘리자베스 스톰멜

태 양 에 너 지

지금까지는 지구가 빙하기와 간빙기라는 두 가지 기후상태를 주기적으로 반복해왔다는 것과, 지구의 자전과 공전이라는 천문학적 요소의 변동이 지구에 내리쬐는 태양에너지의 총량과 분포를 바꿔 빙하기-간빙기라는 주기적인 기후 사이클을 주도해 왔다고 설명했다. 더욱이 태양의 입사에너지가 같아도 빙하기와 간빙기라는 전혀 다른 두 기후상태가 만들어지는 것도 이야기했다. 이번 장에서는 관점을 달리하여 애초에 지구의 기후가 어떻게 성립되는지 그 메커니즘을 생각해 보자.

햇살이 잘 드는 방에 뒹굴며 책을 읽다보면 몸이 노곤해져 그만 꾸벅꾸벅 졸아버린 경험이 있을 것이다. 그런데 몸을 따뜻하게 해주는 태양이 실감조차 하기 힘든 아득히 먼 1억 5천만 킬로미터 너머에 있다고 생각하면 새삼 신비롭기까지 하다. 직경 30센티미터의 지구본을 예로 들어 보자. 그러면 태양은 350미터 떨어진 곳에 있는 직경 30미터의 강력한 난로라고 할 수 있다. 직경 30미터의 난로를 상상하기 어렵다면 규모를 좀 더 줄여보자. 태양을 직경 1미터의 둥근 난로라고 한다면, 지구는 12미터 정도 떨어진 곳에 있는 직경 1센티미터의 구슬이 된다.

그렇다면 이 '태양 난로'의 연료는 무엇일까? 산소가 존재하지 않는 우주공간의 현상이니 우리에게 익숙한 연료를 이용하는 화학반응이 아닌 것만은 분명하다. 산소가 없다면 물질은 타지 않기 때문이다. 사실 태양의 내부에는 수소H들이 융합되어 헬륨He이 만들어지고 있다. 이 반응을 화학식으로 나타내면 아래와 같다. 너무 단순해서 장난이 아닌가 싶지만, 이 식에는 어엿한 이름도 있다. 바로 핵융합 반응이다.

$$\text{핵융합 반응:} \quad 4H \rightarrow He$$

이 핵융합 반응으로 1그램의 수소가 0.993그램의 헬륨으로 바뀐다. 나머지 0.007그램의 수소는 에너지가 된다. 아인슈타인에 따르면 물질의 질량은 모두 에너지로 변환될 수 있다. 질량과 에너지에 관한 식은 다음과 같다.

$$\text{에너지} = \text{질량} \times (\text{빛의 속도})^2$$

수소 0.007그램을 에너지로 환산하면 6.3×10^{11}줄Joule에 해당한다. 이것은 무려 섭씨 0도의 물 1500톤을 순식간에 팔팔 끓일 수 있는 양이다. 불과 1그램의 수소가 이렇게 막대한 에너지를 만들어낸다니 핵융합 반응이란 정말 엄청난 현상이다.

태양은 직경이 140만 킬로미터나 되는 수소덩어리다. 이 거대한 수소덩어리는 끊임없이 핵융합 반응을 일으키며 에너지를 방출한다. 계산해보면 1초당 400,000,000,000,000,000,000,000,000줄이라는 무지막지하게 거대한 에너지다. 숫자가 너무 커 오히려 실감이 나지 않을지 모르지만, 어쨌든 막대한 에너지를 방출하고 있다는 것만큼은 알 수 있을 것이다. 이 어마어마한 에너지 중 극히 일부가 지구로 전해지고, 그중 또 일부가 우리 몸을 따뜻하게 덥히는 에너지가 된다.

지구와 같은 행성은 태양과 같은 항성과 달리 내부에 열원을 거의 갖고 있지 않다. 따라서 우리가 살아가는 지구의 표면온도는 태양으로부터 받는 에너지가 좌우한다. 그것이 우연히 많은 생물이 살아가기에 적당한 온도인 섭씨 15도라는 것은 그야말로 행운이 아닐 수 없다. 아니, 생물이 지구의 온도에 맞춰 진화한 것이라고 생각할 수도 있다. 어느 쪽이 맞는지는 미뤄두고 이야기를 계속해보자.

지구의 에너지밸런스

지구 표면의 평균 기온은 섭씨 약 15도다. 올해, 작년, 100년 전에도 우리가 살고 있는 이곳의 평균 기온은 크게 변하지 않았다(최근 지구온난화로 다소 상승하는 모양이기는 하지만 말이다). 이것은 일 년 동안 지구에 내리쬔 태양에너지의 총량이 지구에서 우주공간으로 나가는 에너지의 양과 균형을 이루고 있기 때문이다.

어떤 물체든 가만 놔두면 그 물체의 온도는 예외 없이 주위 온도와 차츰 비슷해진다. 열역학 법칙에 의해 이렇게 된다는 것을 우리는 잘

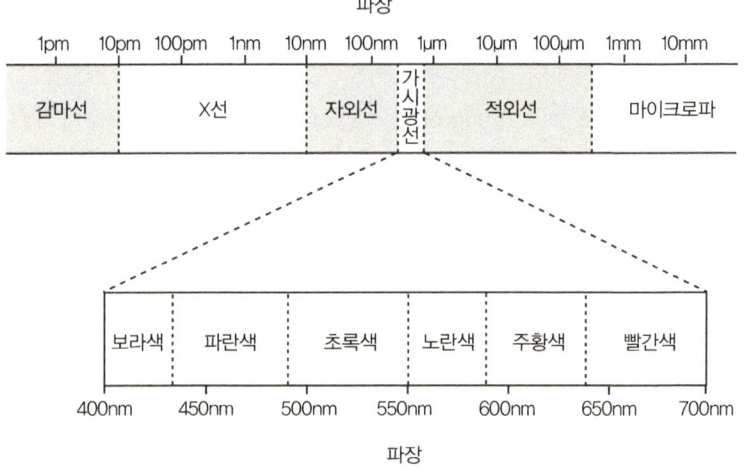

파장

1pm 10pm 100pm 1nm 10nm 100nm 1μm 10μm 100μm 1mm 10mm

| 감마선 | X선 | 자외선 | 가시광선 | 적외선 | 마이크로파 |

보라색 파란색 초록색 노란색 주황색 빨간색

400nm 450nm 500nm 550nm 600nm 650nm 700nm

파장

그림 5-1 전자파의 종류와 파장 영역. 아래에는 인간의 눈으로 감지 할 수 있는 가시광선 영역을 확대하여 나타냈다. 예를 들어, 파랗게 보이는 물건은 파란색 파장 이외의 빛은 흡수하거나 산란시켜 파란색 파장만 눈으로 들어오기 때문이다.

알고 있다. 우리 인간은 호흡을 하고, 음식물을 섭취해 수시로 에너지를 보충한다. 덕분에 기온이 바뀌어도 체온을 항상 36도로 유지할 수 있다. 지구도 같은 원리에 따라 움직인다. 지구의 기온이 우주공간의 온도인 −270도까지 떨어지지 않는 이유는 외부에서 항상 에너지를 얻기 때문이다. 그 에너지원이 바로 태양빛이다.

우선 태양이 얼마나 뜨거운 별인지 한 번 생각해 보자. 한 가지 알아둬야 할 것은 세상의 모든 물질은 표면에서 전자파를 방출한다는 점이다(박스 3 참조). 전자파라고 하면 다소 어렵게 들릴지도 모르지만, 그림 5-1에 나온 것처럼 우리의 육안으로 볼 수 있는 가시광선*

---

* 인간의 눈에 보이는 전자파의 파장은 약간의 개인차가 있지만, 400~800나노미터(10^{-9}m)다.

을 포함한 넓은 의미의 빛이라고 생각하면 된다.

예를 들어 철에 많은 열을 가하면 빨갛게 달아오르기 시작한다. 색이 붉다는 것 자체가 철 자체에서 파장이 가장 긴 가시광선 영역의 전자파(빨간색의 빛)를 뿜어내고 있는 것이다. 즉 온도가 높아지면서 철이 만들어내는 전자파가 인간의 눈에 보이는 파장의 영역으로 들어왔다는 의미다. 숯불이 더욱 이해하기 쉬운 예일 수도 있겠다. 우리는 숯불에 손을 가까이 가져가면 따뜻함을 느낀다. 이것은 온도가 높아진 숯이 주위의 공기를 열로 바꾸어 전달해서가 아니다. 숯이 복사하는 전자파 에너지를 손이 직접 받기 때문이다. 우리 인간도 빛을 뿜어낸다. 상당히 긴 파장을 가진 전자파라서 눈에 보이지 않고, 에너지가 너무 작아 느끼지 못할 뿐이다.

그림 5-2는 지상과 대기 상층부에서 관측한 태양으로부터 받는 전자파의 파장분포다. 0.5마이크로미터의 파장을 가진 가시광선의 세기가 가장 강하다. 여기에 실험적으로 알려진 섭씨 5500도(약 5800K)의 이상물체가 복사하는 에너지 패턴을 겹쳐보자. 움푹 팬 부분을 무시한다면 둘은 상당히 비슷한데, 이는 태양의 표면온도가 섭씨 5500도라는 것을 말해준다.

또한, 그림 5-2를 통해서는 지상에서 관측한 태양 전자파의 몇몇 파장영역이 극단적으로 작아지는 것도 알 수 있다. 이런 파장을 갖는 빛은 대기를 통과할 때 특정 기체에 흡수되기 때문에 대부분 지상까지 도달하지 못한다. 예를 들어, 1.4마이크로미터 부근의 크게 움푹 들어간 부분은 대기 중의 수증기에 흡수된 것이다.

지구가 태양으로부터 받는 에너지의 양은 어떻게 정해질까? 물론 태양이 방출하는 에너지의 총량과, 태양과 지구 사이의 거리를 주요 요인으로

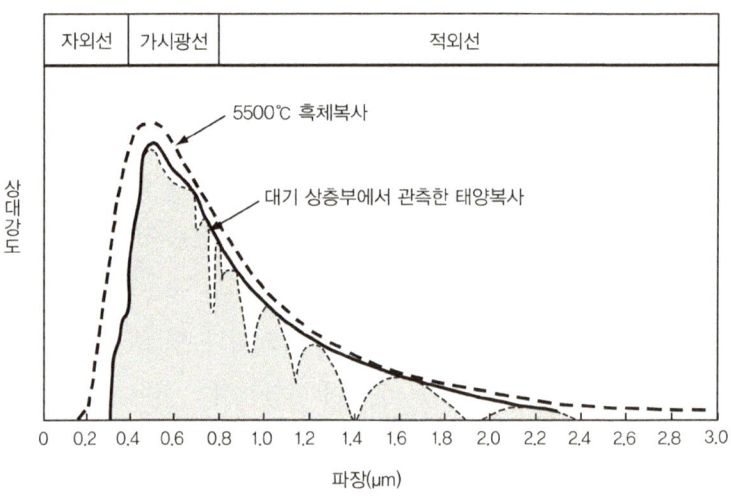

| 자외선 | 가시광선 | 적외선 |

5500℃ 흑체복사

대기 상층부에서 관측한 태양복사

상대강도

0 0.2 0.4 0.6 0.8 1.0 1.2 1.4 1.6 1.8 2.0 2.2 2.4 2.6 2.8 3.0

파장(μm)

그림 5-2 태양의 복사에너지. 검게 칠해진 부분이 지상에서 관측한 태양 복사에너지의 파장 분포이다. 굵은 점선은 5500℃(약 5800K)의 흑체복사 에너지, 굵은 실선은 대기 상층부의 태양 복사에너지의 파장 분포를 나타낸다. 이들 둘이 비슷한 패턴을 보이는 것은 태양의 표면온도가 약 5500℃라는 것을 말해준다.

꼽아볼 수 있다. 그러나 이 두 요인이 거의 변하지 않는다면, 지구 표면에서 전자파를 얼마나 튕겨내는가 하는 반사율이 중요해진다.

만일 지구 표면이 흰색이라면 검은색일 경우보다 표면온도가 낮을 것이다. 이것은 한여름 햇살이 강한 날에 검은색 옷보다 흰색 옷을 입는 게 덜 더운 것과 같은 이치다. 반대로 지구가 검은색을 띤다면 보다 많은 에너지를 흡수해서 표면온도가 높아질 것이다. 전문가들은 지구의 표면 반사율을 반사계수albedo로 나타내는데, 태양의 전자파를 완전히 반사할 때를 1, 전자파를 완전 흡수할 때의 반사계수를 0으로 정의한다.

현재 지구의 반사계수는 0과 1사이 어딘가에 있다. 인공위성 관측

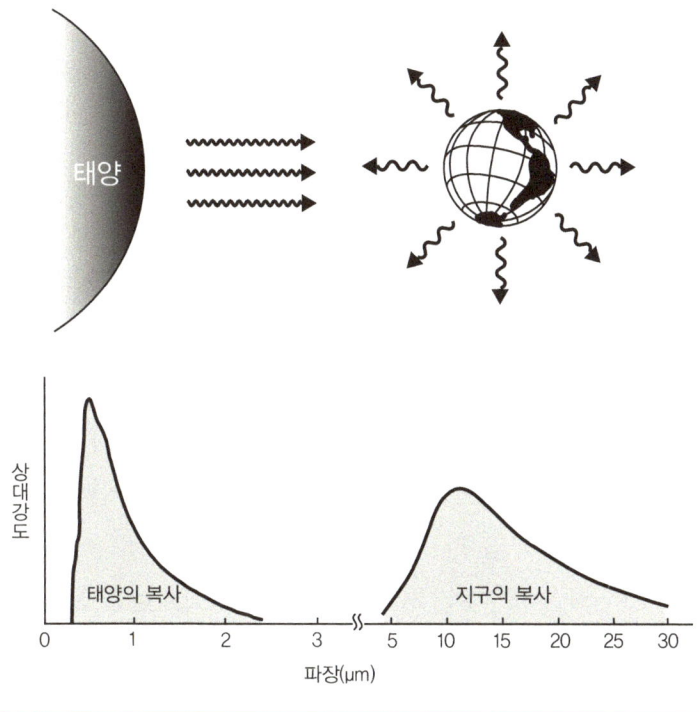

그림 5-3 지구의 복사 에너지밸런스. 태양은 0.5마이크로미터 파장의 전자파를 방출하는 데 반해, 지구는 10마이크로미터 파장의 전자파를 방출한다. 둘의 파장 차이는 태양과 지구의 표면온도 차이로 발생한다.

에 의하면 그 수치는 0.30이라고 한다. 만약에 어떤 이유로 기온이 점점 내려가 지구 전체가 0도 이하가 된다면 어떻게 될까? 바다는 얼어붙고 육상에는 초록의 나무와 식물들이 말라 버려, 지표면은 온통 얼음과 눈으로 뒤덮일 것이다. 얼음과 눈으로 뒤덮인 지구 표면은 온통 흰색이라 반사율이 높아진다. 전문가의 계산에 의하면 그때 지구의 반사계수는 0.84가 된다고 한다. 반대의 경우는 어떨까? 기온이 점점 올라가면, 남극이나 그린란드의 '흰' 대륙빙하가 녹아버릴 뿐 아니라, 고위도 지역까지 온통 숲으로 뒤덮이게 된다. 그러면 녹음에 둘러싸인 지구의 반사율은 작아지는데, 계산을 해보면 그런 경우의 반사계수는 0.14까지 떨어진다고 한다.

단순화하면 지구가 태양으로부터 받는 에너지는 지구 반사계수의 1차함수이며, 지구의 반사계수는 지구 표면온도의 1차함수이다. 즉, 지구가 태양으로부터 받는 에너지는 지구 표면온도의 1차함수가 된다(박스 3 참조).

그러면 이번에는 지구에서 우주공간으로 복사하는 에너지를 생각해보자. 지구도 태양과 마찬가지로 전자파 에너지를 복사한다. 앞에서도 설명했듯이 물체가 복사하는 전자파 에너지의 크기는 표면온도의 네 제곱에 비례한다. 물론 지구에도 적용할 수 있다. 현재(간빙기) 지구표면의 평균온도는 섭씨 15도, 즉 288K이므로 지구가 방출하는 에너지가 얼마인지는 쉽게 알 수 있다. 1제곱미터당 1560와트, 즉 1초에 1560줄이다. 물리학 이론(박스 3 참조)에 따르면 지구에서 우주공간을 향해 복사하는 전자파는 약 10마이크로미터 파장의 적외선이다. 지구는 가시광선을 흡수하고 대신 적외선을 내보내고 있는 것이다(그림 5-3).

지구의 평균기온이 매년 거의 일정한 것은 지구로 들어오는 태양의 전자파 에너지와 지구가 우주공간으로 방출하는 전자파 에너지가 균형을 이루기 때문이다. 그림 5-4를 보도록 하자. 입사에너지와 복사에너지의 선이 교차하는 점(A, B, C)이 바로 두 에너지가 균형을 이루는 지점이다.

예를 들어 지금 지구의 평균기온이 그림의 C점에 있다고 하자. 이 점에 머무는 동안은 입사에너지와 복사에너지가 균형을 이루기 때

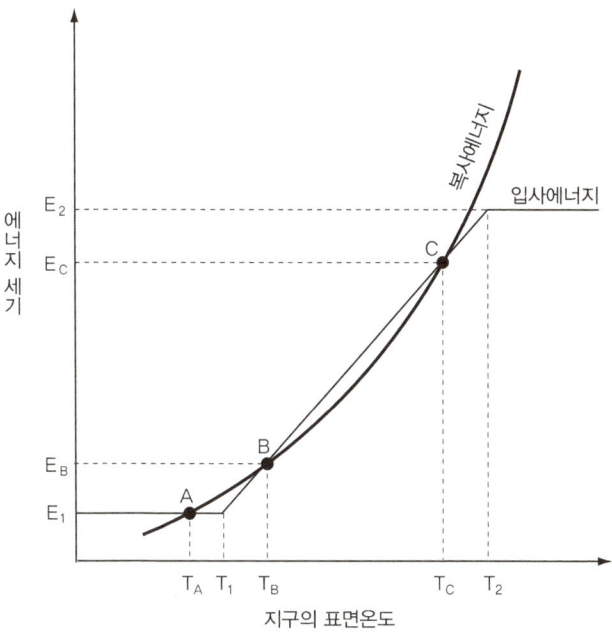

그림 5-4 지구 표면에 입사하는 에너지(가는 실선)와 지구 표면에서 복사하는 에너지(굵은 실선)의 관계. 반사계수가 a_1 및 a_2일 때 대응하는 입사에너지를 각각 E_1 및 E_2라고 한다. 이 둘이 만나는 점 중에 A와 C는 안정평형인 반면, B는 불안정평형이다. 자세한 내용은 본문을 참조.

문에 기후는 안정적이다. 그런데 어떤 이유로(가령 대기 중의 이산화탄소 농도가 약간 상승했다거나) 기후가 약간 따뜻해졌다고 가정해 보자. 그림에서는 C점에서 오른쪽으로 살짝 벗어난 경우를 상상하면 된다. 그러면 그림으로도 알 수 있듯이, 그럴 경우의 기온(예를 들어 T_2)에서는 지구의 표면온도를 낮추는 복사에너지가 온도를 높이는 입사에너지보다 약간 많아진다. 이때의 지구는 에너지의 균형을 되찾으려 기후를 차갑게 하기 위해 애를 쓴다. 즉 약간의 한랭화가 일어난다. 반대의 경우에도 역시 원래대로 되돌아오려는 힘이 작용한

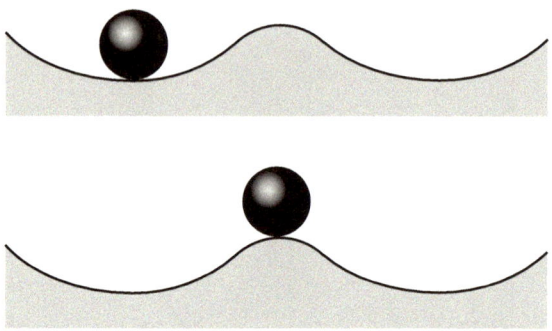

그림 5-5 기후의 안정평형(위)과 불안정평형(아래). 기후가 안정평형에 있을 때는 기후가 약간 흔들리더라도 원래의 상태로 돌아가려는 힘이 작용한다. 그러나 기후가 불안정평형에 있을 때는 조금이라도 기후가 흔들리면 어느 쪽이든 안정평형으로 급속하게 이동한다.

다. 이처럼 어떤 변화에 대해 원상태로 되돌아오려는 힘을 네거티브 피드백이라고 한다. 불안정했던 기후상태에서는 네거티브 피드백이 작용하면서 원래의 C점으로 되돌아온다.

　그림 5-5에서 공의 상태를 상상하면 네거티브 피드백을 이해하기 쉽다. 골짜기 바닥에 멈춰있는 공이 흔들림에 의해 좌우 어느 한쪽의 산기슭으로 약간 치우쳤다고 하자. 물론 공은 곧 원래 있던 자리로 되돌아온다. 이런 골짜기를 안정평형stable equilibrium이라고 한다. 그림 5-4의 A점과 C점에 해당한다.

　그렇다면 그림 5-4의 B점은 무엇일까? 입사에너지와 복사에너지가 균형을 이룬다는 점에서는 A점이나 C점과 같다. 그래서 기후는 B점에서도 '정지'할 **가능성이 있다**. 그러나 A점이나 C점일 때와는 약간 다르다. 방금 전 예로 든 기후가 약간 온난화한 경우를 생각해보자. B점에서 약간 오른쪽으로 벗어난 경우를 상상하면 된다. 그러면 지구의 표면온도를 올리는 입사에너지가 복사에너지보다 약간 커진다. 즉 기후는 더욱 온난화하는 방향으로 향한다. 이처럼 변화에 대해 그것을 확대하려고 하는 힘을 포지티브 피드백이라고 한다. 공에 비유하면 산 정상에 놓인 상태인데, 일단 정지할 수는 있다. 그러나 조금이라도 균형이 무너지면 공은 눈 깜짝할 사이에 굴러 떨어진다. 물론 미끄러진 곳은 골짜기 바닥인 안정평형이다. 이런 경우 산의 꼭대기를 불안정평형이라고 한다.

지금까지는 단순화한 기후모델을 내세워 에너지밸런스를 설명했다. 물론 실제 지구의 입사에너지는 다양한 요인에 의해 그림 5-4와 같은 단순한 직선으로 나타나지 않는다. 또한 복사에너지도 그림처럼 단순한 곡선을 만들지 않는다.[5] 그러나 이 모델은 중요한 본질적 요소를 드러내고 있다. 앞에서 설명한 '지구는 태양으로부터 같은 양의 입사에너지를 받아도 복수의 다른 기후상태를 나타낼 수 있다'는 것을 이론적으로 보여주기 때문이다. 이해가 빠른 사람이라면 조금 전의 두 가지 안정평형이 각각 빙하기와 간빙기라는 기후상태를 나타내고 있음을 눈치챘을 것이다. 즉, 그림 5-4의 A점은 빙하기에 해당하고, C점은 간빙기에 해당한다. 이렇게 지구의 기후는 간단한 수학으로도 어느 정도 이해할 수 있다.

태양의 입사에너지는 지구의 공전궤도나 자전축의 변화와 함께 주기성을 띠며 변해왔다. 실제로 그림 4-3(d)을 보면 입사에너지는 시간에 따라 변하고 있다. 즉 그림 5-4에 가는 실선으로 표현된 입사에너지가 좌우로 약간씩 흔들리고 있는 것이다. 물론 그에 맞춰 안정평형의 위치도 흔들릴 것이므로 어느 정도의 기후변화를 예상할 수는 있다. 하지만 입사에너지의 변동만으로는 기후가 두 가지의 안정평형 사이에서 이동한다고 설명할 수는 없다. 여기서 기후변화의 본질이 모습을 드러낸다.

실제로 한 번 계산해 보자. 현재의 지구 관측 데이터를 사용해 계산했을 때, 대기 상층부에서 지구로 들어오는 에너지는 지구의 표면적에 대해 1제곱미터당 평균 약 340와트다. 이것은 지구에서 복사하는 전자파 에너지(390와트)보다 약간 작은 값이다. 그래서 만일 입사에너지에 균형을 맞춘다면 지구의 표면온도는 섭씨 −18도가 되어야 한다(박스 3 참조). 그런데 현재 지구표면의 평균온도는 섭씨 15도이므로 앞에서 계산한 값은 실제보다 30도 이상이나 낮다. 현실과는 상당히 동떨어진 값이다. 계산이 왜 맞지 않는 걸까? 물론, '이 모델은 너무 단순화한 것이니까'라는 것도 하나의 대답이 될 수 있다. 그러나 더 중요한 답이 있다. 이 계산에는 대기의 온실효과가 고려되지 않았다는 점이다.

이제 드디어 '악역'이 나설 차례다. 그렇다, 바로 이산화탄소다.

지구의 에너지밸런스

이상적 물체인 흑체가 복사하는 전자파 에너지의 크기는 절대온도*의 네제곱에 비례한다. 또한 흑체가 뿜어내는 전자파의 최대 파장은 표면온도에 반비례하는 것으로 알려져 있다. 이것을 수식으로 표현하면 아래와 같다.

[전자파 에너지]$(\text{W/m}^2)=\sigma\times$[절대온도]$^4(\text{K})$

$(\sigma=5.67\times10^{-8}:$실험값$)$

[최대파장]$(\mu m)=\dfrac{2897}{[\text{절대온도}](\text{K})}$

첫 번째 식은 슈테판-볼츠만 법칙**이며, 두 번째 식은 빈의 변위 법칙***이다. 지구의 에너지밸런스를 이해하려면 이 두 법칙이 도움이 된

---

* 이론적으로 모든 물질이 얼어붙어 분자 진동도 사라지는 온도를 기준(0도)으로 정한 온도 단위를 말한다. 단위는 켈빈(K). 0K는 −273.15℃에 해당하며, 반대로 0℃는 273.15K이다.

** 오스트리아의 물리학자 요제프 슈테판(Josef Stefan 1835−1893)과 그의 제자 루트비히 볼츠만(Ludwig E. Boltzmann 1844−1906)이 주장한 흑체의 복사에너지에 관한 이론. 흑체란 열적인 이상물체로, 흑체가 복사하는 전자파 에너지의 크기는 절대온도의 네제곱에 비례한다.

*** 열적 이상물체인 흑체가 에너지를 방출할 때, 최대 에너지 파장은 흑체의 표면온도에 반비례한다. 이 법칙은 독일의 물리학자 빌헬름 빈(Wilhelm Wien 1864−1928)이 발견하여, 빈의 변위법칙이라고 부른다.

다. 가령, 지구 표면의 평균 절대온도는 277K인데 이 값을 위의 두 식에 대입하면, 지구 표면에서 우주로 발산하는 전자파 에너지는 1제곱미터당 약 390와트이고 최대 파장은 10마이크로미터다.

반면 지구가 태양으로부터 받는 입사에너지는 지구 평균기온의 1차방정식으로 표현할 수 있다. 지구상의 모든 물질이 얼어붙을 때(반사계수albedo=0.84)의 평균 기온을 T_A(K)이라 하고, 반대로 지구상에서 대륙빙하가 사라지고 숲으로 뒤덮일 때(반사계수=0.14)의 지구온도를 T_B(K)라고 하면 아래의 간단한 세 개의 식으로 나타낼 수 있다.

$T < T_A$일 때: [입사에너지]=a_1

$T_A \leq T \leq T_B$일 때: [입사에너지]=bT

$T_B \leq T$일 때: [입사에너지]=a_2

    a_1, a_2, b는 상수로, $0 < a_1 < a_2 < 1$

식으로 나타내면 어쩐지 복잡해 보이지만, 그림으로 표현하면 그리 어렵지 않다. 이후에 등장할 그림 5-4의 가는 실선이 바로 태양의 입사에너지다. a_1은 반사계수가 0.84인 경우의 입사에너지고, a_2는 반사계수가 0.14일 때의 입사에너지다.

지구 표면에서 에너지 밸런스가 이루어지고 있다면, 지표면에서 입사에너지와 복사에너지는 같아야 한다. 그것을 식으로 나타내면 다음과 같다. 오른쪽 항에 4가 곱해진 것은 지구가 태양 복사를 단면적 (πr^2)으로 받는 반면, 지구 복사는 지구 표면 전체(표면적은 $4\pi r^2$)를 통해 이루어지기 때문이다.

$$(1-[반사계수]) \times [태양 \ 복사에너지]$$
$$=4\sigma \times [지구의 \ 표면온도]^4$$

인공위성의 관측에 따르면 현재 지구의 평균 반사계수는 약 0.30이며, 태양 복사에너지는 대기의 상층부에서 1제곱미터 당 1370와트다. 이 숫자를 식에 적용시켜, 지구의 표면온도를 구하면 255K(-18도)이 된다. 즉, 단순한 에너지밸런스 모델에 따르면 지구의 표면온도는 섭씨 영하 18도로 실제 지구의 평균 표면온도에 비해 30도 이상 낮다는 결과가 나온다.

::

6장
악역의 등장

진실하게 생각하라. 성실하게 이야기하라. 오직 행하라.
당신이 지금 뿌리는 씨앗이 언젠가는 당신이 거둘 미래가 되어 나타날 것이다.
―나쓰메 소세키

온 실 효 과 의   구 조

단순화한 에너지밸런스 모델로 기후를 설명하면 실제 지구보다 섭씨 30도 이상 낮은 온도에서 안정을 유지한다는 결과가 나온다. 이렇게 엉뚱한 결과가 나오는 원인은 이 모델에 '대기'라는 항목이 빠져있기 때문이다. 대기의 영향을 고려하면 좀 더 높은 값이 나온다. 그렇다면 대기로 인해 지구가 따뜻해지는 이유는 무엇일까? 이번 장에서는 지구를 따뜻하게 하는 대기의 메커니즘을 설명한다.

우리가 덮고 자는 이불은 몸에서 빠져나가는 열을 차단해 따뜻함을 유지한다. 그리고 한여름이면 몰라도 평상시에는 이불을 덮지 않으면 몸이 차가워져 감기에 걸릴 수 있다. 대기는 이런 이불과 같다. 이런 효과를 담당하는 것은 질소나 산소와 같은 대기의 주요 성분이 아니라 수증기, 이산화탄소, 메탄, 일산화이질소, 오존 등의 미량 물질들이다. 이들 물질들은 하나같이 지구가 복사하는 적외선을 흡수하는 성질이 있다. 따라서 단순 모델에서는 곧바로 우주공간으로 빠져나갔던 에너지가 이제는 대기에 흡수된다. 그렇게 흡수된 에너지는 열로 바뀌어 대기를 따뜻하게 만든다. 대기에 의한 온실효과가 그

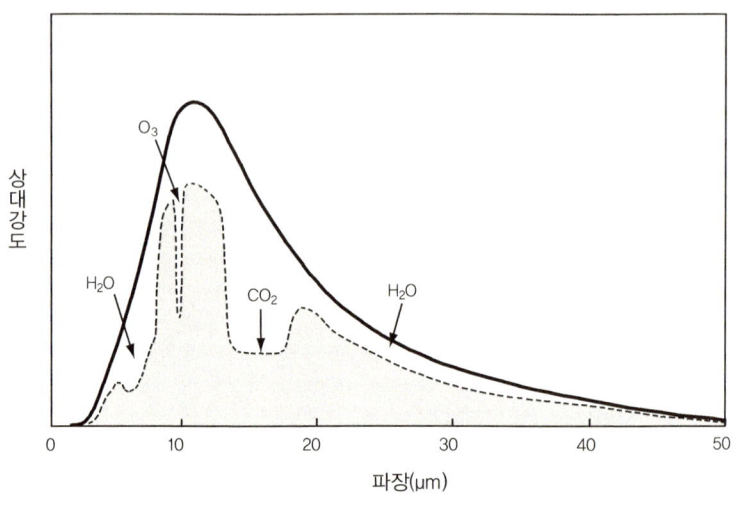

그림 6-1 지구에서 방출되는 복사스펙트럼. 굵은 선은 지표면에서의 파장 분포, 점선은 대기 상층부에서 관측한 파장 분포다. 회색으로 칠해진 부분이 지구에서 우주 공간으로 방출되는 에너지다. 적외선 영역이 대부분이다.

것이다. 온실효과는 지구온난화의 원흉으로 악역 취급을 받기 일쑤지만, 사실은 지구의 평균온도를 쾌적한 수준인 섭씨 15도로 유지하는 중요한 역할을 담당한다. 특히 수증기의 효과가 큰데, 실제로 이산화탄소보다 수증기가 대기를 덥히는 역할을 주로 담당한다. 그렇지만 대기 중의 수증기 농도, 즉 습도는 인간 활동의 영향을 거의 받지 않기 때문에 지구온난화의 주범이 수증기는 아니다.

그림 6-1은 지구에서 우주로 방출하는 전자파의 스펙트럼을 나타낸 것이다. 이 스펙트럼은 지표 가까이에서 관측하면 매끄럽게 나타나지만, 대기 상층부에서 관측하면 들쑥날쑥하다. 크게 패인 몇몇 곳 중에 파장이 15마이크로미터 부근의 커다란 홈은 대기 중의 이산화탄소가 지구에서 내보내는 전자파를 차단해서 생긴 것이다. 이 파장

의 전자파는 이산화탄소에 흡수되면서 우주로 빠져나가지 못한다. 대기 중에 겨우 380ppm(0.038퍼센트)밖에 들어있지 않은 이산화탄소가 이렇게 커다란 홈을 만들어낸다고 하니 이산화탄소가 얼마나 막대한 온실효과를 일으키는지 알 수 있을 것이다.

지구온난화를 이해하려면 이산화탄소가 적외선을 흡수하는 구조를 알아야 한다. 이산화탄소는 탄소 원자를 중심으로 양쪽에 하나씩 산소 원자가 붙어있다. 탄소 원자에는 4개의 '팔'이 있는데, 두 개의 산소 원자를 각각 두 개의 팔로 붙잡고 있다. 화학적으로는 '탄소 원자 한 개가 두 개의 산소 원자와 각각 이중결합을 하고 있다'고 한다. 이산화탄소 분자는 대개 그림 6-2에서처럼 산소=탄소=산소 구조

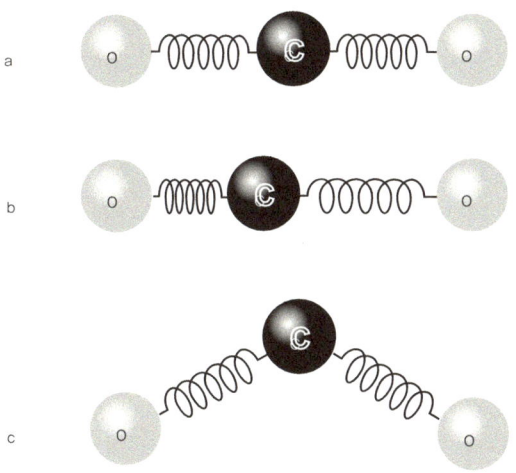

그림 6–2 이산화탄소 분자의 형태. a) 이산화탄소 분자의 평균적인 형태. b) 탄소 원자가 분자의 중심에서 왼쪽에 위치하는 경우. c) 탄소 원자가 분자의 중심에서 위쪽에 위치하는 경우. b와 c의 경우, 이산화탄소 분자는 적외선을 흡수하여 온실효과기체로 작용한다.

로 세 개의 원자가 일직선으로 늘어서 있다. 물 분자처럼 탄소와 산소 원자들이 특정한 결합각을 만들지는 않는다. 그러나 이 이미지는 어디까지나 '평균적인 상태'에 불과하다. 이 점이 중요하다. 사실 이산화탄소 분자를 어느 한 **순간** 포착하면 반드시 일직선이라고 할 수 없다. 탄소 원자와 산소 원자를 연결하는 팔은 막대처럼 단단한 게 아니라 스프링처럼 끊임없이 늘었다 줄어들거나 뒤틀리면서 복잡하고 빠르게 '진동'한다.

좀 더 미시적으로 접근해보자. 탄소 원자와 산소 원자는 서로 두 개의 전자를 공유한다. 양전하를 띠는 원자핵과 음전하를 띠는 전자 사이에는 인력이 작용하고, 탄소와 산소는 두 개의 전자를 통해 간접적으로 연결되어 있다. 그러나 한편으로 탄소와 산소의 원자핵은 둘 다 양전하를 가지므로, 두 원자핵이 지나치게 가까워지면 이번에는 척력이 작용한다. 두 원자는 인력과 척력이라는 방향이 반대인 두 개의 힘이 균형을 이루며, 적당한 거리를 두고 왔다갔다 진동하고 있다. 이 같은 진동 때문에 이산화탄소 분자의 모습은 시시각각으로 변화한다.

그림 6-2를 보면 진동에는 몇 가지 패턴이 있다. 분자는 원자가 늘어선 수평 방향뿐만 아니라 수직 방향으로 뒤틀리기도 한다. 그 결과 탄소 원자가 분자의 중심에서 벗어나 일시적으로 극성이 만들어지면서, 하나의 분자 안에 양전하를 갖는 부분과 음전하를 갖는 부분이 생긴다. 이것은 탄소 원자와 산소 원자가 공유하는 전자가 산소 쪽으로 약간 치우치면서 산소가 음전하를 띠고 탄소는 양전하를 띠게 되기 때문이다.* 진동에 의해 극성이 생긴 이산화탄소 분자는 특정한

---

* 두 개의 원자가 서로 공유하는 전자가 한쪽 원자에 보다 강하게 끌리는 현상은 전기음성도의 차이로 설명할 수 있다. 산소나 불소는 전기음성도가 크고(전자를 끌어당기는 힘이 강하다), 탄소나 수소는 비교적 작다.

파장을 갖는 전자파가 닿으면 공명한다.

지표면의 온도가 평균 섭씨 15도(288K)인 지구가 내보내는 전자파는 파장이 약 10마이크로미터인 적외선이다. 그런데 운 나쁘게도 이산화탄소 분자는 마침 그 영역의 적외선과 공명한다. 그리고 공명을 일으킨 분자는 전자파의 에너지를 흡수하고 진동은 증폭된다. 이렇게 에너지 수준이 높아진 이산화탄소 분자는 적외선을 내보내면서 다른 이산화탄소 분자에 에너지를 전파하고, 그 결과 대기 전체가 따뜻해진다.

지구에서 내보내는 에너지 중 일부는 대류권에 있던 분자가 성층권으로 퍼져나가면서 마침내 우주공간으로 달아난다. 하지만 대기 중의 이산화탄소 농도가 증가하면, 이런 에너지 흐름에 불균형이 생

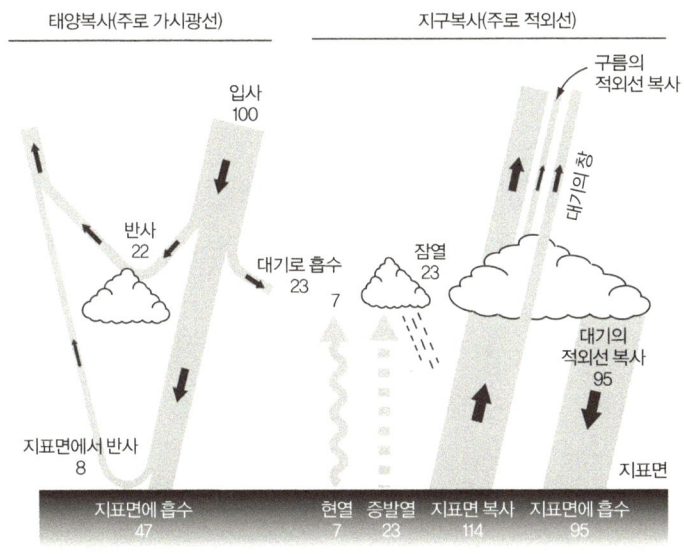

그림 6-3 지구의 에너지밸런스를 상세하게 나타낸 그림. 측정 시간을 길게 잡으면 태양 복사에너지 중 지구 표면과 대기에 흡수되는 에너지와 지구 표면과 대기에서 방출하는 장파(주로 적외선)에너지는 같다. IPCC (2014)를 바탕으로 작성.

긴다. 지표면에서 대기 상단까지의 에너지 균형에 새로운 평형상태가 생겨나는 것이다. 대류의 효과도 고려한 대기의 1차원 모델(대기를 중심으로 세운 모델)에 따르면, 대기 중의 이산화탄소가 증가하면 대류권에서는 기온이 오르고, 성층권에서는 기온이 떨어진다.[2]

대기를 채우고 있는 기체는 지구가 내보내는 전자파를 흡수하여 비닐로 둘러싸인 온실처럼 지구를 덮힌다. 이 기체를(저자는 내키지 않지만), 온실효과기체 혹은 지구온난화기체라고 부른다. 대기 중에 포함된 온실효과기체로는 이산화탄소 외에도 메탄, 일산화이질소, 프레온, 오존이 있다. 이렇게 온실효과기체의 농도가 증가하면서 대기의 온도가 상승하는 것을 지구온난화라고 한다.

지구의 대기에는 그밖에도 많은 일들이 일어난다. 구름이 에너지를 잠열로 비축하거나 에어로졸(대기 중에 분산되어 떠도는 고체 또는 액체 미립자)이 태양빛을 산란 혹은 반사하기도 한다. 대기 중에서 일어나는 이러한 복잡한 에너지의 흐름을 요약한 것이 그림 6-3이다. 그림에서처럼 지구에서 내보내는 전자파 에너지 중 약 60퍼센트는 우주로 곧바로 빠져나가고, 나머지 40퍼센트는 온실효과기체에 의해 대기를 따뜻하게 하는 데 쓰인다. 이와 같은 개략적인 온난화 이론은 19세기에 이미 널리 알려져 있었다. 대기 중의 이산화탄소 농도 변화가 기후를 바꾼다고 생각한 화학자가 당시 존재했기 때문이다. 바로 이번 장의 주인공인 스반테 아레니우스다.

선구자 아레니우스

스반테 아레니우스(그림 6-4)는 1859년에 스웨덴 중부 웁살라 인근의 비크라는 작은 마을에서 태어났다. 그는 측량사였던 아버지의 영향으로 어릴 때부터 물리와 수학에 소질을 보였다. 고향 웁살라 대학에서 물리학, 화학, 수학을 전공한 아레니우스는 1884년에 스톡홀름 대학에서 '전해질의 전도성에 관한 연구'로 박사 학위를 받았다.

이 연구는 현대화학의 기본인 산과 염기의 개념에 관한 것이다. 우리는 중학교나 고등학교에서 산과 염기는 각각 수소 이온과 수산화 이온을 만들어낸다고 배우는데, 이 정의의 원점이 바로 아레니우스의 박사논문이다. 소금은 용액에 녹으면 양전하를 띠는 나트륨 이온과 음전하를 띠는 염소 이온으로 해리ionic dissociation된다. 아레니우스는 박사논문에서 이 두 이온이 용액 속에서 전자를 옮긴다는 용액화학의 기본 개념도 확립하고 있다.

그런데 이 훌륭한 박사학위 논문 때문에 아레니우스는 지도교수의 질투를 사고 만다. 덕분에 가장 낮은 성적으로 간신히 박사 학위를 받을 수 있었다. 하지만 인생은 알 수 없는 법. 아레니우스는 바로 이 연구로 1903년에 노벨화학상을 수상하니 말이다.

그는 에너지가 넘치는 인물로 화학뿐만 아니라 다양한 자연현상에도 흥미를 가졌다. 예를 들어 지구상의 생물은 원래 우주에서 지구로 날아온 포자 상태의 물질에서 시작했다는, 공상과학소설에나 나올 법한 가설을 진지하게 논한 과학논문을 발표하기도 했다.[3] 또한 아레니우스는 화학반응 속도를 예측하는 식의 제창자로도 널리 알려져 있다. 뿐만 아니라 그는 기후 변동의 원인에도 흥미를 갖고 있

그림 6-4 스반테 아레니우스(Svante Arrhenius, 1859~1927). 전해질 연구로 1903년에 노벨 화학상을 수상했다. 19세기 말, 대기 중의 이산화탄소의 증가가 지구온난화를 일으킨다는 것을 정량적으로 예측했다.

었다. 1896년에는 영국 물리학회의 학술지에 〈대기 중의 탄산이 지표면의 온도에 미치는 영향에 대해〉[4]라는 40쪽에 이르는 논문을 발표하기도 했다. 그는 이 논문을 통해 대기 중의 이산화탄소가 기온을 상승시킨다는 점을 지적하고, 대기 중의 이산화탄소 농도 감소가 빙하시대의 원인이라는 논리를 전개했다.

> 만일 대기 중의 탄산(이산화탄소)이 현재보다 2.5-3배 많아지면 북극권의 기온은 섭씨 8-9도 상승하게 된다. 남반구와 북반구 위도 40-50도 지역에서 발생한 빙하기의 기온저하를 설명하려면(섭씨 4-5도 저하), 대기 중의 탄산(이산화탄소)은 현재 수준의 55-62퍼센트 정도로 낮아야 한다.

현재는 대기 중의 이산화탄소 농도 변화가 빙하기의 원인이라는 주장에는 부정적이다.* 하지만 아레니우스는 현재 우리가 직면하고 있는 지구온난화의 본질은 정확히 예측하고 있었다.

사실 아레니우스 이전에도 대기 중의 이산화탄소가 지구를 덥힌다는 주장은 여러 차례 있었다. 프랑스의 위대한 수학자 푸리에**가 아레니우스보다 70년 정도 앞서 이론적으로 언급한 바 있으며, 그로부터 약 30년이 지난 1860년대 중반에는 아일랜드의 물리학자 존 틴들***이 실험적으로 제시하기도 했다. 아레니우스는 논문을 통해 이런

---

* 아레니우스는 논문을 통해 대기 중의 이산화탄소가 빙하시대를 일으킨 요인이라고 주장하면서, 제임스 크롤이 주장한 천문학적 요소가 빙하시대의 원인이라는 가설(훗날의 밀란코비치 이론)을 부정하고 비판했다.

** Jean Baptiste Joseph Fourier(1768–1830) 푸리에 해석을 확립하는 등 수많은 업적을 남긴 프랑스의 물리학자이자 수학자. 1827년에 지구의 대기는 입사하는 태양에너지에 대해서는 투명하지만, 지표면에서의 복사에는 불투명하다는 '온실효과'의 기본개념을 최초로 지적했다. 온실효과라고 명명한 것도 푸리에다.

*** John Tyndall(1820–1893) 아일랜드의 물리학자. 음향과 빛에 관해 많은 연구를 했다. 입자가 많이 포함한 액체에 빛을 비추자, 빛이 산란되면서 빛의 진행 경로가 보이는 틴들현상을 발견한 인물로 알려져 있다. 다음 책에서 대기 중의 물 분자와 이산화탄소 분자가 온실기체로 작용한다는 것을 지적했다. Tyndall (1865) *Heat: A Model of Motion*, 2nd ed., Longmans.

앞선 논의를 발전시키면서, 대기 중의 이산화탄소와 수증기가 기후를 결정하는 중요한 요소라는 것을 정량적으로 연구하였고, 기후에 미치는 영향을 면밀하게 계산하였다.

그의 논문은 이산화탄소가 지구 기후변화의 원인이 될 수 있다는 것을 정량적으로 밝힌 최초의 연구 성과로 높은 평가를 받고 있다. 그러나 발표 당시에는 어느 누구도 그 진가를 제대로 파악하지 못했기 때문에 큰 주목을 받지 못했었다. 아레니우스가 논문을 쓴 당시는 대기 중 이산화탄소의 농도 측정은 물론, 기기를 이용한 기상관측도 거의 이루어지지 않아 기상예보조차 할 수 없던 시절이었기 때문이다. 그런 시대에 구체적인 숫자까지 계산하며 연구한 과학자의 능력에 감탄하지 않을 수 없다.

이산화탄소 전문가, 킬링

시대는 이제 20세기 중반으로 옮겨가고 무대도 미국 캘리포니아 주의 샌디에이고로 이동한다. 스크립스 해양연구소의 찰스 킬링(그림 6-5)은 1950년대 중반 이래 반세기 넘게 오로지 대기 중의 이산화탄소 상태만을 연구했다. 1954년에 미국 노스웨스턴 대학 화학과에서 박사 학위를 받은 킬링은 박사후 과정을 위해 캘리포니아 공과대학의 해리슨 브라운 교수*의 연구실을 찾았다. 지금으로부터 벌써

---

* Harrison Brown(1917-1986) 미국의 지구화학자이자 사회과학자, 캘리포니아 공과대학 교수 역임. 2차 대전 중에는 맨해튼 계획에 참가하여 플루토늄을 추출하는 연구를 수행했다. 전쟁 후에는 반핵 운동에 참가하였고, 자연과학뿐 아니라 사회과학에 관한 수많은 책의 저자로서 사회 활동을 활발히 펼쳤다.

60년 전 이야기다. 과학과 사회와의 접점에 강한 흥미를 갖고 있던 브라운은 킬링에게, 당시에도 스모그로 악명이 높았던 로스앤젤레스의 대기 중 이산화탄소 농도를 정밀하게 측정하는 연구 주제를 제안했다. 반세기에 걸친 킬링과 이산화탄소와의 인연은 이렇게 시작되었다.

킬링은 우선 로스앤젤레스의 대기오염국에서 자금지원을 받아 분석법의 개량에 착수했다. 당시 대기 중의 이산화탄소를 측정하는 분석기기의 성능은 그다지 좋지 않았다. 그는 고심 끝에 비분산적외선분석법*이라는 측정방법을 개량하여 이전보다 훨씬 정밀도가 높은 기기를 제작하는 데 성공했다. 킬링의 이 분석법은 그 뒤로도 개량을 거듭하여 지금까지도 사용되고 있다.

당시 스크립스 해양연구소의 소장으로 있던 로저 르벨은 이 연구에 주목했다. 마침 그 무렵 르벨은 이산화탄소가 대기에 축적되면 가까운 장래에 지구에 온난화가 찾아올 수도 있다는 생각을 갖고 있었다. 그리고 장차 대기와 해양에서의 이산화탄소 모니터링이 중요해질 것이라고 예견했다. 르벨의 생각을 실행으로 옮기기 위해서는 킬링의 기술이 필요했다. 1956년 7월에 르벨은 킬링에게 스크립스 해양연구소의 조교수 자리를 제안했다. 자리를 옮긴 킬링이 맡은 연구 주제는 도시의 대기라는 국지적 현상이 아니라 보다 글로벌하고 과학적인 차원에서 이산화탄소 모니터링을 실시해 그 상태를 명확히 밝히는 일이었다.

그보다 반세기 전에 아레니우스가 대기 중에 포함된 이산화탄소

---

* 이산화탄소 등의 기체분자는 각각 고유의 파장에서 적외선을 흡수한다. 이 흡수강도가 측정 물질의 농도에 비례하는 것을 이용한 측정방법이다.

농도를 지적하면서 이미 몇몇 연구자들이 킬링보다 앞서 분석을 하기는 했었다. 하지만 분석의 정밀도가 떨어지는 데다가 연구팀들 간에 분석값의 상호확인이 제대로 이루어지지 않았다. 그래서 대부분 명확하지 않은 분석결과가 보고되었고, 1950년대까지 많은 연구자들이 대기 중 이산화탄소 농도는 증가하지 않았다고 생각했다.[4] 또한 이산화탄소의 농도는 기단에 따라 상당히 불규칙하다고 믿고 있었다.*

킬링은 곧바로 대기 중의 이산화탄소 농도를 조사하기 시작했다. 최초로 선택한 곳은 의외의 장소인 남극점이었다. 마침 그 해부터 이듬해까지는 국제지구물리관측년IGY, International Geophysical Year이었기 때문에 많은 나라가 참가하는 대규모 지구관측 프로젝트가 전 세계 여러 곳에서 실시되고 있었다.** 특히 그때까지 큰 관심을 두지 않았던 극지방 관측이 대대적으로 진행되었다. 훗날 빙하코어를 굴착한 남극의 보스토크 기지와 일본의 쇼와 기지가 준비를 시작한 것도 이 무렵이다. 당시 스크립스 해양연구소 소장이었던 르벨이 바로 국제

---

* 1955년 2월 20일, 스칸디나비아 반도에서 일제히 실시한 측정에서는, 대기 중 이산화탄소의 농도는 310ppm에서 360ppm이상까지 지역에 따라 크게 다르다는 분석결과가 보고되었다. Fonselius S, Koroleff F, Warme KE (1956) Carbon dioxide variations in the atmosphere, *Tellus*, **8**, 176–183. 이런 결과를 바탕으로 대기 중 이산화탄소의 농도는 기단에 따라 크게 변한다고 생각하고 있었다.

** 국제지구물리관측년의 전신인 국제극지관측년(International Polar Year)이 1882년에 제1회, 1932년에 제2회가 실시되었다. 당초 목적은 미지의 대륙이던 남극을 조사하기 위해서였다. 국제극지관측년을 확대하여 25년 뒤인 1957년에 실시한 것이 국제지구물리관측년이다. 1957년 7월부터 이듬해 12월까지, 태양의 자기장이 지구에 미치는 영향을 조사하는 것을 시작으로 지구와 대기, 해양에 관한 많은 관측을 실시했다. 그린란드에서는 Site 2의 대륙빙하 굴착(9장 참조), 남극의 보스토크 기지의 건설(10장 참조), 하와이의 마우나로아 산 정상에서 대기 중 이산화탄소 농도 측정도 이 계획으로 시작했다. 일본도 IGY에 참가하여 1957년 1월에 쇼와 기지를 건설했다. 정확히 50년 뒤인 2007년도에 국제극지관측년이 시행되었다. Korsmo FL (2007) The genesis of the International Geophysical Year, *Physics Today*, July, 38–43.

그림 6-5 찰스 킬링(Charles D. Keeling, 1928–2005). 1950년대부터 대기 중의 이산화탄소 농도 조사를 시작하여, 지구온난화 문제의 기본 데이터를 제시했다.

지구물리관측년을 주도적으로 이끌고 있었다.

킬링의 연구에는 국제지구물리관측년뿐만 아니라 미육군의 지원도 있었다. 그는 1957년 6월부터 남극점에서 채취한 대기 샘플을 시작으로 이산화탄소 농도를 측정하는 프로젝트를 개시했다. 이듬해에는 하와이의 마우나로아 산 정상(해발 4169미터)에서 이산화탄소 농도를 측정하기 시작했다. 남극점이나 마우나로아 산 정상은 인간 활동이 빈번한 대륙에서 충분히 떨어져 있어, 지구의 '평균적 대기'의 화학 조성을 알아보기에 가장 적합한 장소였다.

남극점의 이산화탄소 농도 조사 결과를 처음 발표한 것은 1960년이었다. 1959년 말 기준으로 대기 중 이산화탄소 농도는 314ppm[5]이었다. 가장 중요한 것은 그때까지 거의 증가하지 않았다고 생각한 대기 중의 이산화탄소 농도가 2년간 3ppm이나 증가했다는 결과였다. 인류가 방출하는 이산화탄소는 그 동안 대기 중에 차곡차곡 축적되었던 것이다.

마우나로아 산 정상에서의 조사는 현재까지 매월 계속되고 있다. 사실 이 조사는 지구온난화 문제의 원점이라고 할 수 있다. 그림 6-6에 2005년까지의 측정결과가 나와 있다. 대기 중의 이산화탄소 농도는 매년 1-2ppm씩 증가하고, '봄에 높고 가을에 낮은' 주기로 변하는 것을 확실하게 보여준다. 마우나로아 산 정상에서 봄과 가을의 이산화탄소 농도 차이는 약 5ppm이다. 계절적인 변동 패턴은 식물의 광합성과 분해라는 패턴을 반영하고 있다. 육지가 많은 북반구에서는 초목이 우거지는 봄부터 여름에 걸쳐 광합성 작용으로 대기 중의 이산화탄소를 흡수하고, 겨울에는 식물 대부분이 시들면서 이산화탄소를 내놓는다. 지표면(대류권 최하부)에서 생기는 이산화탄소의 계절변동은 몇 개월의 시차를 두고 약 3400미터 높이의 마우나로아 관측기지에 도달한다.

그림 6-6을 자세히 보면 마우나로아에 비해 남극점에서 측정한 결과가 연간 농도변화 폭이 작고 계절변동 패턴도 반대라는 것을 알 수 있다. 이것은 남반구는 북반구와 계절이 반대인 데다가, 북반구에 비해 육지가 훨씬 적고 완충 역할을 하는 바다 면적이 크기 때문이다. 서기 2000년 이후의 연평균 농도는 남극점이 마우나로아(북위 19도)보다 약 3ppm 낮다. 북반구의 대기가 남반구의 대기와 섞이려면 약 2년이 걸린다. 오일쇼크가 일어났던 1973년에는 이산화탄소의 증가 폭이 다소 낮다. 그래프에는 경제활동의 변화까지 반영된다. 마우나로아에서 관측한 대기 중 이산화탄소의 농도 상승을 나타내는 그래

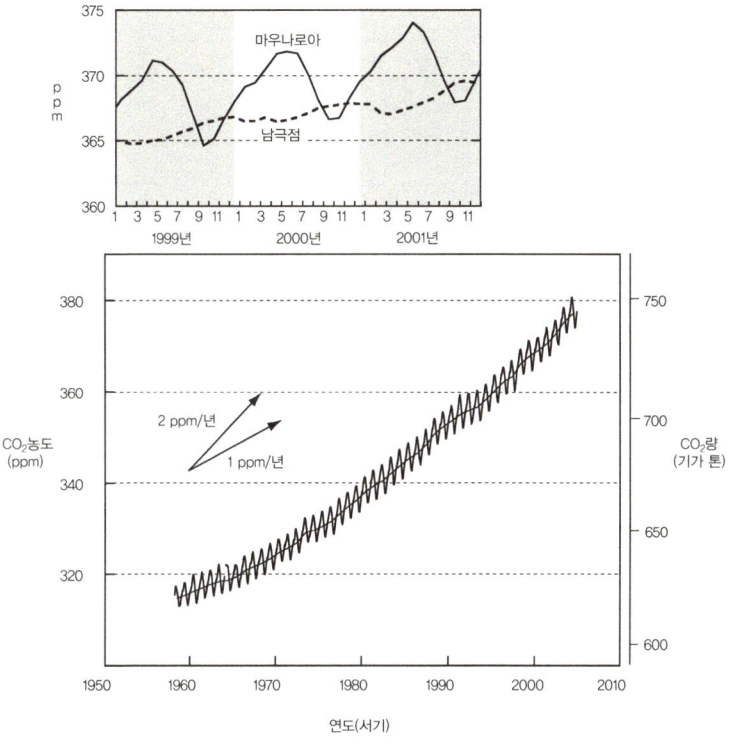

그림 6-6 하와이 마우나로아 산 정상에서 관측한 대기 중 이산화탄소의 농도 변화. 오른쪽 축은 대기에 축적된 이산화탄소의 총량을 나타낸다. 이 그래프를 킬링 곡선이라고 한다. 위의 그림은 1999년부터 2001년까지 3년간 마우나로아와 남극점의 이산화탄소 농도 변화를 나타낸 것이다. 스크립스 해양연구소 홈페이지 데이터를 바탕으로 작성.

프를 킬링 곡선이라 부르기도 한다.

  10장에서 설명하게 될 빙하코어 분석 결과에 따르면, 산업혁명이 시작되기 전인 1700년대 중반의 이산화탄소 농도는 약 280ppm이었다고 한다(그림 6-7). 이 값은 자연계 수준과 비교했을 때 1958년에 벌써 35ppm가까이나 늘어났다는 뜻이다. 2000년 무렵에는 연평

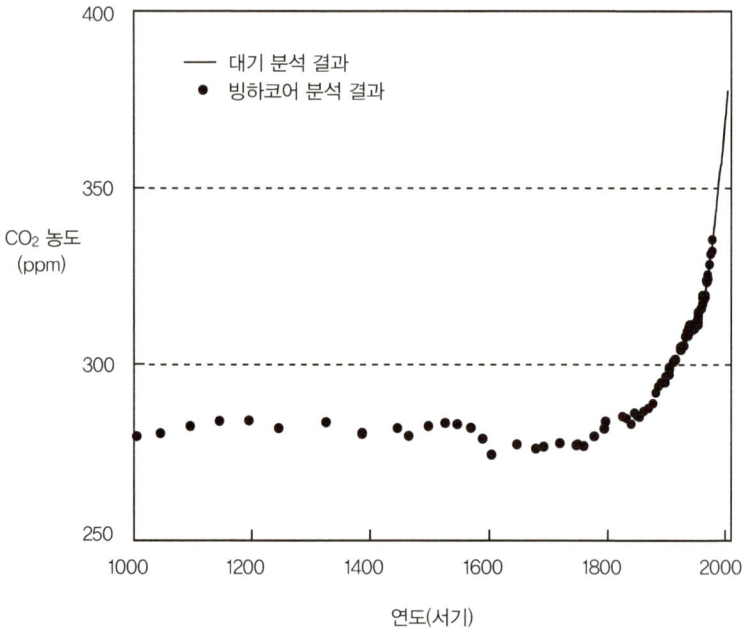

그림 6-7 지난 1000년간 대기 중의 이산화탄소 농도 변화. 마우나로아의 대기 관측 결과와 남극 로돔(Law Dome)에서 채취한 빙하코어의 기포분석 결과를 합한 것이다. 인간이 만들어낸 이산화탄소가 대기 중에 현저하게 축적되기 시작한 시점은 19세기 중반임을 알 수 있다. 그 이전의 대기 중 이산화탄소 농도는 약 280ppm으로 대략 10ppm의 일반적인 변동이 나타나고 있다. Etheridges *et al.*(1996)을 수정.

균 농도가 367ppm에 달하고 있으므로, 최근 40년 사이에 50ppm 이상 증가한 셈이다. 산업혁명 이전과 비교하면 87ppm이 늘어난 셈으로 1700년대 중반을 기준으로 했을 때 약 3분의 1가까이 늘어난 값이다.

반세기에 걸쳐 스크립스 해양연구소에서 연구를 계속했던 찰스 킬링은 대기 중의 이산화탄소 연구 외에는 다른 분야에 눈길도 주지 않은 연구자로 유명하다. 1975년에는 곧 소개할 브뢰커의 논문이 등장하고, 지구의 평균기온이 실제 상승하기 시작하면서 이산화탄소 연구의 중요성을 연구자뿐만 아니라 일반인들도 인식하기에 이르렀다. 그러나 지구한랭화에 대한 바람이 거셌던 시절에는 이산화탄소 이외에는 관심을 두지 않는 그의 연구 태도가 비판받기도 했다.

국제지구물리관측년이 끝나고 1960년대에는 그도 연구비 마련에 어려움을 겪었다. 그림 6-6의 킬링 곡선을 다시 한 번 살펴보자. 1964년에 일부 선이 끊겨있는 것을 알 수 있다. 이 해의 2월, 3월, 4월의 측정값이 빠져있다. 이것은 킬링의 노력과, 각 방면으로 두터운 인맥을 자랑하던 르벨 소장의 지원에도 불구하고 연구비가 끊겨 프로젝트가 일시적으로 좌절되었기 때문이다. 지금은 생각조차 할 수 없는 일이지만, 1960년대에는 대기 중 이산화탄소의 농도를 조사하는 일을 그다지 중요하게 생각하지 않았다. 그러나 다행히도 곧 새로운 연구비를 받아 관측을 재개할 수 있었다. 빠진 측정값이 세 곳뿐이라는 사실은 킬링뿐만 아니라 우리에게도 불행 중 다행이 아닐 수 없다.

이 산 화 탄 소 의   행 방

화력발전소의 굴뚝 연기나 차의 배기가스 등 인류의 다양한 활동으로 생기는 이산화탄소는 대부분이 대기 중으로 직접 배출된다. 화학연료를 태워 대기 중에 방출되는 이산화탄소는 2022년 기준으로 무려 연간 약 364억 톤(탄소량만으로 환산하면 약 99억 톤)에 달한다. 너무 어마어마한 양이라 실감조차 나지 않는 숫자다. 예를 들어 이 이산화탄소를 드라이아이스로 굳힌다면, 그 크기는 한 변이 약 2.9킬로미터인 정육면체가 된다(그런 드라이아이스가 나타난다면 확실히 지구를 식혀줄 수 있기는 할 것이다).

대기로 방출된 이산화탄소는 이후 어떤 운명을 맞을까? 이 물음에 대한 답은 실제적인 수치를 떠올리면 이해하기 쉽다. 현재의 대기와 바다에 존재하는 이산화탄소의 양은 대기가 1일 때 바다는 무려 50이나 된다. 1950년대 중반까지는 인류가 방출한 이산화탄소가 이 비율로 대기와 바다에 배분된다고 생각했다.

그렇다면 이 상태에 도달하기까지 시간은 얼마나 걸릴까? 이미 설명했듯이 이산화탄소는 물에 상당히 잘 녹는 기체다. 가령, 섭씨 0도의 바닷물 1리터에는 1.4리터, 섭씨 30도의 바닷물 1리터에는 0.6리터의 이산화탄소가 녹을 수 있다. 그에 비해 현재 해양심층수 1리터에 녹아있는 이산화탄소의 양은 대부분 약 0.05리터다. 포화용해도의 10퍼센트에도 미치지 못하는 양이다. 뒤집어 생각해보면 아직 포화용해도의 90퍼센트에 해당하는 이산화탄소가 녹아들 여지가 있는 것이다. '이산화탄소는 대기 중으로 방출되면 곧 바닷물에 녹아 대기 중에는 거의 남지 않는다'라는 추측을 가능케 한다. 이 추측은 얼핏 옳은 듯 보이고, 실제로 당시의 많은 전문가들도 그렇게 생각했다. '바다에는 아직 이산화탄소가 녹아들 여지가 충분하니까 어느 정도 대기 중으로 방출해도 곧바로 바다로 녹아들 거야. 인간 활동이 만들어낸 이산화탄소가 기후에 미치는 영향은 아주 작고 일시적인 거지'라며 **대수롭지 않게** 여겼다.

그러나 그것은 경솔한 생각이었다. 1957년에 대기 중에 남은 이산화탄소량을 과소평가했음을 증명하는 연구 결과가 발표되었다. 마침 킬링이 남극점에서 관측을 시작한 해였다. 로저 르벨과 한스 쉬스*는 과거 50년간 육지식물이 갖고 있는 방사성탄소 농도의 감소량**과 바닷물에 녹아있는 이산화탄소의 방사성탄소연대로부터, 대기 중에 존재하는 이산화탄소의 수명을 약 10년이라고 추정했다. 그리고 그 값을 토대로 인간활동에 의해 대기로 방출된 이산화탄소의 행방을 계산했다.[6] 계산 결과, 인류가 만들어내는 이산화탄소량이 앞으로 계속 증가한다면, 대기 중의 이산화탄소 농도는 무려 20-40퍼센트가 증가할 거라는 결과가 나왔다. 당시 믿고 있던 기대보다 훨씬 큰 값이 나온 것이다.

해양 표층 200미터까지의 바닷물은 대기와 활발하게 물질교환을 한다. 그러나 바다에서 압도적인 부피를 차지하는 심층수는 대기와 물질을 거의 주고받지 않는다. 해양 표층으로 올라와 대기와 물질을 주고받는 장소는 일부 극지방에 한정되기 때문이다. 따라서 대기 중으로 방출된 이산화탄소 중 상당량은 일단 대기 중에 남게 되며, 바다 속으로 녹아들기까지는 약 10년이라는 시간이 걸린다.

르벨과 쥐스의 논문에는 다음과 같은 대목이 있다.

> 인류는 화석연료를 급속히 소비하며 그야말로 세계적 규모의 지구물리학적 실험을 개시했다…… 인류가 이 대규모 실험을 제대로 이해한다면, 기상이나 기후를 결정하는 구조에 대해 깊은 통찰을 갖게

---

* Hans E. Suess(1909-1993) 오스트리아 빈 태생의 화학자. 빈 대학 화학과에서 중수에 대한 실험으로 학위를 받은 후, 독일의 원자폭탄 제조계획에 참여했다. 전쟁이 끝나고 미국으로 이주하여, 시카고 대학의 해럴드 유리 연구실에서 연구원, 스크립스 해양연구소 연구원 등을 거쳐 캘리포니아 대학 샌디에이고 캠퍼스 교수를 역임했다. 방사성탄소나 삼중수소를 다룬 해양화학 분야의 선구자 중 한 사람이다. 방사성탄소연대를 역연대로 교정하는 기법을 고안하는 등 폭넓은 분야에서 선도적 연구를 수행했다.
** 석유나 석탄 등의 화학연료가 연소하면 대기 중에 ^{14}C가 없는 이산화탄소를 방출한다. 그래서 20세기 전반부터 대기 중의 ^{14}C농도가 서서히 감소하고 있다는 것을 한스 쥐스가 밝혀냈다. 19세기부터 20세기 전반에 걸쳐 대기 중의 ^{14}C농도가 감소한 현상을 쥐스 효과라고 부른다.

그림 6-8 로저 르벨(Roger Revelle, 1909-1991) 스크립스 해양연구소 소장 역임. 스크립스 해양연구소를 세계적인 연구소로 키웠을 뿐 아니라, 1957-58년에 실시한 국제지구물리관측년, 1960년대에 행해진 모홀 계획(Project Mohole), 캘리포니아 주립대학 샌디에이고 캠퍼스의 설립 등에도 힘을 썼다. 1963-76년까지 하버드 대학의 교수직을 맡기도 했다. 미국의 전 부통령 앨 고어가 당시 제자 중 한 사람이다.

될 것이다.[7]

이 논문은 현재까지 시대를 앞선 훌륭한 성과로 종종 거론된다. 인간이 만들어낸 이산화탄소의 일부가 대기 중에 쌓여 지구온난화를 일으킬 것이라는 가능성을 처음으로 명확히 지적했기 때문이다. 그러나 이 연구 성과도 역시 일부 연구자를 제외하고는 발표 당시에 아

그림 6-9 1946년 7월 25일, 비키니 환초에서 실시한 미국의 핵실험 모습. 주위에 보이는 선박은 일본 항복 당시에 압수한 전함 나가토로 핵무기의 위력을 확인하기 위해 배치했다. 실험 전에 비키니 환초의 주민들은 다른 섬으로 이주했으며, 이후 이곳에서 22회에 걸친 핵실험을 실시했다.

무도 주목하지 않았다.

로저 르벨(그림 6-8)은 처음에는 해양학자였다. 샌디에이고 교외에 위치한 작은 해양 관측 기지에 불과했던 스크립스 해양연구소에서 연구원으로 일하면서 1936년에 캘리포니아 대학 버클리 캠퍼스(이하 버클리)의 해양학과에서 박사학위를 받았다. 당시 르벨은 해저퇴적물에 들어있는 탄산염의 형성과 용해에 대한 연구와 함께, 바다 속 탄산이 갖는 완충 효과에 관해 해양화학자들과 공동연구를 진행하고 있었다. 2차 대전이 발발하자 해군 소속으로 해양학 담당 장교로 임무를 다했고, 전쟁이 끝난 뒤에도 여러 차례 정부와 해군의 프로젝트에 참가했다.

그가 인류의 활동이 자연의 사이클을 분명히 변화시키고 있다고 확신하게 된 것은, 1946년 비키니 환초에서 실시한 핵실험(그림 6-9)에 참가해 핵무기의 위력을 직접 목격한 이후라고 한다. 1950년에 41세라는 젊은 나이에 스크립스 해양연구소의 소장으로 취임한 르벨은 곧 자신의 능력을 발휘하기 시작했다. 하먼 크레이그, 한스 쥐스, 찰스 킬링 등 우수한 연구자를 끌어들이고 거액의 연구비를 지원받아, 이 작은 해양 관측 기지를 순식간에 세계적으로 유명한 해양연구소로 성장시켰다. 방금 전의 논문은 그가 소장으로 일하던 시절에 쓴 논문이었다. 소장직을 맡고 바빠진 르벨을 대신하여 이산화탄소 연구를 계속 이어간 인물이 바로 르벨이 직접 찾아낸 찰스 킬링이다. 르벨은 1991년, 세상을 떠나기 직전에 미국의 국가과학상을 수상했다. 수상 소감을 묻는 기자의 질문에 대한 그의 답은 명쾌하기 이를 데 없다. '저는 지구온난화의 **할아버지랍니다**'[8]

이 연구의 또 한 사람의 주역인 한스 쥐스는 오스트리아 태생의 화학자로, 2차 대전 중에 독일군의 원자폭탄 제조에 참여하기도 했다 (연합군의 공중폭격으로 제조공장이 파괴되면서 결국 원자폭탄은 만들지 못했다). 2차 대전이 끝나고 불과 4년 뒤인 1949년에 쥐스는 시카고 대학의 해럴드 유리의 연구실에서 연구원으로 일을 시작했다. 그 뒤 미국 지질조사소를 거쳐 1955년에는 르벨 소장의 제안으로 스크립스 해양연구소에서 일하게 되었다. 쥐스는 이 일 외에도 우주를 구성하는 원소의 존재비율에 관한 연구나, 다음 장에서 이야기하게 될 방사성탄소연대를 역연대로 교정하는 연구 등에도 커다란 업적을 남겼다. 원자폭탄 개발로 격전을 벌이던 적국의 연구자를 전쟁의 흔적이 채 가시기도 전에 맞아들일 수 있다니, 그야말로 과학에는 국경이 없다는 좋은 예라고 할 수 있다. 인간 활동이 원인인 이산화탄소의 행방을 명확히 밝힌 중요한 성과는 이렇게 과학의 아름다운 측면이 결실을 맺은 성과이기도 하다.

7장
방사성탄소의 빛과 그림자

태양의 빛을 빌어 빛나는 거대한 달이 되기보다, 스스로 빛을 뿜는 작은 등불이 되어라.

—모리 오가이

맨 해 튼 계 획

맨해튼 계획은 1942년부터 1946년까지 가동된 미국의 원자폭탄 개발과 제조 프로젝트의 코드명이다. 이 프로젝트는 일단의 물리학자들이 히틀러 치하의 독일이 원자폭탄을 먼저 제조하지 않을까 하는 강한 위기감에, 1939년에 당시 미국 대통령 프랭클린 루즈벨트에게 적극 요청한 것이 발단이 되었다.[1] 그 노력이 성과를 맺어 미국은 독일보다 먼저 원자폭탄을 만들기 위해 정부와 군이 적극 나서 이 프로젝트를 극비리에 시작하게 되었다. 태평양전쟁이 시작되고 그 이듬해인 1942년의 일이다.

맨해튼 계획에서는 원자폭탄 제조를 위한 이론적인 문제와 기술적인 난제를 함께 해결하기 위해 로버트 오펜하이머*, 엔리코 페르미*, 리처드 파인먼**, 해럴드 유리, 어니스트 로렌스*** 등 저명한

* J. Robert Oppenheimer(1904–1967) 프린스턴 고등연구소 소장을 역임한 미국의 핵물리학자. 2차 대전 중에 실시한 맨해튼 계획에서는 로스알라모스 연구소의 소장을 맡아 원폭의 아버지라고도 불린다. 전쟁 후에는 미국 원자력위원회 위원으로 핵무기 확산방지에 힘썼다. 수소폭탄 개발을 반대했기 때문에 매카시의 공산주의자 탄핵 대상이 되어 불운한 여생을 보냈다.

물리학자와 화학자들을 미국 각지의 연구시설로 불러 모았다. 거액의 자금을 투자하여 원자폭탄 제조를 위한 이론 연구와 실험 및 기술개발에 몰두할 수 있는 환경을 만들었다. 맨해튼 계획이라는 이름은 프로젝트 본부와 연구시설 일부가 뉴욕시 맨해튼에 있는 컬럼비아 대학 안에 있었던 것에서 유래했다.

이 프로젝트에 참여한 연구자와 기술자는 무려 13만 명 이상으로, 쏟아부은 비용만 현재 화폐가치로 200억 달러 이상이었다고 한다. 60년이 지난 지금도 그 엄청난 규모에는 혀를 내두를 정도다. 1945년에 원자폭탄 3개를 완성하며 맨해튼 계획은 성공을 거두었는데, 이것은 같은 해 8월에 히로시마와 나가사키의 비극으로 이어졌다(그림 7-1).[2]

맨해튼 계획으로 크게 발전한 연구와 기술은 적지 않다. 동위원소를 측정하거나 분리하는 기술이 그 좋은 예다. 맨해튼 계획에서는 우라늄-235의 분리와 농축이 가장 중요한 과제 중 하나였다. 자연계에 불과 1퍼센트 밖에 들어있지 않은 우라늄-235를 다른 우라늄 동위원소(주로 우라늄238)로부터 분리하여 농축하는 기술은 핵분열 연쇄반

* Enrico Fermi(1901–1954) 시카고 대학교수를 역임한 이탈리아 출신의 핵물리학자. 베타붕괴 이론을 확립한 업적으로 1938년에 노벨물리학상을 수상했다. 부인이 유태인이였기 때문에 수상 직후, 나치의 박해를 피해 뉴욕으로 이주했다. 2차 대전 중에는 맨해튼 계획에 참가하여, 세계 최초로 천연 우라늄을 이용한 흑연형 원자로를 완성했을 뿐 아니라, 인위적으로 제어가능한 원자핵 연쇄반응에 처음으로 성공하여 원자폭탄 제조의 길을 열었다.
** Richard P. Feynman(1918–1988) 캘리포니아 공과대학 교수를 역임한 미국의 이론물리학자. 양자전기역학의 발전에 대한 기여로 1965년에 토모나가 신이치로와 함께 노벨물리학상을 수상했다. 맨해튼 계획에 참여할 당시에는 아직 학위를 받지 않은 대학원생이었다.
*** Ernest O. Lawrence(1901–1958) 캘리포니아 대학 버클리 캠퍼스 교수 역임. 사이클로트론을 발명한 핵물리학자. 1932년에 최초로 사이클로트론을 완성하여 많은 핵종 합성에 성공했다. 이 성과로 1939년에 노벨물리학상을 수상했다. 맨해튼 계획에 참여하여 우라늄-235를 산업규모로 농축하는 데 성공하면서 원자폭탄의 제조에 크게 공헌했다. 전쟁 이후에는 미군이 파괴한 일본 이화학연구소의 사이클로트론 재건에도 힘썼다.

그림 7–1 맨해튼 계획에 의해 제조된 원자폭탄. '리틀 보이'라는 이름이 붙여진 우라늄 원자폭탄으로 일본 히로시마에 투하되었다.

응을 응용한 원자폭탄의 제조에서 빼놓을 수 없기 때문이다. 우라늄의 분리농축기술이 확립되면서 동위원소 분리기술과 함께, 질량분석과 동위원소를 이용한 다양한 기술도 크게 발전했다. 이 기술은 전쟁 후 동위원소 질량분석의 바탕이 되어, 지구환경 연구에 돌파구를 마련할 수 있는 원동력이 되었다.

우라늄-235의 동위원소 분리·농축기술의 개발은 컬럼비아 대학과 버클리 팀이 맡았다. 컬럼비아 대학에서는 해럴드 유리가 이끄는 팀이 기체 확산과 특수막을 이용한 우라늄-235분리법을 개발했다. 이 그룹에는 동위원소 질량분석기를 만든 앨프리드 니어, 훗날 방사성탄소연대법을 확립한 윌러드 리비와 필립 에이벌슨 등이 참가했다. 버클리의 어니스트 로렌스가 이끄는 팀에서는 사이클로트론*을 이용한 분리법을 연구했다. 로렌스는 1939년에 사이클로트론을 발명하고 그것을 이용한 원자핵 연구로 노벨물리학상을 수상한 핵물리학자다. 정부와 군은 이들 두 팀이 성과를 겨루도록 했다.

처음으로 동위원소 질량분석기를 만든 앨프리드 니어도 컬럼비아 대학에서 활동한 과학자 중 한 사람이다. 질량분석기를 설계하고 제작하는 그의 기술은 이 계획과 정확히 들어맞았다. 맨해튼 계획에서 니어가 맡은 역할은 우라늄의 동위원소비를 측정하기 위한 질량분석기의 제작이었다. 그가 설계한 질량분석기는 제너럴일렉트릭에서 백 대 이상을 제작하여 프로젝트의 다양한 부서에서 사용되었다.

전쟁에 필요한 연구를 진행하다 나온 부산물과 맨해튼 계획에 참가한 연구자들이 내놓은 새로운 아이디어는 이후 여러 명의 노벨상 수상자를 배출하기도 했다. 방사성탄소연대법의 기초를 확립한 윌러드 리비도 그 중 한 사람이다.

방사성탄소연대법의 여명기

윌러드 리비(그림 7-2)는 자연계에서 방출되는 방사선을 측정하는 가이거 계수기**를 개량하기 위해 많은 노력을 기울였다. 아직은

---

* 강력한 자기장에 갇힌 이온 입자에 강한 전류를 흘려 가속하는 장치. 이렇게 에너지 수준을 높인 이온 입자를 다른 입자와 충돌시켜 방사성 동위원소를 인공적으로 제조하거나 원자핵을 인공적으로 파괴할 수 있다.
** 알파선, 베타선, 감마선 등의 방사선을 검출하고 계량하는 기기. 한스 가이거는 1908년에 알파선을 검출하는 계기를 발명했다. 1928년에 가이거와 그의 제자인 발터 뮐러가 개량에 착수하여 베타선과 감마선의 검출도 가능해졌다.

그림 7-2 윌러드 리비(Willard F.
Libby, 1908- 1980). 방사성탄소연대
측정법의 기초를 확립하여 1960년에
노벨화학상을 수상했다.

세계공황의 아픔이 채 가시지 않은 1930년대 중반의 일이다. 자연계
에 존재하는 방사선은 에너지 수준이 낮아, 감도가 떨어지는 당시의
가이거 계수기로는 좀처럼 측정할 수가 없었다. 그 무렵 대기 상층부
에서 우주선cosmic ray이 2차 이온*을 대량 생성하고 있다는 사실이 밝
혀졌기 때문에 자연계에 방사선이 넘쳐난다는 것은 더 이상 의심의
여지가 없는 사실이었다. 버클리에서 진행 중이던 리비의 연구가 갑
자기 큰 의미를 지니게 된 것이다.

1940년 리비는 한 과학재단에 신청한 연구비를 받게 됐다는 반가
운 소식을 듣게 된다. 덕분에 이듬해에는 일 년 내내 뉴저지 주의 프

---

* 대기 상층부에서 우주선이 대기 중의 다양한 원자나 분자와 충돌하여 형성되는 방사성 핵종.

7장 _ 방사성탄소의 빛과 그림자 179

린스턴 대학에서 연구 삼매경에 빠져 지낼 수 있었다. 프린스턴에서의 생활도 막바지로 접어들 무렵 그에게 예상치 못한 일이 일어났다. 1941년 12월 8일(하와이 시간으로는 7일), 진주만 공격이 발단이 된 태평양 전쟁이 발발한 것이다. 리비는 태평양 전쟁 직후 개시된 맨해튼 계획에 컬럼비아 대학 그룹의 연구원으로 동원되었다.

리비는 그 후에 시카고 대학에서 동위원소 질량분석 그룹을 이끈 해럴드 유리 팀에서 우라늄-235의 분리·농축법 개발을 담당했다. 그러나 최종적으로 그들의 방법은 로렌스의 사이클로트론에게 밀리고 말았다. 버클리에서 분리한 우라늄-235는 곧 원자폭탄으로 변신했다. 폭탄은 1945년 8월에 히로시마와 나가사키에 투하되었고, 그 직후에 일본이 포츠담 선언을 받아들이면서 2차 대전은 막을 내렸다.

비록 우라늄 분리 경쟁에서는 졌지만, 리비가 맨해튼 계획의 일원으로 보낸 3년간은 결코 헛되지 않았다. 그곳에서 우수한 물리학자와 화학자들을 만났고, 방사성탄소의 측정법 개발을 위한 주요 기술과 힌트를 얻었기 때문이다. 전쟁이 끝나고 얼마 후에 리비는 유리의 제안으로 시카고 대학으로 자리를 옮겼다. 3년 만에 학계로 돌아온 리비는 또다시 자연계의 방사능, 특히 방사성탄소의 측정기술 개발에 몰두했다.

탄소는 일반적으로 원자량 12(양자 6개 + 중성자 6개)의 원소다. 그

표 7-1 3가지 탄소동위원소 비교

핵종	원자량	양성자수	중성자수	존재비(%)
^{12}C	12	6	6	98.89
^{13}C	13	6	7	1.11
^{14}C	14	6	8	⟨ 0.0000000001

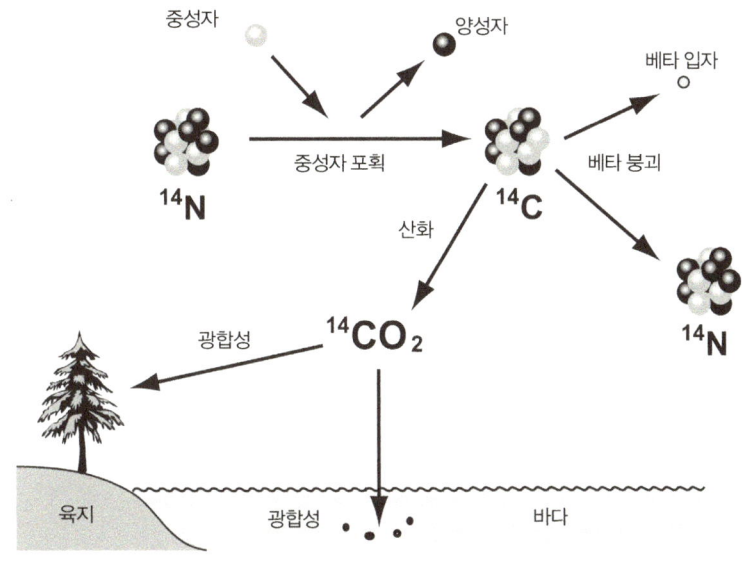

중성자   양성자

그림 7-3 대기 상층부에서 방사성탄소가 생성되어 대류권 하부나 바다로 확산되는 메커니즘. 대기 상층부에서 중성자를 포획하여 만들어진 방사성탄소는 화학적으로 안정적인 이산화탄소 형태로 존재하다가 광합성을 통해 생물의 체내로 들어간다. 자세한 내용은 본문 참조.

런데 자연계에는 탄소 전체의 약 1퍼센트를 차지하는 원자량 13의 '변종' 탄소 원자가 존재한다(표 7-1). 원자핵이 양성자 6개와 중성자 7개로 구성되어 중성자가 1개 더 많은 탄소 원자다. 그리고 자연계 에는 극히 일부지만 양성자 6개에 중성자가 8개인 원자량 14의 '더한 변종'인 탄소도 존재한다. 이것은 자연계에 탄소 원자 전체의 1조분 의 1의 비율, 즉 0.0000000001퍼센트라는 상상조차 하기 힘든 극소 량만 존재한다.

이 '더한 변종'인 탄소(^{14}C)는 고도 9~15킬로미터의 대기 상층부 에서 생성된다. 이것은 원자량이 똑같이 14인 질소원자(^{14}N)와, 고에 너지 우주선*에 의해 2차적으로 형성된 중성자가 반응해 만들어진다

(그림 7-3). 중성자포획**이라는 핵반응이다. 대기 상층부에서 만들어진 ^{14}C는 곧바로 산소 분자와 결합해 이산화탄소가 되어 화학적으로 안정된 상태로 대기 중을 떠돈다. 그리고 대기의 대류로 위아래로 섞이면서 우리가 사는 지표 부근까지 내려온다.

극소량의 ^{14}C가 포함된 이산화탄소 분자는 광합성에 의해 식물에 흡수되거나 바닷물에 녹아들어 자연계 내 모든 천연물질 속으로 들어간다. ^{14}C는 원자량이 12나 13인 안정적인 탄소(화학기호로 ^{12}C, ^{13}C라고 쓴다. 이들을 안정동위원소라고 한다)와는 달리 방사성핵종이다. 베타붕괴라는 현상을 통해 원자핵 속의 중성자 1개가 양성자 1개로 바뀌면서 다시 ^{14}N로 돌아간다(박스 4 참조). 이런 현상 때문에 ^{14}C는 일반적으로 방사성탄소라고 부른다.

시카고 대학으로 자리를 옮긴 리비는 ^{14}C가 방사붕괴를 할 때 방출하는 베타선***을 정밀하게 측정할 수 있는 고감도의 가이거 계수기를 개발했다.[3] 그리고 그것을 이용하여 천연물질 속에 들어있는 극미량의 ^{14}C의 농도를 높은 정밀도로 측정하는 데 성공했다. 자연계에 불과 1조분의 1밖에 들어있지 않은 극미량의 ^{14}C의 농도를 정확히 측정하려면 상당히 감도가 좋은 가이거 계수기가 필요하다. 현재라면 모를까, 이렇게 적은 양을 측정기기의 발전을 뒷받침할 수 있는 각종 기술이 미미했던 1940년대에, 더군다나 높은 정밀도로 측정하겠다

---

* 우주선의 실체는 우주에서 날아오는 양성자나 헬륨원자핵 등의 높은 에너지를 가진 입자 무리로, 대부분 초신성 폭발에 의해 만들어진다고 알려져 있다.

** 원자핵에 중성자가 흡수되면서 감마선을 방출하는 핵반응. 대기 상층부에서 질소 원자에 중성자가 포획되면 양성자를 방출하면서 방사성탄소 ^{14}C가 만들어진다.

*** 방사선의 일종으로, 전자의 흐름이다. 트리튬(^{3}H), ^{14}C등 특정 방사성원자가 자연붕괴하면서 발생한다. 그 외에 알파선은 헬륨원자핵이고 감마선은 파장이 짧은 전자파다.

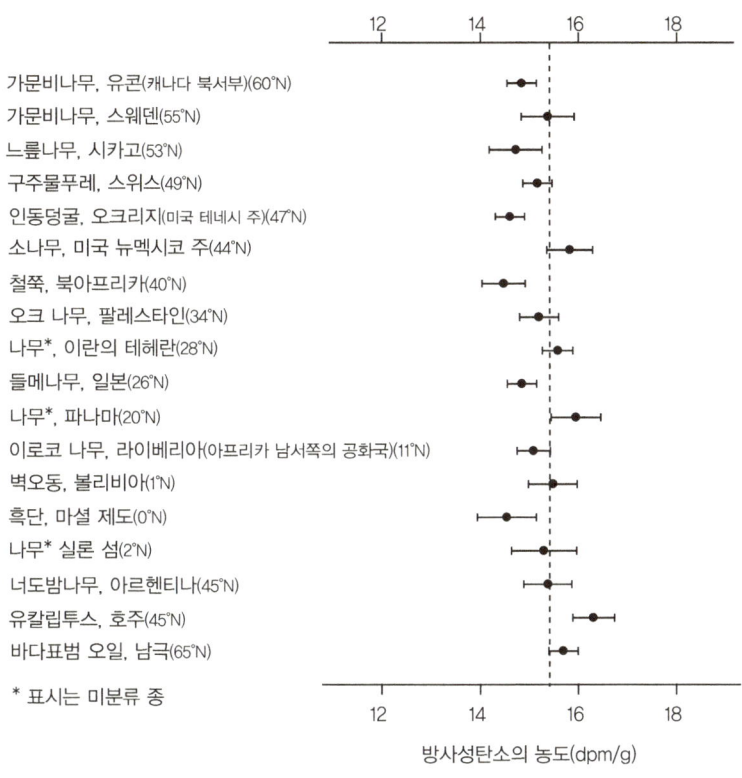

방사성탄소의 농도(dpm/g)

가문비나무, 유콘(캐나다 북서부)(60°N)
가문비나무, 스웨덴(55°N)
느릅나무, 시카고(53°N)
구주물푸레, 스위스(49°N)
인동덩굴, 오크리지(미국 테네시 주)(47°N)
소나무, 미국 뉴멕시코 주(44°N)
철쭉, 북아프리카(40°N)
오크 나무, 팔레스타인(34°N)
나무*, 이란의 테헤란(28°N)
들메나무, 일본(26°N)
나무*, 파나마(20°N)
이로코 나무, 라이베리아(아프리카 남서쪽의 공화국)(11°N)
벽오동, 볼리비아(1°N)
흑단, 마셜 제도(0°N)
나무* 실론 섬(2°N)
너도밤나무, 아르헨티나(45°N)
유칼립투스, 호주(45°N)
바다표범 오일, 남극(65°N)

* 표시는 미분류 종

방사성탄소의 농도(dpm/g)

그림 7-4 세계 각지에서 채취한 식물과 동물 샘플에 들어있는 방사성탄소의 농도. 15.3dpm/g(평균값)를 중심으로 분포하고 있어, 방사성탄소는 전 세계의 생물에 일정한 값으로 들어있음을 알 수 있다. 그림에서 표시하는 위도는 지자기 좌표의 위도로, 우리가 일반적으로 사용하는 지리 좌표 위도에서 약간 벗어난다는 것에 주의. dpm이란 decay per minute의 약자로, 1분당 붕괴하는 방사성탄소의 양을 나타내는 단위이다. 윌러드 리비의 노벨상 수상 기념강연을 기초로 작성.

고 했으니 주위에서 터무니없다고 여겼을 게 분명하다.

　고감도 가이거 계수기를 손에 넣은 리비는 우선 세계 각지에서 식물과 동물의 샘플을 모아 ^{14}C농도를 측정했다. 그림 7-4에서 알 수 있듯이 세계 어디에서 채취한 시료든 탄소 1그램당 1분에 약 15개의

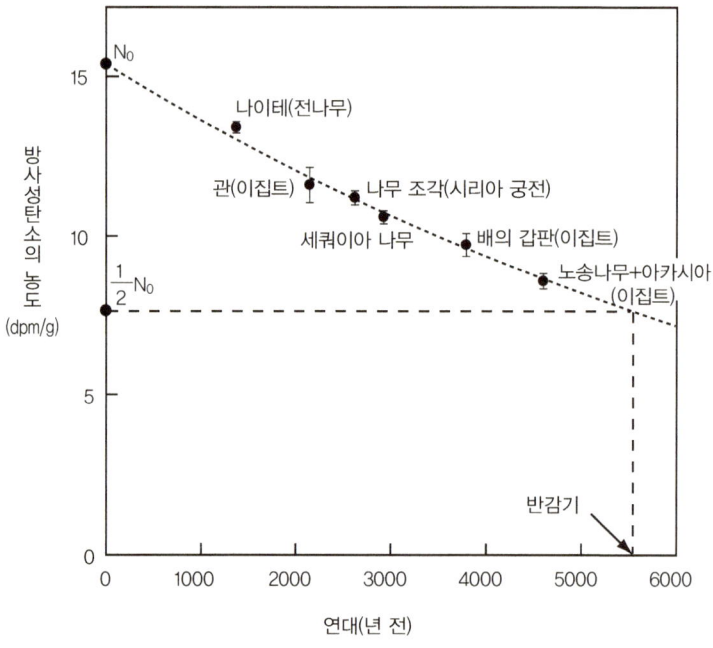

그림 7-5 독립적으로 연대를 추정한 고고학 시료와 방사성탄소 농도(1분 동안의 붕괴수)의 관계. 방사성탄소 반감기는 이런 시료의 분석을 통해 구할 수 있다. N_0의 값은 그림 7-4에서 구한 수치 (15.3dpm/g)에 해당한다. Arnold and Libby (1949)를 수정.

^{14}C원자가 붕괴한다는 결과를 얻었다. 이것은 ^{14}C가 천연물질 속에 **매우 균질하게** 들어있다는 것을 뜻한다.[4]

이 결과에 큰 용기를 얻은 리비는 ^{14}C가 붕괴해가는 속도를 알아내기 위해, 다른 증거로 생성연대가 밝혀진 오래된 시료를 찾기 시작했다. 이집트의 고문서나 미라, 캘리포니아 원시림의 메타세쿼이아 수령 등 지질시료와 역사시료를 모아, 그 시료에 들어있는 ^{14}C의 농도를 측정했다. 그 결과는 그림 7-5를 보면 알 수 있듯이, ^{14}C의 농도는 수천 년의 시간에 걸쳐 서서히 감소하고 있었다. 리비는 ^{14}C가 애초에 들어있던 양의 절반으로 감소하는 데에 걸리는 시간을 5570년이라고 추정했다. 이 시간을 반감기라고 한다. 반감기는 방사붕괴로 방사성핵종의 농도가 감소하는 속도의 척도로, 핵종에 따라 다르다. ^{14}C는 죽은 생물의 유해처럼 탄소의 출입이 없는 물질 속에서는 5570년마다 농도가 반으로 감소한다. 5570년 뒤에는 2분의 1, 그 다음 5570년 뒤에는(즉 1만 1140년 뒤) 4분의 1, 그리고 다시 5570년이 지나면(1만 6710년 뒤) 8분의 1까지 감소한다. 즉, 반감기만 알면 시료 안의 ^{14}C의 농도로 그것이 생성될 당시의 연대를 역으로 계산할 수 있다.

^{14}C의 반감기는 그 후 영국의 옥스퍼드 대학 그룹이 상세하게 연구하면서 5730년으로 수정되었다.[5] 컴퓨터나 반도체도 없고, 현대에 비해 분석기기를 뒷받침할 기술도 터무니없이 열악했던 1940년대를 상상하면, 정말 훌륭하고 놀랄만한 측정값이다. 리비가 개발한 방법을 방사성탄소연대법(^{14}C연대법)이라고 부른다. 이 강력한 무기는 이후 수많은 분야에서 활약하며 중요한 사실들을 밝혀내는 데 큰 도움이 되고 있다.

리비는 ^{14}C연대법을 개발할 당시 고고학 분야의 응용에 강한 흥미를 갖고 있었다고 한다. 그러나 연대측정 기술은 리비의 관심 분야는 물론 지질학, 인류학, 역사학 등 기존의 수많은 분야를 넘나들며 각각의 분야에서 큰 활약을 펼치고 있다. 빙하시대 연구도 그 중 하나다. 앞에서 소개한 리처드 플린트는 마지막 빙하기의 연대결정에 ^{14}C연대법을 적극 응용하여 로렌타이드 빙상이 지금으로부터 약 1만 8000년 전에 가장 규모가 컸다는 사실을 밝혀냈다.[6] 또한 해양학 분야에서는 스크립스 해양연구소의 로저 르벨과 한스 쥐스, 컬럼비아 대학의 월레스 브뢰커가 바닷물에 녹아있는 이산화탄소의 ^{14}C농도를 측정하여, 대기와 바다의 이산화탄소 교환 속도를 계산했다. 그리고 인류학자들은 먼 옛날 북미 대륙 북부의 대륙빙하가 녹아 사라지면서 사람들이 그곳에 터전을 잡은 것이 약 1만 1000년 전이라는 사실을 알아냈다.

리비는 방사성탄소연대법의 확립을 평가받아 1960년에 노벨화학상을 수상했다. 화학의 한 분야의 성과가 놀랄 만큼 다양한 영역에 돌파구를 만들어줬다는 것이 수상의 이유였다. 이 책의 주제인 과거의 기후변화 연구도 결코 예외는 아니다. 방사성탄소연대법 덕분에 퇴적물이 생성된 연대를 정확하게 알아내 기후변화의 역사에 정확한 시간축을 짜 넣을 수 있었다. 멀리 떨어진 장소에서 나타나는 기후변화의 상호비교도 가능해졌다. 현대의 고기후연구는 방사성탄소연대법 없이는 생각조차 할 수 없게 되었다. 어떤 분야든 원자나 분자, 혹은 유전자와 같이 과학의 기본단위까지 내려갔을 때 비로소 그 발전 가능성을 펼칠 수 있게 되는 것이다.

리비는 1952년에 《방사성탄소연대법》[7]이라는 교과서를 출판하여 이 방법의 원리를 집대성했다. 시카고 대학으로 자리를 옮기고 불과 7년 사이에 이룩한 업적이다. 이처럼 짧은 시간에 훌륭한 성과를 올릴 수 있었던 것은 맨해튼 계획에서 얻은 지식과 기술, 그리고 인맥이라는 배경 덕분이었다.

태평양전쟁에서 패배하고 아직 그 여파가 남아있던 당시의 일본에도 리비의 방사성탄소연대법에 관심을 가진 연구자가 있었다. 일본에서 최초로 방사성탄소연대를 측정한 인물은 다소 의외인 식물학자다. 1951년에 도쿄 농공대학 교수였던 오오가 이치로는 지바 현 게미가와 유적의 이탄지泥炭地에서 세 알의 연꽃 씨를 찾아냈다. 오오가는 시카고 대학에 이 연꽃 씨의 방사성탄소연대 측정을 의뢰했다. 얼마 뒤 오오가가 받은 분석결과에 따르면 그것은 3천 년 전, 즉 조몬 시대일본의 선사시대 중 기원전 1만 3000년경부터 기원전 300년까지 기간의 연꽃 씨였다. 오오가가 그 중 한 알의 발아에 성공하여 잎이 크고 아름다운 분홍색의 꽃을 피웠다는 이야기는 꽤 유명하다. 오오가 연꽃이라는 이름이 붙은 이 꽃은 현재 세계각지에서 꽃을 피우고 있다.

리비의 방사성탄소연대 측정법은 현재까지 과거 5만 년의 시대를 연구하는 가장 중요한 방법으로 꼽히고 있으며, 점점 더 확고부동하게 존재감을 굳히고 있다. 이를테면 세계 곳곳에서 구한 해저퇴적물의 기록 대부분은 방사성탄소연대법으로 측정한다. 하나의 점으로 나타내던 세계의 기후변화 기록을 선으로 이어 입체적인 모습을 그려내는 데에 큰 역할을 하고 있는 것이다. 이 책에서는 기후변화의 기록을 자연스럽게 연대축을 기본으로 이야기하고 있는데, 그 대부분은 방사성탄소연대법 덕분에 가능했다고 할 수 있다.

시대와 함께 분석기술도 점점 발전하여 시료의 미량화와 측정의 정밀도 면에서 큰 진전이 있었다. 리비가 교과서를 집필할 당시에는 방사성탄소연대측정에 10그램 이상의 시료가 필요했지만, 현재에는 탄소 0.0001그램으로도 정확한 측정이 가능해졌다.[8] 리비의 시절에 비하면 다섯 자릿수나 적은 양이다. 그와 함께 방사성탄소연대의 응용분야도 점점 확대되는 추세다.

연 대 측 정 에 숨 겨 진 함 정 들

지금은 ^{14}C연대가 고기후 연구에 없어서는 안 될 존재지만, 예전에는 시련의 시기가 있기도 했다. 연구자들이 ^{14}C연대가 **실제 연도**(역연대)와 일치하지 않는다는 것을 깨닫기 시작한 것이다. 그래서 기후변화의 역사를 생각할 때에는 ^{14}C연대법에 숨어있는 함정을 충분히 이해할 필요가 있다.

^{14}C는 대기 상층부에서 질소 원자(^{14}N)와 우주선이 반응하여 만들어진다. ^{14}C를 만들어내는 우주선은 핵반응을 일으킬 만큼 강한 에너지를 갖고 있기 때문에 당연히 인체에 유해하다. 그러나 다행히도 이렇게 강력한 에너지를 지닌 우주선이 우리가 살아가는 대류권 아래까지는 닿지 않는다. 지구 자기장이 우주선으로부터 지구 표면을 보호하고 있기 때문이다.

나침반의 N극은 북쪽을 향하고 S극은 남쪽을 향한다. 그래서 지구라는 자석은 그와 반대로 북극 방향이 S극이고, 남극 방향이 N극이다. 지구는 고체지만 내부의 외핵은 유체 상태로 철이나 니켈 등 전기전도도가 큰 물질이 주성분이다. 그래서 이 외핵이 지구의 자전과 함께 움직이면서 전류를 만들어내고, 그에 따라 자기장이 형성된다. 지구를 우주선으로부터 보호하는 방어 능력은 바로 이 지구 자기장이 얼마나 강한가에 따라 판가름된다. 지구 자기장이 강하면 태양이나 우주공간에서 들어오는 우주선의 대부분은 지구의 코앞에서 진로를 바꿔 우주공간 너머로 사라진다.

그러나 지구를 지키는 자기장의 세기는 수천 년이라는 주기로 변동한다. 그리고 자기장이 약해지면 그만큼 대기 상층부로 진입하는 우주선이 많아진다. 이렇게 ^{14}N과 충돌하는 중성자가 늘어나면 그만큼 ^{14}C도 많이 생성되는 것이다. 지구 자기장의 세기는 지구의 중심부를 구성하는 금속유체의 움직임과 관련있는 것은 분명하다. 하지만 자기장이 어떻게 변동하는지 자세한 내용은 아직까지 알려진 바가 거의 없다. 어쨌든 자기장의 세기는 '아주 오랜 시간에 걸쳐 서서히 변동을 일으키는 영년변화永年變化'를 하고 있다. 예를 들어, 현재 자기장의 세기는 매년 감소하고 있는데 200년 전과 비교하면 약 10퍼센트나 약해졌다.[9]

또한 태양의 활동도 대기 상층부의 ^{14}C 생성 속도를 조절하는 주요한 요인이다. 태양활동 중에서 널리 알려진 것이 바로 플레어flare라는 태양 표면에서 일어나는 폭발현상이다. 태양의 표면에서 높이 수천 킬로미터의 거대한 '불꽃'이 일어나는 것이다. 플레어가 생기면 다량의 고에너지 입자가 우주로 방출되는데, 그 일부는 지구까지 날아온다. 이때 지구에서는 자기장 폭풍이 일어나 전파 장애가 일어나거나 오로라가 발생하기도 한다. 그러면서 대기 상층부에서는 ^{14}C가 대량 생산된다. 태양활동의 이런 변화는 십여 년에서 수백 년에 이르는 주기를 갖는데, 입사에너지를 영점 몇 퍼센트의 수준에서 변화시킨다.

이처럼 대기 중에서 ^{14}C가 생성되는 속도는 시대와 함께 여러 요인에 의해 변해왔다. 지구 자기장의 세기 변화가 그 주요 원인으로, 과거 수만 년 동안 대기 중 ^{14}C농도는 최대 40퍼센트 가까이 변동했다.

대기 상층부에서 ^{14}C가 만들어지는 속도와 붕괴하여 소실되는 속도가 균형을 이룰 때 ^{14}C연대는 제로 년에 해당한다. 그러나 ^{14}C의 생성속도는 항상 변해 왔기 때문에, 그에 맞게 균형을 유지하려는 농도 역시 시대에 따라 바뀌게 된다. ^{14}C연대법이 널리 응용되고 얼마 지나지 않은 1958년에 이런 사실이 처음으로 지적되면서 ^{14}C연대측정 이론의 근본이 흔들리게 되었다.[10] 많은 연구자들은 이 사실에 당혹해했다. 흡사 마라톤의 스타트 지점이 앞뒤로 왔다 갔다 하는 것과 같아 모든 '기록'이 무의미해지기 때문이다. 가령, 알고자 하는 시대의 대기 중 ^{14}C 농도가 현재의 그것보다 컸다고 하자. 현재 방식대로 계산을 하면 연대를 약간 낮게 어림잡는 셈이 된다.* 스크립스 해양연구소의 한스 쥐스는 이 문제에 정면으로 맞붙은 연구자 중 한 사람이다.[11]

우선 이 복잡한 문제를 간단하게 생각하기 위해 ^{14}C연대와 역연대를 구분하여 생각하자. 역연대歷年代. calendar year란 현재의 지구가 태양 주위를 일주하여 공전궤도의 완전히 같은 점에 닿기까지의 시간을 '1년'이라고 정의한 연대다. 천문학적으로 본 시간의 척도라고 할 수 있다. 그에 비해 ^{14}C연대란, 대기 중의 ^{14}C농도가 어느 시대든 일정하다는 가정하에 구한 **가상연대**다.

물론 우리가 알고 싶은 것은 역연대다. 그런데 그것을 직접 알아내기는 불가능하다. 그래서 우선 시료 속 ^{14}C농도의 분석결과를 토대로 ^{14}C연대를 알아낸 다음, 간접적으로 역연대를 구하는 2단계 방식을 취한다. 즉, ^{14}C연대와 역연대의 정확한 관계를 정의할 수 있다면,

---

* 지구상의 탄소순환패턴 변화가 대기 중 ^{14}C농도를 변화시키는 요인 중 하나로 꼽히고 있다. 예를 들어, 생물량이 감소하거나, 8장에서 자세히 설명할 심층수 순환의 속도가 달라지면서 대기-바다 간 분포가 재조정되면 대기 중 ^{14}C농도도 약간 바뀐다. 우주 너머에서 지구로 날아드는 우주선도 대기 상층부에서 ^{14}C를 만들어내지만, 우주선의 강도는 우주 현상에 의존하고 있기 때문에 초신성의 폭발 등이 아니라면 그 양은 거의 일정하다.

그 관계를 이용하여 역연대를 추정할 수 있는 것이다. 둘의 정확한 관계를 알기 위해서는, 다른 방법으로 정확한 역연대를 알아낼 수 있는 시료를 찾아, 그것의 ^{14}C연대를 측정하여, 그 결과에 맞춰가야 한다. 이것을 ^{14}C연대 조정calibration이라고 한다.

  매년 한 줄씩 생기는 나무의 나이테나 계절마다 다른 색의 줄무늬를 갖는 호수나 바다의 퇴적물은 ^{14}C연대 조정에 도움이 되어 왔다. 이런 시료를 꼼꼼히 하나하나 분석하여 역연대와 ^{14}C연대의 일대일 대응관계를 밝혀내는 꾸준한 시도가 1960년대 초반부터 반세기 가까이 이어지고 있다.

  ^{14}C연대 측정을 시작한 초창기에는 시료 하나를 측정하는 데 최소 며칠씩 걸렸다. 당시 이용했던 분석법은 ^{14}C가 붕괴할 때 방출되는 베타선을 하나씩 세는 방법으로 ^{14}C처럼 반감기가 5000년 이상이 되는 핵종은 오랜 측정시간이 필요했다. 더욱이 전처리 작업으로 오염되지 않은 유리관 안에서 시료로부터 추출한 이산화탄소를 벤젠으로 전환시켜야 했다. 시료에 부차적으로 들어있는 탄소와 극히 미량이지만 실험실에서 조작 도중에 섞여드는 라돈의 영향도 연대측정의 정밀도를 떨어뜨렸다. ^{14}C연대를 역연대로 교정하기 위한 기초 데이터 수집 과정은 순탄치 못했다.

  1970년대 후반부터는 상황이 나아지기 시작했다. 버클리와 캐나다 토론토 대학의 연구팀이 탠덤형 가속질량분석기를 이용한 새로운 ^{14}C 농도 측정법 개발에 성공한 것이다.[12] 이 가속질량분석기는 표적물질인 탄소 원자를 광속의 약 10퍼센트(초속 3만 킬로미터!)라는 고속으로 가속시킬 수 있어 다른 이온의 간섭을 억제할 수 있었다.* 탠덤형 가속질량분석기를 이용한 ^{14}C연대측정법은 당시 널리 쓰이던 액체섬광계수기에 비해 두

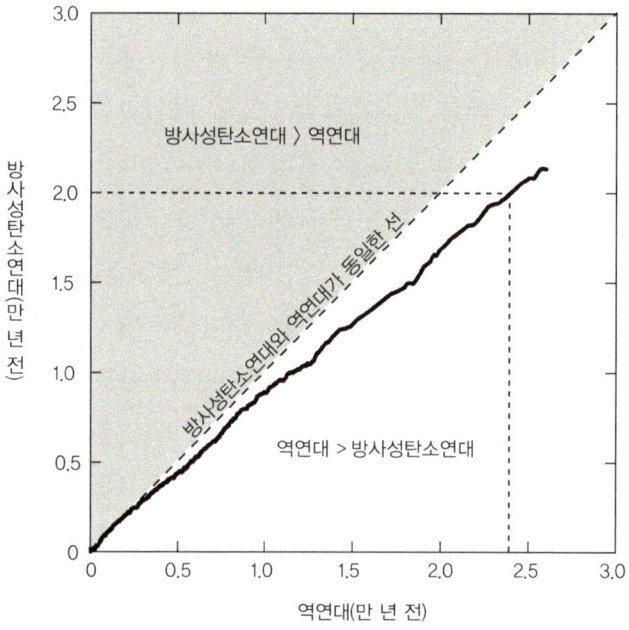

그림 7-6 방사성탄소연대와 역연대의 관계. 두 연대 모두 1950년 1월 1일을 기준점으로 삼는다. 시대를 거슬러 올라갈수록 방사성탄소연대와 역연대의 차이는 커진다. 방사성탄소연대의 2만 년 전은 역연대에서는 약 2만 4000년 전에 해당한다. 이것은 당시 대기의 방사성탄소 농도가 현재보다 높았기 때문이다. Reimer *et al.*(2004)을 수정.

가지 중요한 장점이 있다. 측정시간이 훨씬 짧다는 것과 보다 높은 정밀도의 측정이 가능하다는 것이다. 이 새로운 분석법 덕분에 1980년대 이후 역연대로의 교정 작업은 큰 진전을 이루었다.

　2004년에는 과거 2만 년까지였지만 현재는 약 5만 년 전까지 ^{14}C연

---

* ^{14}C와 대기 중에 다량 존재하는 ^{14}N은 원자량이 똑같이 14지만, 가속질량분석기에서는 음이온 상태로 가속하기 때문에 불안정한 ^{14}N이온의 간섭을 받지 않는다. 게다가 $^{12}CH_2^{-}$나 $^{13}CH^{-}$등과 같이 질량이 같은 다른 이온도 배제할 수 있다.

대는 정확한 역연대로 조정할 수 있게 되었다(그림 7-6). 국제적 협력에 의한 이 꾸준한 연구의 성과는, 모든 연구자가 접속할 수 있는 간단한 컴퓨터프로그램으로 만들어져 업계 표준 규약으로 무료 배포되고 있다.[13] 그에 따르면 ^{14}C연대의 1만 년 전을 역연대로 환산하면 약 1만 1450년 전에 해당하며, 2만 년 전은 2만 3960년 전에 해당한다. ^{14}C연대에서 가리키는 2만 년 전은 역연대보다 4000년 가까이나 앞서있다. 이것은 당시 대기 중의 ^{14}C농도가 현재보다 약 40퍼센트 정도 높았기 때문이다.

불운한 연구자들

리비가 노벨화학상을 수상한 이듬해인 1961년에도 ^{14}C는 각광을 받았다. ^{14}C를 이용해 광합성의 구조를 밝힌 멜빈 캘빈*이 노벨화학상을 받은 것이다. 2년 연속으로 노벨상에 빛난 ^{14}C 연구는 당시 인기 연구 분야였다. ^{14}C연대측정법은 그 뒤로도 반세기에 걸쳐 여전히 빛을 발하고 있지만, 사실 그 영광의 뒤에는 두 사람의 불운한 연구자가 있었다.

^{14}C는 원래 버클리의 젊은 두 연구자, 마틴 케이먼과 샘 루벤(그림 7-7)이 1940년에 최초로 사이클로트론을 이용해 인공적으로 만들어냈다. 그들은 ^{14}C를 천연물질의 연대측정을 위해서가 아니라, 순전

---

* Melvin Calvin(1911-1997) 방사성탄소로 표지한 이산화탄소를 이용하여 광합성의 탄소고정경로(캘빈 사이클)를 알아냈다. 이 업적으로 1961년에 애덤 벤슨, 제임스 배스햄과 공동으로 노벨화학상을 수상하였고, 유기지구화학 등 다양한 분야에서 연구 활동을 펼쳤다.

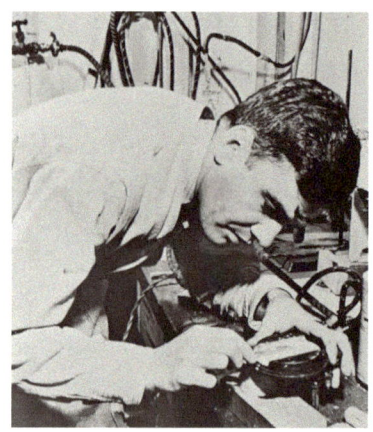

그림 7-7 방사성탄소를 발견한 샘 루벤(Sam Ruben, 1913-1943, 왼쪽)과 마틴 케이먼(Martin D. Kamen, 1913-2002, 오른쪽). 루벤은 맨해튼 계획의 일환으로, 유독 가스인 포스겐이 인체의 물질대사에 미치는 영향을 실험하던 중 실수로 포스겐을 흡입하여 사고사 했다. 케이먼은 1944년 당시 비밀리에 개발 중이던 원자탄 정보를 소련에 누설한 혐의로 캘리포니아 주립대학에서 쫓겨났다.

히 광합성 메커니즘 해명을 위한 추적자로 이용했다. ^{14}C가 발견되기 전까지는 원자량 11인 탄소 ^{11}C(이것도 ^{14}C와 같은 방사성탄소다)를 사용하고 있었다. 지금은 널리 알려진 이산화탄소와 물이 반응하여 유기물을 합성한다는 광합성도 당시 ^{11}C를 이용하여 알아낸 것이다. 하지만 ^{11}C은 20분이라는 짧은 반감기 때문에 사이클로트론으로 합성해도 금세 방사성 붕괴를 통해 사라져 버렸다. 그래서 효율적인 연구를 위해서는 좀 더 긴 반감기를 갖는 핵종이 필요했다. 5000년 이상의 긴 반감기를 갖는 ^{14}C의 발견은 당시 광합성 연구에 눈부신 발전을 가져올 획기적인 발견이었다.

당시 케이먼과 루벤의 지도교수이며, 사이클로트론을 발명한 어니스트 로렌스는 이 발견을 누구보다 기뻐했다. 로렌스는 사이클로트론을 발명한 공적으로 1939년에 노벨물리학상을 수상했는데, 마침 수상식 행사 직전에 방사성탄소 ^{14}C를 찾아냈다는 소식을 들었다. 로렌스는 스톡홀름에서 열린 노벨상 수상 강연 중에 루벤과 케이먼이 원자량 14인 탄소의 합성에 성공했다고 전하고, 광합성 메커니즘에 관한 연구가 크게 발전할 것이라며 자신감을 드러냈다. 그리고 루벤과 케이먼의 이름으로 방사성탄소의 발견이 정식 보고된 것은 이듬해인 1940년 2월이었다.[14] 로렌스의 예언대로 이 두 사람은 착실히 암반응_{광합성 과정 중 빛이 관여하지 않는 반응 단계}이라는 광합성의 탄소 고정 프로세스를 밝혀내고 있었다.

그러나 1943년, 갑작스레 비극이 찾아들었다. 루벤은 당시 광합성 연구와 함께 맨해튼 계획의 일환으로 화학무기인 포스겐이 물질대사에 미치는 영향을 연구하고 있었다. 그런데 실험 중 실수로 대량의 포스겐을 흡입하고 말았다. 루벤은 서른을 눈앞에 두고, 사고 다음 날 세상을 떠났다.

불운은 계속되었다. 미연방수사국FBI이 루벤의 파트너였던 케이먼을 고발한 것이다. 러시아 이민 2세인 케이먼*은 시카고 대학에서 물리학을 전공하여 박사학위를 받고, 박사후 과정을 위해 버클리의 로렌스 연구실을 찾았다. 그는 로렌스의 연구실에서 맨해튼 계획에 관련된 연구를 담당하면서, 틈틈이 루벤과 함께 ^{11}C를 이용한 광합성 연구에 매진했다. 그가 루벤과 함께 사이클로트론을 사용하여 최초로 ^{14}C의 합성에 성공한 것은 버클리로 옮기고 4년 뒤인, 불과 27세 때의 일이다.

* 아버지의 성이 카메네츠키(Kamenetsky)였다. 케이먼의 연구를 이어받은 멜빈 캘빈도 양친이 러시아 이민자였다.

케이먼은 어릴 때부터 비올라와 클라리넷 등 많은 악기를 다뤄왔기 때문에 뮤지션으로서도 정상급 실력을 자랑했다. 그는 자신의 음악적 재능을 살려 생활비를 보태기도 했다. 그러나 밤 시간에 종종 버클리의 나이트클럽에 나타나거나 연주 활동에 열중했던 그의 생활이 화를 불러왔다. 비밀리에 FBI의 조사를 받던 케이먼은 루벤이 사고로 세상을 떠나고 1년 남짓 지난 1944년 7월에 갑자기 맨해튼 계획에서 제외되었고, 동시에 버클리에서 자리도 잃었다. 그가 극비리에 진행되던 원자폭탄 제조에 관한 정보를 소련의 정보기관에 흘리는 스파이 행위를 했다는 용의였다. 일련의 사건으로 버클리에서 ^{14}C를 이용한 광합성 연구는 일시 좌절을 맞이했다.

그리고 1년 뒤인 1945년, 2차 대전이 끝나면서 맨해튼 계획도 사실상 끝나게 되자 로렌스는 멜빈 캘빈을 유기화학 그룹의 책임자로 발탁하여 광합성의 탄소 고정 프로세스를 연구하는 프로젝트를 재개했다. 마침 그 해에 ^{14}C를 대량으로 합성하는 방법이 개발되면서 ^{14}C를 이용한 연구 비용도 이전에 비해 크게 줄어들었다. 이에 힘을 얻은 캘빈 팀은 그 후 10년 동안 ^{14}C를 이용하여 광합성 암반응에 대한 모든 프로세스를 해명하는 쾌거를 달성했다.

연구실에서 쫓겨난 케이먼은 2차 대전 후에도 스파이 혐의를 받은 기록 때문에 괴롭힘을 당했다. 당시 미국에 휘몰아치던 매카시즘*의 희생양이 되어 십여 년 동안 여권을 몰수당하기도 했다. 1951년 7월에는 이에 더해《시카고 트리뷴》이 케이먼을 과격한 공산주의자로

---

* 2차 세계대전 이후 벌어진 미국의 반공사상통제를 가리킨다. 특히 1950년에 국무성 내에 다수의 공산주의자가 있다는 매카시 상원의원의 발언 이후, 매카시가 선동이 되어 대대적인 공산주의자 색출(red purge)이 시작되었다. 레드퍼지의 표적이 된 저명인사에는 '원자폭탄의 아버지' 로버트 오펜하이머, 영화배우 찰리 채플린, 영화감독 윌리엄 와일러 등이 있다.

모는 기사를 1면 톱기사로 개재했다.[15] 《시카고 트리뷴》과의 소송은 그를 정신적으로 피폐하게 만들었다. 그리고 1966년, 자살미수 상황에까지 몰렸던 케이먼은 드디어 혐의를 벗고 원죄에서 해방되었다. 마침내 그는 온갖 역경을 극복하고, 생화학 분야에서 동위원소 표지 기법을 이용해 광합성의 전자전달 구조와 세포막 안의 칼슘 이온 통로[16]를 발견하는 빛나는 업적을 올렸다.

2002년 9월 9일, 리비보다 22년하고도 하루를 더 산 케이먼은 89년에 걸친 파란만장한 생애를 마감했다. 케이먼은 72세에 출간한 자서전 《빛나는 과학, 어두운 정치-핵시대의 회상록》[17]을 통해 자신의 삶을 기록으로 남겼다. ^{14}C를 발견했음에도, 과학자로서 황금기인 30대부터 40대 초반까지 그에게는 항상 FBI나 악의를 품은 매스컴의 어두운 그림자가 따라다녔다. 과학계의 양지바른 길만 걸었던 리비나 캘빈과는 대조적인 모습이 아닐 수 없다.

방사성탄소를 이용한 연대측정법

대기 상층부에서 생성된 방사성탄소 원자는 안정적인 이산화탄소에 포함되었다가 확산이나 혼합을 통해 대기와 바닷물은 물론 인체 안으로까지 퍼져 나간다. 그리고 각각의 장소에서 방사붕괴의 양과 균형을 이루는데, 결과적으로 어떤 환경에서든 거의 평형 상태의 농도를 유지한다. 따라서 물질이 광합성, 호흡, 음식물 섭취 등을 통해 외부 환경과 끊임없이 탄소 '교환'을 하는 동안에는 방사성탄소의 농도가 일정하게 유지된다. '방사성탄소 시계'가 움직이기 시작하는 것은 외부 환경과 더 이상 탄소 교환을 하지 않게 될 때(즉 폐쇄계가 될 때), 생물로 치면 죽었을 때부터다.

그럼 이제 방사성탄소 시계를 읽는 법을 설명해보자. 밀폐된 상자 하나가 있다고 하자. 그 안의 공기는 이산화탄소를 포함하고 있으며, 그 속에는 방사성탄소가 들어있다. 이때 단위 시간동안 방사붕괴를 하는 상자 안 방사성탄소의 수는 방사성탄소의 초기량에 비례할 것이다. 이 관계는 미분방정식을 이용하여 다음과 같이 나타낼 수 있다.

$$-d\frac{[^{14}\text{C}]}{dt} = \lambda[^{14}\text{C}]$$

이 식에서 $[^{14}\text{C}]$는 해당 물질 속 방사성탄소의 농도이며, λ(람다)는 비례계수다. 식의 왼쪽에 마이너스가 붙은 것은 시간과 함께 ^{14}C가 방사붕괴하여 그 농도가 점차 감소한다는 것을 나타낸다. 비례계수 λ는 붕괴상수라는 각 방사성핵종 특유의 값으로, 실험에 의해 결정된다. 이 붕괴상수는 '단위 시간 동안 해당 방사성핵종이 얼마나 빨리 붕괴하는가'라는 확률을 나타내는 계수로, 방사성원소를 이용한 연대결정에서 중요한 값이다.

방사성탄소의 붕괴상수는 $1.209 \times 10^{-4} \text{year}^{-1}$로, 일 년에 0.01209 퍼센트의 방사성탄소가 붕괴한다는 것을 의미한다. 즉, 1년당 방사성탄소 원자 약 8300개 중 1개가 붕괴한다는 것이다. 이 방사붕괴는 확률적 현상으로, 화학반응과 달리 온도와 압력에 전혀 의존하지 않는다.

반감기 값을 알아두면 직관적으로 파악하기가 쉽다. 반감기는 어떤 방사성핵종의 수가 절반으로 감소하기까지 걸리는 시간으로, 방사성탄소의 경우는 약 5730년이다. 앞의 식을 풀어보면,

$$[^{14}\text{C}] = [^{14}\text{C}]_0 \exp(-\lambda t)$$

라는 식이 된다. 이 식에서 $[^{14}\text{C}]_0$이란, 방사성탄소 시계가 움직이기 시작할(폐쇄계가 되었을) 때의 방사성탄소 농도다. 학계에서는 연대의 기준점을 1950년 1월 1일로 규정하고 있다.

그러나 학술지에 보고되는 방사성탄소연대는 역사적인 사정에 의

해 일찍이 리비가 보고한 반감기 5568년을 이용해 계산하고 있으므로 주의가 필요하다. 이 연대는 특히 '관용conventional 방사성탄소연대'라고 하는데, '진짜 방사성탄소연대'의 0.9717(=5568/5730)배의 연대다. 또 복잡하게도 '진짜 방사성탄소연대' 조차도 사실은 역연대와 정확히 일치하지 않는다. 본문에서 설명했지만, 대기 중의 방사성탄소 농도(앞의 식의 $[^{14}C]_0$)가 시대와 함께 변화해 왔기 때문이다.

19세기 이래로 인간 활동에 의한 화석연료의 연소로 대량의 이산화탄소가 대기 중에 방출되고 있다. 이 이산화탄소는 방사성탄소를 갖고 있지 않아 대기 중의 방사성탄소 농도를 '희석'시킨다. 이렇게 대기 중의 $^{14}C/^{12}C$비가 감소하는 것을, 최초로 발견한 한스 쥐스의 이름을 따라 쥐스 효과라고 한다. 나이테나 산호의 골격에 포함된 ^{14}C농도를 측정했을 때, 1950년 시점으로 대류권의 쥐스 효과는 약 −25‰(−2.5퍼센트)로 추정하고 있다.

그런데 대기 중의 방사성탄소 농도를 쥐스 효과보다 더 떨어뜨린 것은 1950년대 후반부터 활발해진 핵실험이었다. 1950년대 후반부터 1960년대 전반에 걸쳐 대기 중에서 실시한 핵실험은 다량의 중성자를 대기 중에 방출하면서 방사성탄소 농도를 크게 증가시켰다. 북반구 대기의 방사성탄소 농도는 1963년에 절정에 달해, 자연 상태의 약 2배(+1000‰)까지 증가하기도 했다. 그 뒤 대기 중에서 핵실험이 금지되면서 농도는 점차 감소해 현재는 약 +100‰까지 떨어졌다.

8장
기후변화의 스위치

흐르는 강물은 끊임이 없고, 흘러간 물은 되돌아오지 않노라니.
웅덩이에 뜬 물거품은 사라졌다 다시 생겨나고, 오래도록 멈추는 일이 없도다.

— 가모노 초메이

깊은 바다 속을 흐르는 거대한 강

기후변화 이야기로 다시 돌아가자. 그림 8-1은 태평양을 남북으로 잘라 그 단면의 수온분포를 나타낸 것이다. 수심이 1000미터 이하의 얕은 영역에서는 등온선이 눈에 띄게 촘촘해진다. 등온선이 촘촘하다는 것은 그만큼 온도 변화가 심하다는 뜻이다. 즉 해양의 수온 변화는 표층 1000미터 이내 영역에 집중된다. 그러나 수심 2000미터 이상 깊은 영역의 수온은 거의 섭씨 3도 이하로, 그 변화 정도도 약 2도에 불과하다. 해양 심층부에 있는 물은 차갑고 균질한데, 이처럼 수심 2000미터 이하에 있는 균질한 바닷물을 심층수라고 한다.

바다에 쿠로시오나 쿠릴 해류 등이 있다는 것은 잘 알려진 사실이다. 그러나 이러한 해류는 표층으로부터 고작 수 백 미터까지에만 해당된다. 바다에는 표층류 외에도 심층수의 흐름, 즉 심층류라는 전혀 다른 흐름이 있다. 쉽게 말해 심층류는 북대서양의 그린란드 부근에서 시작하여 대서양으로 남하하고, 다시 남극해에서 방향을 틀어 동쪽으로 나아간 뒤에 태평양으로 북상하여 마감하는 코스를 따른다.

흥미롭게도 심층수는 지구상에서 극히 한정된 장소에서만 형성된

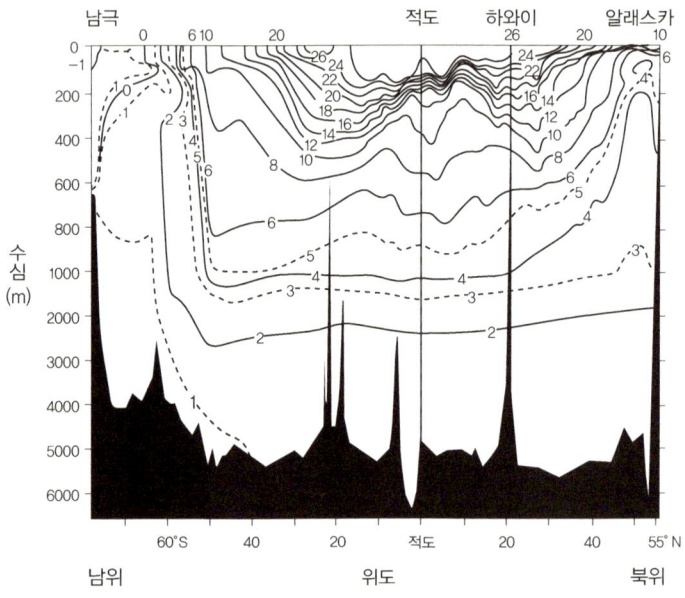

남극　　　　　　　　　　　　　　　　　　　적도　　하와이　　알래스카

수심(m)

남위　　　　　　　　　　　　　　위도　　　　　　　　　　　북위

그림 8-1 태평양의 수온(℃)을 나타낸 단면도. 수심 2000미터 이하의 바닷물 온도는 매우 낮고 균질하다는 것을 알 수 있다.

다.* 심층수가 가장 활발하게 형성되는 곳 중 하나가 북대서양 북부의 그린란드 인근 해역이다. 게다가 전 세계를 도는 심층류의 출발 지점이기도 하다. 이곳에서 심층수가 형성되는 메커니즘은 해양학자들의 과거 수십 년에 걸친 끈질긴 조사로 밝혀졌다.

열대지방에서 시작한 따뜻한 멕시코 만류는 북대서양을 지나 계

---

* 1리터의 바닷물에는 약 35그램의 소금이 녹아있다. 바닷물 1리터에 녹아있는 소금의 양을 질량비로 나타낸 것을 염분(鹽分, salinity)이라 하고, 단위 없이 사용하거나 psu(practical salinity unit)라는 단위로 나타내기도 한다. 염분은 태평양, 인도양, 대서양 모두 **거의** 일정한데, 자세히 살펴보면 장소에 따라 약간씩 다르다. 이것은 해역에 따라 강수량, 증발량, 혹은 대륙에서 흘러들어오는 민물의 양이 조금씩 다르기 때문이다. 물론 소금이 많이 녹아 있는 바닷물이 더 무겁다. 전 세계 바닷물의 염분은 변화가 심할 때에도 기껏해야 바닷물 1리터당 1-2그램 정도 차이밖에 나지 않지만, 실제 바다에서는 이처럼 미량의 염분 변화만으로도 바닷물의 움직임이 현저하게 바뀌기도 한다.

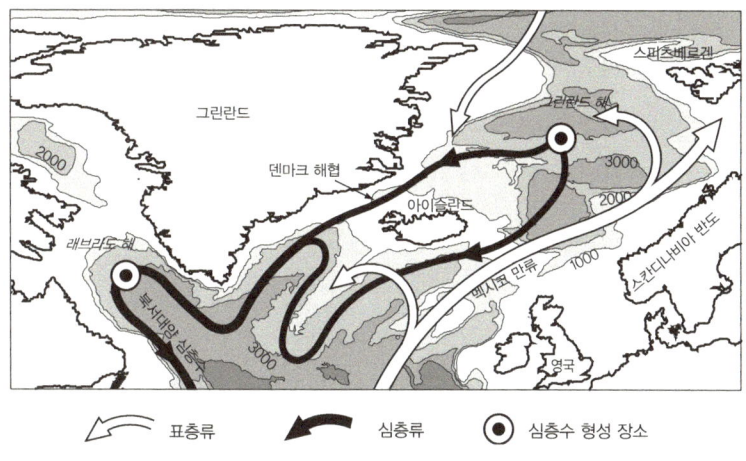

그림 8-2 북대서양 북부 심층수의 형성. 고온 고염분의 멕시코 만류가 그린란드 해에서 냉각되면서 심층수가 형성된다. 이후 래브라도 해에서 유사한 메커니즘으로 형성된 심층수와 섞이면서 북대서양 심층수가 되어 북대서양으로 남하한다.

속 북상하다가 영국 서쪽으로 빠져나가 스칸디나비아 반도 북서쪽 해역으로 흐른다. 멕시코 만류는 주위의 바닷물보다 염분이 약간 높다. 강수량이 적고 증발이 왕성해서 '바다의 사막'이라 불리는, 사하라 사막의 서쪽 해역을 지날 때 수분이 대량 증발해서 염도가 높아지기 때문이다. 그림 8-2에 고온 고염분인 멕시코 만류의 지류 중 하나가 아이슬란드의 북쪽과 스피츠베르겐의 남서쪽에 펼쳐진 그린란드 해에 합류하는 모습이 나와 있다. 그리고 이곳에서 북극해가 기원인 북쪽에서 흘러드는 저온 저염분의 바닷물*과 만난다.

겨울이 되면 그린란드 빙상에서 휘몰아치는 한없이 차갑고 건조

---

* 북극해는 지형적으로 막혀있는 바다로, 러시아의 레나 강, 에니세이 강, 오비 강, 케나다의 매켄지 강 등 여러 큰 강으로부터 민물이 유입되고 있다. 따라서 북극해의 염분은 다른 해역보다 약간 낮다. 염분이 가장 낮은 계절에는 표층수의 염분이 30까지 떨어지기도 한다.

한 바람이 태양이 뜨지 않는 암흑의 그린란드 해상을 빠져나간다. 이 때 해수면에서 상당량의 열을 빼앗아 간다. 그뿐만이 아니다. 다량의 바닷물을 증발시켜 표층수의 염분을 증가하게 만든다. 또한, 해빙海氷이 만들어지면서 한번 더 쐐기를 박는다. 해빙은 형성되면서 바닷물에서 수분만 빼내기 때문에 염분을 더욱 증가시키는 것이다. 이렇게 저온에 염분이 높아져 무거워진 바닷물 덩어리는 마치 거대한 물방울처럼 수천 미터 아래의 심해저로 '낙하' 한다.

해양 표층에서 내려온 무거운 바닷물 덩어리는 수심 2500미터의 그린란드 해저분지나 노르웨이 해저분지에 자리잡는다. 그곳에서 흘러나온 무거운 바닷물은 아이슬란드와 그린란드의 사이 혹은 아이슬란드의 동쪽을 지나 광대한 북대서양 해저분지로 흘러들어 남하를 시작한다. 그린란드 서남단에 위치한 래브라도 해에서도 비슷한 일이 벌어진다. 이런 물은 세계 심층수의 중요한 기원 중 하나가 되고 있다.

현재 북대서양에서 형성되는 심층수는 그린란드 해에서 80퍼센트, 래브라도 해에서 20퍼센트 정도가 만들어진다. 이 둘을 합하여 북대서양 심층수NADW, North Atlantic Deep Water라고 한다. 그 총량은 1초에 1500만 세제곱미터(15스베드럽)*이다. 1년 동안의 총량으로 환산하면 50만 세제곱킬로미터나 된다. 북대서양 심층수는 두께가 2킬로미터이기 때문에, 1년 동안 퍼져나가는 면적은 사방 500킬로미터라고 할 수 있다.

---

* 스베드럽(Sv)이란 유량의 단위로, 1초 동안 100만 세제곱미터($1Sv=10^6 m^3/s$)의 흐름을 말한다. 스크립스 해양연구소 소장을 역임했던 하랄 스베어드룹(Harald Ulrik Sverdrup, 1888–1957)의 이름에서 유래했다.

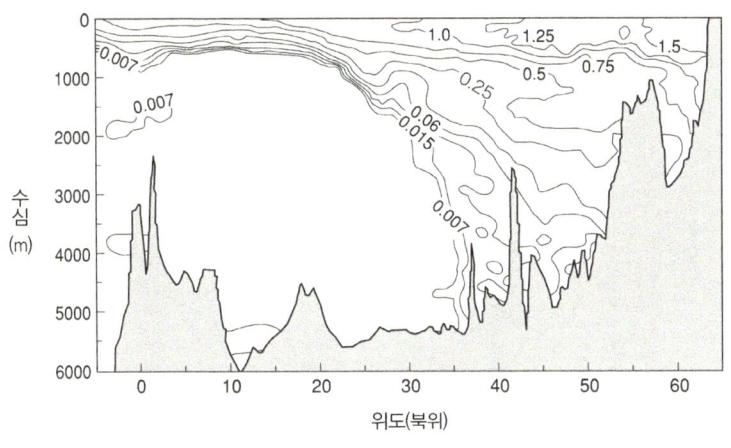

그림 8-3 북대서양 프레온 농도의 단면도. 단위는 pmol/kg. 북대서양 심층수가 형성되는 북위 60
도 부근에서 농도가 가장 높다. 프레온은 화학적으로 매우 안정한 물질이라 바다에서 거의 분해되
지 않는다. 우즈홀 해양연구소 홈페이지에 게재된 그림을 바탕으로 다시 그렸다.

   북대서양 심층수의 존재는 그림 8-3에서처럼 바닷물 속의 프레온* 농
도로도 확인이 가능하다. 프레온은 1930년대 이후에 대량으로 화학
합성되어 냉장고의 냉매로 사용된 물질이다. 20세기에 들어와 인류
가 대기 중으로 방출한 이 화합물은 자연계에서는 합성되지 않는다.
그림을 보면 북위 60도 부근에서 프레온 농도가 가장 높은 것을 알
수 있다. 해양 심층으로 섞여드는 프레온의 입구가 바로 그곳이다.
남쪽으로 갈수록 농도가 낮아지는데, 이는 북대서양 심층수가 북미
대륙의 동해안을 따라 남쪽으로 천천히 흐른다는 증거다.
   그리고 심층수는 천천히 적도를 지나 남극해에 도달한다. 남극대

---

* 클로로플루오르카본(CFC, Chlorofluorocarbon)이 정식명칭이다. CFC에는 여러 종류가 있지만,
CFC-12가 대표적인 물질로 화학식은 CCl_2F_2이다. 그리고 CFC를 분석하는 고감도 검출기(전자포획형
검출기)를 발명한 사람이 바로 가이아 가설을 주장한 제임스 러브록이다.

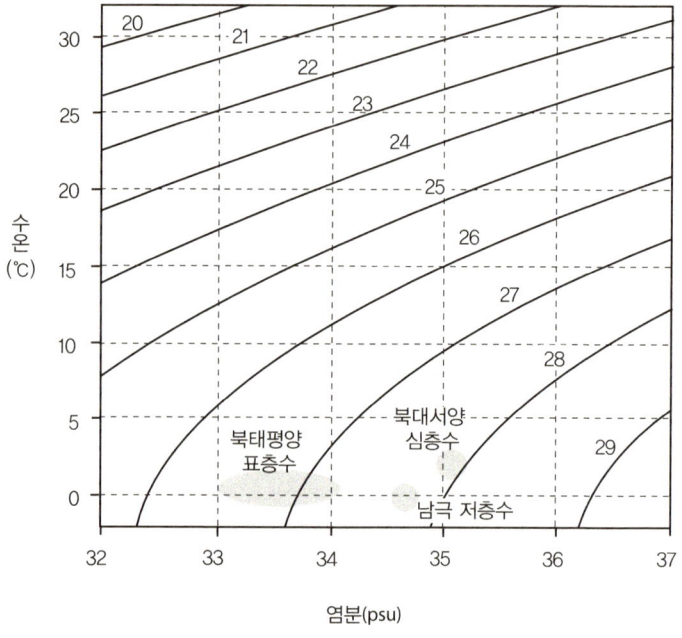

그림 8-4 바닷물의 밀도를 수온(T)과 염분(S)의 함수로 나타낸 T-S다이어그램. 바닷물의 밀도는 일반적으로 1cc 바닷물 질량에서 1을 뺀 후 1000을 곱한 값(그림에서는 20~29)로 표시한다. 즉, 1cc 의 바닷물이 '1그램보다 얼마나 더 무거운가'를 가리키는 값이다. 북대서양 심층수, 남극 저층수, 북 태평양 표층수 영역은 어둡게 표시하였다. 심층수가 형성되는 저온 영역에서는 염분 1단위 변화에 따른 밀도 변화는, 수온 7~8℃변화에 해당한다. 따라서 심층수의 형성에는 수온보다 염분이 더 중 요한 요인이라고 할 수 있다. 세계의 해양 심층수의 기원은 남극 저층수와 북대서양 심층수로, 그 밀도는 1.028보다 약간 작다.

류 가장자리의 웨들 해, 로스 해를 지날 때는 염분이 풍부한 다른 심층수와 섞이면서 화학조성이 약간 변한다. 남극 가장자리에서 만들어지는 심층수는 남극 저층수AABW, Antarctic Bottom Water라고 부른다. 1 초 동안 약 1000만 세제곱미터(10스베드럽)를 만들어내는 남극 저층수[1]와 뒤섞인 심층수는 이윽고 태평양 쪽으로 천천히 북상하는 코스를 밟는다. 북대서양에서 북태평양에 이르는 심층류는 그것을 메우 듯이 흘러드는 표층류와 합쳐져 하나의 사이클을 만든다. 태평양에 서 대서양을 따라, 심층수와 같은 양의 표층수가 이동함으로써 과부 족이 없는 상태를 유지하는 것이다. 그래서 이것을 심층수 순환이라 고 부르기도 한다.

그러면 북태평양에서도 심층수가 형성될까? 대답은 노우다. 그림 8-4를 보면 알 수 있듯이 현재 북태평양 표층해수는 충분히 차갑지 만, 대서양보다 염분이 1단위 정도 작다. 수온은 결빙온도(-1.9도)까 지 떨어졌지만, 바다 깊숙이 가라앉을 정도로 무겁지는 않은 것이다.

북대서양에서 시작하여 북태평양에서 끝나는 심층류는 일방통행 이다. 이 흐름을 구동하는 엔진은 바닷물 자체가 갖는 열에너지(온 도)와 염분차다. 그래서 해양학자들은 심층수 순환을 열염분순환 THC, Thermohaline Circulation이라 부르기도 한다. 심층수 순환의 속도는 출발 지점인 북대서양에서는 비교적 빠르지만, 남대서양, 남극해, 태 평양으로 나아갈수록 느려진다. 방사성탄소를 이용한 연대측정에 따르면, 출발 지점인 북대서양에서 도착 지점인 북태평양까지 이동 하는 데 무려 1000년이 걸린다고 한다. 천 년 전 북대서양에서 가라 앉은 바닷물이 이제야 일본열도 동쪽 해안의 북태평양으로 들어서 고 있다는 뜻이다. 우리의 생활감각으로는 도저히 상상할 수 없는 시 간의 규모로 웅대하게 흐르는 것이 바로 해양 심층류다.

그런데 이 흐름은 지구 기후에 더없이 중요한 역할을 맡고 있다. 그림 8-5를 보면 고위도 지역에서는 입사에너지보다 복사에너지가 훨씬 크고, 저위도 지역에서는 그 반대 현상이 일어난다. 가만히 두면 저위도 지역은

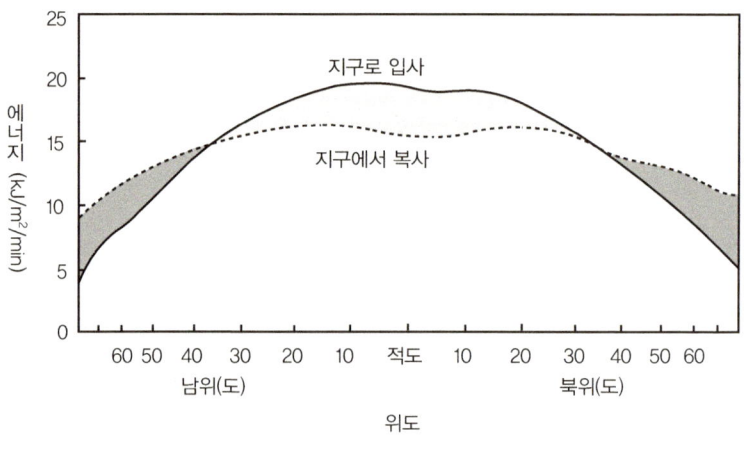

그림 8-5 지구로 들어오는 연평균 태양에너지의 양(실선)과 지구에서 내보내는 에너지의 양(점선)의 위도별 분포. 북위, 남위 모두 35도 부근에서 극지방까지는 복사에너지 양이 입사에너지 양을 웃돈다. 그러나 적도 지역에서 극지방으로 에너지가 이동하면서 그 차이는 줄어든다.

점점 더워지고 고위도 지역은 점점 추워지겠지만, 실제로 그런 일은 일어나지 않는다. 저위도 지역에 입사하는 에너지의 일부가 고위도 지역으로 재분배되면서 불균형이 해소되기 때문이다. 1960년대까지는 주로 대기가 이러한 에너지의 재분배를 맡는다고 생각했다.

그런데 해양 관측 데이터가 축적되면서 그것이 잘못된 생각임을 깨닫게 되었다. 그림 8-6은 지구의 각 위도별 남북방향 에너지 수송량을 나타낸 것이다. 이것을 보면 확실하게 알 수 있다. 사실 바다의 열 수송량은 무시할 수 없을 만큼 크며 에너지 재분배에서 중요한 역할을 담당하고 있다. 대기만큼 움직임이 빠르지는 않지만 바다는 대기에 비해 1000배 이상 열용량이 크다. 그 중에서도 특히 심층류는 엄청난 양의 에너지를 수송하고 있다. 그야말로 느긋하게 흐르고 있지만 부피가 워낙 많기 때문에 에너지 흐름으로는 그 양이 어마어마

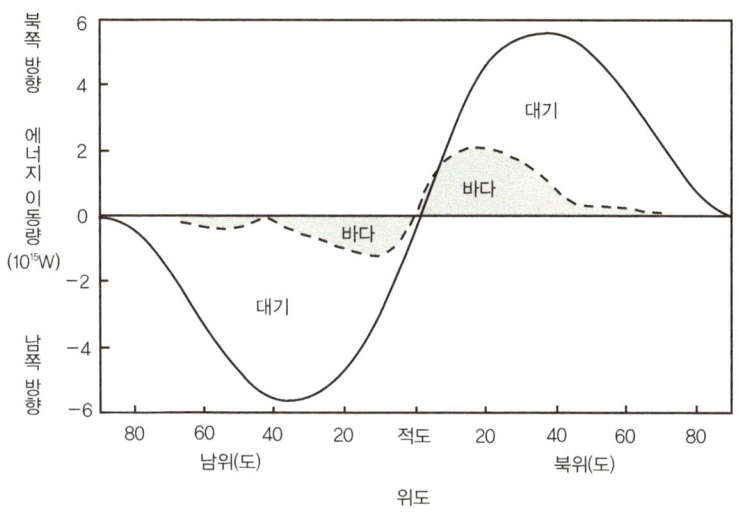

그림 8–6 각 위도의 남북 방향 에너지 이동량. 어두운 부분이 바다가 맡은 이동량이다. 에너지 이동량이 큰 북대서양의 고위도 지역에서는 멕시코 만류가 해양 표층에서 에너지를 북쪽으로 옮기는 반면, 심층수는 남쪽으로 에너지를 옮긴다. 따라서 서로 상쇄되어 줄어드는 것처럼 보인다는 것에 주의. Trenberth and Caron(2001)를 수정.

한 것이다. 단위시간당 유량으로 따지면 전 세계의 모든 하천 유량의 20배 가까이에 달한다. 이런 해양의 열수송이 없다면 지구상의 위도별 온도 차이는 더욱 컸을 게 분명하다. 바다는 태양의 입사에너지 재분배와 기온의 평균화에 절대적 기여를 하고 있다.

스톰멜과 심층수 순환

보스턴에서 남쪽으로 자동차를 타고 두 시간 남짓 달리면, 로렌타이드 빙상이 대지를 깎아 만든 '톱밥'과 같은 모래톱이 펼쳐진

헨리 스톰멜(Henry Stommel, 1920-1992). 이론과 관측 모두에 정통한 해양 물리학자로, 서안경계류의 이론적 연구와 해양대순환(심층수 순환)을 물리적으로 예측하는 등 많은 선구적 업적을 쌓았다. 스톰멜은 1960년대에 심층수 순환에 여러 개의 안정 모드가 있을 가능성을 지적하기도 했다.

케이프코드가 눈에 들어오기 시작한다. 그리고 그 아래쪽으로 얼마 떨어지지 않은 곳에 우즈홀 해양연구소가 있다.

1942년에 예일대를 졸업하고, 같은 대학에서 수학과 천문학을 가르치던 헨리 스톰멜(그림 8-7)이 우즈홀 해양연구소로 온 것은 2차 대전도 막바지로 치닫던 1944년이었다. 해군에게 의뢰받은 프로젝트를 수행하던 모리스 유잉*의 조수 자리를 얻은 것이다. 유잉의 그룹은 적국 잠수함과의 교전을 상정한 해양 데이터의 수집과 음파를

---

* William Maurice Ewing(1906-1974) 미국의 해양지질학자로 컬럼비아 대학의 라몬트-도허티 지구연구소 소장 역임. '닥(Doc)'라는 애칭으로 불리며 강렬한 개성과 리더십으로 많은 연구자와 학생을 이끌어 라몬트-도허티 지구연구소를 세계적인 지구과학 연구소로 키웠다. 스크립스 해양연구소의 소장을 역임했던 로저 르벨과 함께, 20세기 중반에서 후반까지 미국 지구과학계의 '위대한 보스'였다.

이용한 해양 조사를 실시하고 있었다. 그 후 유잉은 컬럼비아 대학에 라몬트 연구소를 설립해 세계적인 연구기관으로 키워나가게 된다. 그러나 일의 내용에 흥미가 없고 유잉의 강렬한 개성에 적응하지 못한 스톰멜은 다른 연구실에서 진행하는 해양물리학 연구에 점점 빠져들었다.

스톰멜은 박사학위를 받지 않고 성공한 보기 드문 연구자이기도 하다. 게다가 해양학과 유체역학을 독학하여 해양순환에 관한 많은 기초 이론을 확립하기도 했다. 그는 1948년에 해양물리학에 관한 논문을 처음 발표했다.[2] 우즈홀 해양연구소의 조수로 일한지 4년이 지난 그의 나이 28세 때였다. 그 논문에서는 멕시코 만류의 형성 요인을 이론적으로 나타내고 있는데, 60년이 지난 현재까지도 종종 인용되는 기념비적인 논문이라고 할 수 있다. 스톰멜은 여기서 대륙의 동쪽 바다, 즉 해양 서쪽에서 극지방으로 향하는 표층류가 만들어지는 궁극적인 요인은 지구가 자전을 하며, 또 해양이 구면 위에 존재하기 때문이라고 이론적으로 설명했다. 이것을 서안경계류라고 부르는데, 일본 근해에 흐르는 쿠로시오 해류의 형성도 같은 메커니즘으로 설명할 수 있다.

서안경계류의 논리를 해양 심층류에 적용한 것이 심층수 순환에 관한 이론이다. 1958년에 스톰멜은 이론적으로 해양의 서쪽에는 서안경계류처럼 심층류가 풍부할 것이라고 예측하면서 전 세계를 넘나드는 심층수 흐름의 존재를 지적했다.[3] 지금보다 반세기 앞서 스톰멜이 내놓은 모델은 놀랍게도 현재의 해양학자가 그리는 심층수 순환의 이미지와 거의 같다.

간단한 모델을 이용하여 심층수 순환의 기본 메커니즘을 설명해

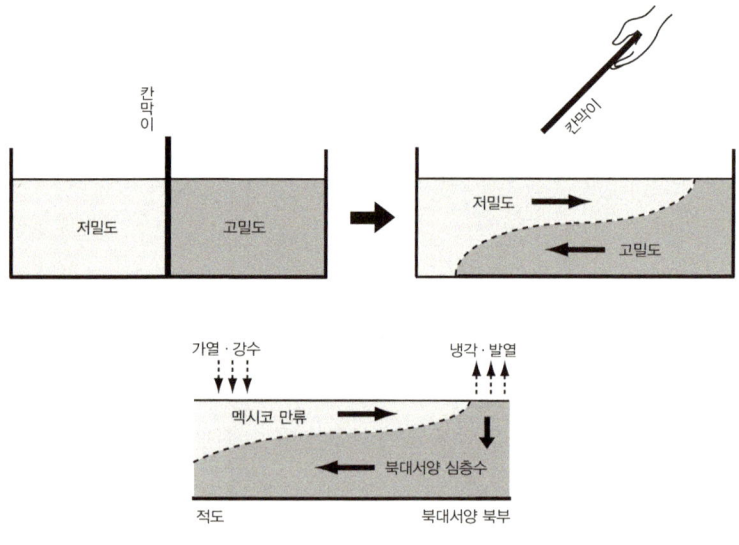

칸막이

저밀도　고밀도

칸막이

저밀도　→

←　고밀도

가열·강수　　　　　냉각·발열

멕시코 만류　→

←　북대서양 심층수

적도　　　　　　　北大西洋 북부

그림 8-8 위의 그림에서는 간단한 실험으로 열염류의 형성을 설명하고 있다. 수조 중앙에 칸막이를 세우고, 한쪽은 밀도가 작은(저염분이나 고온의) 바닷물을, 한쪽에는 밀도가 큰 바닷물을 채운다. 칸막이를 천천히 들어올리면, 밀도가 큰 바닷물은 수조의 하단에서, 밀도가 작은 바닷물은 수조의 상단에서 각각 반대편으로 흐르기 시작한다. 아래 그림은 실제 북대서양에서 일어나고 있는 흐름이다. 저위도 지역에서는 햇빛에 의한 가열과 강수에 의한 염분 저하로 바닷물의 밀도가 낮아진다. 고위도 지역에서는 바닷물의 냉각과 증발로 밀도가 커진다. 대기의 이런 열 흐름과 물 순환 패턴을 원동력으로 북대서양 해역의 열염순환이 만들어진다.

보자(그림 8-8). 수조 한가운데에 칸막이를 세우고 한쪽에는 염분이 있는(밀도가 큰) 바닷물로 채우고, 다른 한쪽에는 염분이 거의 없는 (밀도가 작은) 민물로 채운다. 그리고 물이 출렁이지 않도록 하면서 천천히 칸막이를 들어 올린다. 그러면 수조 안에는 염분(밀도)의 불균형을 해소하기 위해 수평방향으로 물의 흐름이 생긴다. 염분을 포함한 물은 수조 아래쪽에서 이동하고, 염분을 포함하지 않은 물은 그것을 메우려는 듯이 수면 가까이 있는 부분에서 이동한다. 이 수평방향의 흐름은 염분의 불균형이 해소될 때까지 계속된다. 실제 바다에서도 이런 일이 일어난다고 볼 수 있다. 바닷물의 밀도는 온도와 염분에 의해 결정된다. 바닷물은 온도가 낮을수록, 염분이 많을수록 무거워진다. 바닷물의 밀도는 대기와 열을 주고받거나, 비나 눈이 섞여들고, 증발을 통해 대기 중으로 날아가거나 민물을 주고받으며 변한다. 실제로 그린란드 해에서는 차가운 겨울 날씨가 온도를 낮춰 바닷물을 무겁게 만들고, 적도지역에서는 많은 비가 내리면서 바닷물을 가볍게 만든다. 이러한 기상학적 현상이 바로 해양의 흐름을 일으키는 직접적인 요인이 되고 있다. 그리고 열이나 민물을 계속 주고받는 한 그 흐름도 결코 멈추지 않을 것이다. 여기에는 흐름을 늦추거나 앞당기는 기계적 구조는 전혀 관여하지 않는다. 오직 바닷물의 밀도를 지배하는 염분과 온도라는 요인의 차이가 있을 뿐이다.

실제로 심층수가 어떤 상태를 보이는지는 20세기 초반부터 단편적으로 관측되었다. 하지만 '전체적인 흐름'을 직접 관측하는 것은, 최첨단 관측기기를 사용하는 지금도 결코 쉬운 일이 아니다. 심층수는 보통 1초 동안 1센티미터 이하의 속도로 지극히 느리게 흐르고, 더구나 바다에는 중규모소용돌이mesoscals eddies*라는 직경 수십에서 수백 킬로미터의 무수한 소용돌이가 휘몰아치기 때문이다. 스톰멜의 심층수 순환은 1970년대에 전 세계 바다에서 화학 추적자의 분포를 대대적으로 조사한 대양횡단지구화학연구**라는 프로젝트를 통

---

* 바다에서 일반적으로 볼 수 있는 직경 수십~수백 킬로미터의 거대하고 느린 흐름의 소용돌이. 복잡한 움직임을 보이며, 바다의 물질과 에너지 수송에 한몫하고 있다. 서쪽으로 이동하는 경향이 있다.
** GEOSECS, Geochemical Ocean Section Study. 1970년대에 당시 기준으로 5천만 달러가 투자된 미국의 연구프로젝트. 전 세계의 해양에서 채취한 바닷물 시료에 들어 있는 용존 물질의 농도와 동위원소 조성을 동일한 방법과 기준으로 분석했다. 당시 미국 해양화학 분야가 총력을 결집한 프로젝트로, 여기에서 얻은 데이터는 이후 해양화학의 발전, 특히 중층수와 심층수의 움직임 연구에 크게 기여했다.

해 확실히 증명되었다. 화학추적자란 바닷물에 녹아있는 화학물질 중에서 바닷물의 흐름에 따라 이동하면서 시간경과에 따라 서서히 변화해가는 성분을 가리킨다. 심층수 순환의 실제 관측이 어렵다고 깨달은 연구자들이 바닷물 속에 들어있는 화학적 기록에 의지한 것이다. 이 대양횡단지구화학연구 계획에 참가한 연구자에는 컬럼비아 대학의 월레스 브뢰커가 있다. 그는 훗날 '컨베이어벨트'라는 개념을 제창하여, 기후변화에서 심층수 순환이 맡은 중요한 역할을 밝힌다.

브뢰커와 컨베이어벨트

월레스 브뢰커(그림 8-9)는 허드슨 강 근처에 있는 컬럼비아 대학의 라몬트-도허티 지구연구소에서 50년 넘게 연구 활동을 계속하고 있다. 로드무비를 그대로 옮겨놓은 듯한 인생을 사는 이들이 많은 미국 사회에서 그의 이력은 꽤 특이하다. 무엇보다 그는 지난 20년동안 미국뿐 아니라 전 세계 기후연구자들 사이에서 최고의 오피니언 리더로 통한다. 그야말로 기후변화 연구계의 거인이다.

브뢰커가 컬럼비아 대학 물리학과를 졸업하고 갓 설립된 컬럼비아 대학 부속 라몬트-도허티 지구연구소의 문을 두드린 것은 1953년의 일이다. 스톰멜이 까닭 없이 싫어했던 모리스 유잉이 컬럼비아 대학으로 자리를 옮겨 라몬트-도허티 지구연구소를 세운지 딱 4년 뒤였다. 그리고 43세라는 젊은 나이에 초대 소장으로 취임한 유잉이 종횡무진 활약을 시작한 무렵이기도 했다.

대학원 시절의 브뢰커는 해양학에 방사성탄소연대법을 응용하여

대기에서 바다로 녹아드는 이산화탄소의 상태를 연구했다. 그가 라몬트 연구소를 찾아오기 1년 전에 리비의 《방사성탄소연대법》이 출판되면서 방사성탄소연대법은 벌써 많은 분야에서 사용되고 있었다. 당시에는 참신했던 이 기법을 통해 대기나 바다에서 이산화탄소의 상태에 관한 새로운 사실들이 하나씩 밝혀지는 중이었다. 브뢰커는 1957년에 〈방사성탄소의 해양학과 기후연대학 응용〉[4]이라는 논문으로 컬럼비아 대학에서 박사학위를 받았다. 이 논문은 방사성탄소를 바다에 응용하여 탄소 순환을 해명한 것으로 리비의 노벨상 수상기념 강연에서도 인용되었다.

1950년대 중반이라는 시기는 에밀리아니가 처음으로 해저퇴적물 속 유공충의 산소동위원소비를 측정하여 빙하시대 연구에 혁명을 일으킨

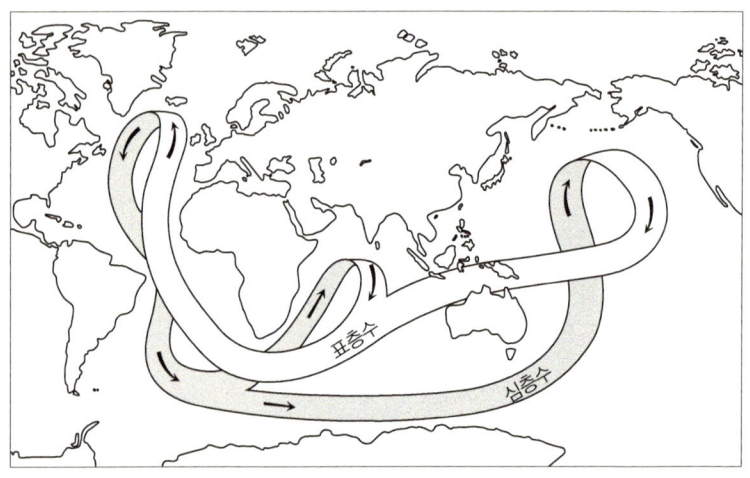

그림 8-10 브뢰커가 '컨베이어벨트'라고 지칭한 해양의 대순환을 나타내는 개념도. 심층수의 흐름과 표층수의 흐름이 합쳐져 해양 전체를 하나의 이어진 흐름으로 나타내고 있다.

시기와 일치한다는 점에서도 흥미롭다. 브뢰커가 기후변화 연구를 시작한 1950년대 초반은 당시 왕성하게 실시되던 대기 중 핵실험이 지구의 기후를 바꾸게 될까 우려하던 시대이기도 하다. 1963년 '부분적 핵실험 금지조약'*의 조인으로 대기 중에서의 핵실험이 금지되었으니 그 우려가 진실이었는지 확인할 방법은 사라지고 말았지만 말이다.

1960년대의 브뢰커는 해양학과 지질학 사이를 오가며 현재와 같은 기후의 성립 과정과 기후변화의 메커니즘에 깊은 관심을 가졌다. 그리고 1980년대 중반에는 스톰멜의 심층수 순환을 기후변화 연구의 배경으로 등장시켰다. [5] 훗날 브뢰커는 이 심층수 순환에 표층수의

---

* 정식명칭은 '대기권, 우주공간 및 수중에서의 핵무기실험 금지조약(Treaty of Banning Nuclear Weapon Tests in the Atmosphere, in Outer Space, and under Water,)'.1963년에 미국, 영국, 소련이 가장 먼저 조인했다. 이 조약 체결 후 핵실험은 지하로 그 무대를 옮기게 된다.

흐름을 더해 해양의 거시적인 흐름을 대담하게 하나의 선으로 단순화시켰고, 이를 '컨베이어벨트'라고 불렀다(그림 8-10). 지극히 단순화된 이 구도는, 바닷물의 상세한 움직임을 연구하던 많은 해양 물리학자들을 당혹케 하거나 분노하게 만들었다. 그러나 본질만을 드러내 다른 분야의 수많은 연구자와 일반인들에게까지 심층수 순환의 중요성을 알렸다는 점에서는 커다란 공적이라고 할 수 있다.

마지막 빙하기의 심층수 순환

그렇다면 빙하기의 심층수 순환은 어떠했을까? 그리고 빙하기에서 간빙기까지의 기후변화에서 심층수는 어떤 역할을 했을까? 심층수 순환이 지구의 에너지 분배에서 큰 역할을 맡고 있음을 알게 된 1980년대부터 많은 고기후 연구자들이 이 문제를 집중적으로 연구해 왔다.

과거의 심층수 순환을 복원하려면 약간의 트릭이 필요하다. 왜냐하면 해저퇴적물을 구성하는 입자 대부분은 해양 표층수에서 만들어지거나 육지에서 옮겨온 것이라 심층수에 대한 정보는 거의 담고 있지 않기 때문이다. 그렇다고 전혀 없는 것은 또 아니다. 그래서 고기후 연구자들은 지혜를 짜내 이런 난제에 대한 해결책을 찾아왔다. 그 방법을 간략하게 알아보자.

태양빛이 닿는 해양의 표층 200미터까지는 광합성을 통해 이산화탄소로부터 유기물이 만들어진다. 그 양은 모든 바다에서 1년 동안 약 50기가 톤, 탄소량으로 치면 무려 50조 킬로그램에 달한다. 그리고 생물이 죽으면 일부 유해는 마린스노우가 되어 해저로 가라앉는

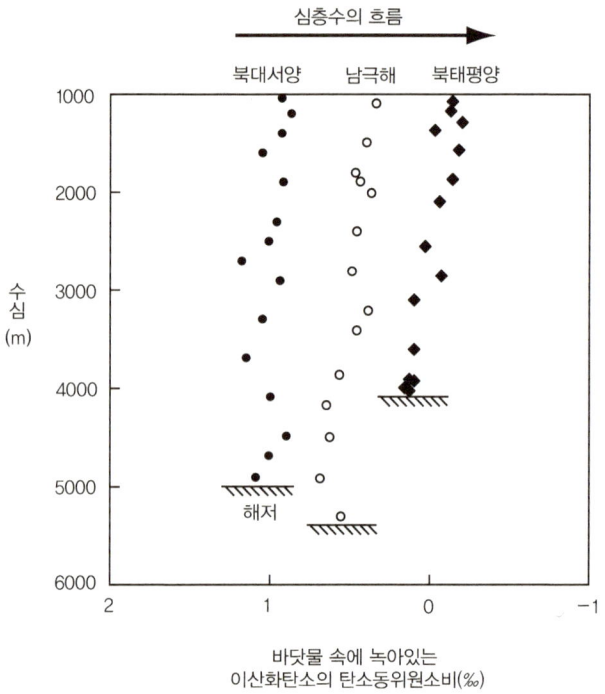

심층수의 흐름 →

북대서양　남극해　북태평양

수심
(m)

바닷물 속에 녹아있는
이산화탄소의 탄소동위원소비(‰)

그림 8–11　수심 1000미터 이하의 심층수에 녹아있는 이산화탄소의 탄소동위원소비. 심층수가 흐
르는 상류에서 하류를 따라(북대서양(●)→남극해(○)→북태평양(◆)) 탄소동위원소비가 감소하는
것을 알 수 있다. 이것은 유기물 분해로 만들어진, ^{13}C이 적게 들어있는 이산화탄소가 서서히 보태
지기 때문이다. Kroopnick(1974), Kroopnick(1980)의 데이터로 작성.

다. 그러면 대부분은 심층수 속이나 해저 표면에 있는 박테리아에 의
해 분해되어 이산화탄소로 돌아간다. 즉 부패하는 것이다. 해양 표층
에서 만들어지는 유기물의 약 99퍼센트는 해저퇴적물에 포함되기 전
에 분해되고, 이렇게 만들어진 이산화탄소는 그대로 심층수에 녹아
든다. 그러나 이 이산화탄소는 해양 표층에서 광합성의 재료가 된(해
양 표층에 녹아들었던), 원래의 이산화탄소와는 성질이 약간 다르다.
여기에는 원자량 13인 탄소동위원소(^{13}C)의 양이 적다.

이것은 광합성을 통해 이산화탄소에서 유기물이 합성될 때 작용하는 효소가 ^{13}C보다 ^{12}C를 선호하기 때문이다.* 그 결과 해양 표층에서 만들어지는 유기물은 주위의 이산화탄소보다 ^{13}C가 적다. 따라서 유기물이 분해되어 생기는 이산화탄소도 역시 ^{13}C가 적게 된다. 결국 심층수에 녹아드는 이산화탄소도 ^{13}C가 적어지게 되는 것이다. 다시 말해 유기물 분해를 통해 생성된 이산화탄소를 많이 포함한 오래된 심층수일수록 ^{13}C가 적게 들어있다.

실제로 현재 바다에는, 심층수 순환의 흐름에 따라 이런 경향이 두드러지게 나타난다. 그림 8-11을 보면 북대서양→남극해→북태평양으로 이어지는 심층수의 흐름을 따라 ^{13}C의 농도가 감소하는 것을 알수 있다. 거꾸로 생각하면, 빙하 시대의 심층수에 녹아있던 이산화탄소의 ^{13}C 농도를 복원하여 당시 심층수의 흐름을 알아볼 수 있다는 의미이기도 하다.

과거의 심층수 순환을 복원하는 연구에도 유공충이 등장한다. 지난날 새클턴이 산소동위원소비를 분석했던 저서성 유공충이라는 해저에 사는 유공충이 그것이다. 해저에서 마린스노우를 먹고 사는 저서성 유공충도 탄산칼슘으로 껍데기를 만드는데, 해저퇴적물에는 유공충의 껍데기 화석이 수 만 년 동안 보존되어 있다. 그중에 저서성 유공충의 껍데기를 구성하는 탄소의 안정동위원소비가 연구에 도움이 된다. 그 껍데기가 당시의 심층수에 녹아있던 이산화탄소의 탄소동위원소비를 그대로 기록하고 있기 때문이다. ^{13}C가 제일 많은

---

* 광합성 암반응에서 이산화탄소 고정 프로세스에 관여하는 루비스코라는 효소는 ^{12}C를 선택적으로 받아들이기 때문에, 합성된 글루코스로 생체를 구성하는 여러 유기물에는 대기나 바다에 녹아있는 이산화탄소보다 ^{13}C가 적게 들어있다.

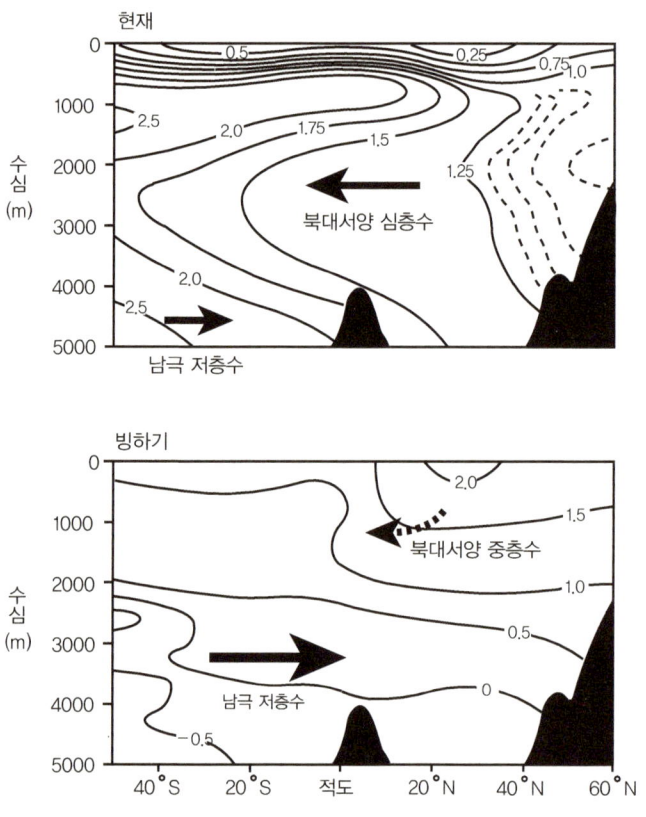

그림 8-12 대서양의 현재(위)와 빙하기(아래)의 심층수 순환을 보여주는 단면도. 위의 그림은 바닷물 1리터에 녹아있는 인산염(phosphate)의 농도(μM)를 나타낸다. 인산염은 심층수의 흐름과 함께 증가하기 때문에 심층수를 추적하기에 좋은 지표다. 아래 그림은 130개 이상의 해저코어 분석 결과를 토대로 그린 빙하기의 탄소동위원소비의 분포. 빙하기에는 현재 대량으로 형성되고 있는 북대서양 심층수가 없었으며, 약간의 중층수가 형성되는 데에 그쳤다는 것을 잘 알 수 있다. Lynch–Stieglitz *et al.*(2007)을 수정.

(무거운) 동위원소비를 갖는 부분이 심층수의 형성 지역에 가장 가깝고, ^{13}C가 제일 적은(가벼운) 동위원소비를 갖는 부분이 심층수 형성 지역에서 가장 멀다는 것을 뜻한다.

그림 8-13 마나베 슈쿠로(1931-). 프
린스턴 대학 연구원. 대기 대순환모
델을 개발하고, 해양대순환 모델과
결합하여, 대기-해양 결합모델로 지
구온난화 예측 작업을 수행했다. 마
나베가 개발한 대기-해양 결합모델
은 기후변화를 수치시뮬레이션 할
때의 표준적인 방법이다. 2021년 클
라우스 하셀만, 조르조 파리시와 공
동으로 노벨 물리학상을 수상했다.

    지금까지는 빙하기의 심층수 순환을 명확히 하기 위해 수많은 퇴
적물의 시료를 분석해 왔다. 특히 대서양에서 채취한 많은 해저퇴적
물을 하나하나 세심히 분석하여 빙하기 심층수 순환 경로의 윤곽을
드러냈다. 그림 8-12는 그 기록을 정리한 대서양의 남북단면도다.[6]
이에 따르면 빙하기에는 북대서양 심층수의 위치가 깊지 않아, 수심
2000미터 정도밖에 되지 않았다. 그런 반면 남극 저층수는 큰 세력을
갖고 있었다. 현재(간빙기)와는 달리 북대서양 심층수의 세력이 약해
그만큼 에너지 수송량도 작았다. 즉 빙하기의 컨베이어벨트는 현재
만큼 효율적으로 순환하지 않았던 것이다.

    그렇다면 부피가 대서양의 두 배인 태평양은 어떨까? 안타깝게도
태평양의 복원작업에는 큰 진전이 없다. 태평양의 바닷물에는 탄산

8장 _ 기후변화의 스위치 **223**

칼슘이 잘 녹아 퇴적물에 유공충 화석이 많지 않다. 그러나 태평양의 북서 해역에서 심층수가 형성되었다는 단편적인 증거가 몇 번 보고된 적이 있다.[7] 앞으로 그 상세한 내용이 조금씩 밝혀질 것이다.

온 오 프   모 델

밀란코비치 이론에 따르면 기후변화는 대부분 서서히 시작하여 서서히 끝이 난다. 밀란코비치 효과는 서로 다른 주기를 갖는 여러 사인곡선들을 조합하여 나타나는 것인데, 어지간히 운이 나쁘지 않은 한(곡선들의 정점이 동시에 한곳에 겹쳐지지 않는 한) 급격하게 일어나지 않는다. 그러나 실제 지구의 기후는 결코 서서히 변동하지 않았다. 산소동위원소비 곡선이나 해수면 변동곡선은 빙하기에서 간빙기에 이르는 과정이 한결같이 수천 년이라는 시간 규모로 일어난 급속한 구조라고 말하고 있다. 이것을 어떻게 설명하면 좋을까?

이 문제에 대한 해답의 실마리를 제공한 것이 브뢰커가 주장한 '온오프on-off 모델'이라는 메커니즘이다.[5] 이것은 심층류의 컨베이어벨트가 멈추거나 혹은 약해지면서 기후가 안정평형 사이의 장벽을 넘어 급속히 변화한다는 이론이다. 현재의 컨베이어벨트는 '온'의 상태지만, '오프'가 되면 빙하기가 찾아온다는 뜻이다. '오프'의 상태에서는 북대서양 심층수의 형성이 멈추면서 전 세계 심층수의 기원은 남극해로 바뀐다. 그뿐만이 아니다. 그때까지 북대서양의 북부 지역으로 이동하던 멕시코 만류의 대량의 열에너지 공급이 멈춰버린다.

그 결과, 어떤 일이 일어날까? 열 공급이 중단된 유럽과 북미는 지금보다 훨씬 추워진다. 현재, 심층수가 형성되고 있는 그린란드 해로 유입되는 멕시코 만류의 수온은 섭씨 약 10도인데, 그것이 심해저로 가라앉으면 섭씨 2도까지 떨어진다. 즉, 8도에 해당하는 열에너지가 대기로 빠져나간다. 좀 전에 설명했듯이 북대서양의 심층수 생성량은 초당 1500만 세제곱킬로미터이므로, 단순 계산했을 때 그린란드 해 부근의 바다에서 대기로 이동하는 열에너지 양은 1년에 무려 1.6×10^{22}줄에 달한다. 이 숫자는 이 해역에서 받는 일사에너지 양의 4분의 1에 해당한다.* 즉, 현재 북대서양 북부 지역의 대기는 심층수를 만들어내는 것에 대한 '보너스'로 대량의 열에너지를 받고 있는 셈이다. 따라서 컨베이어벨트가 멈추고 심층수가 형성되지 않게 되면, 북대서양 북부 지역은 혹독한 한랭화를 맞이하게 된다.

　미국 프린스턴 대학의 마나베 슈쿠로(그림 8-13)는 대기와 해양을 지역 단위의 작고 균질한 상자 형태로 나누어 기후변화를 예측하는 방법론을 확립한 선구자다. 이 방법론을 대순환 모델GCM, General Circulation Model이라고 한다. 이웃하는 상자끼리는 열역학과 유체역학에서 규정한대로 물질을 주고받는다. 대기와 해양에 대해 각각 독자적으로 만든 순환 모델을 결합한 대기-해양 결합모델은 슈퍼컴퓨터를 이용하는 현재에도 기후변화를 예측할 때 꼭 필요한 도구로 꼽히고 있다. 과거 30년에 걸친 컴퓨터의 눈부신 발달로 마나베가 확립한 기법은 계속 그 진가를 발휘하고 있다.

　마나베의 컴퓨터 시뮬레이션에 따르면 심층류의 컨베이어벨트에는 분명히 '온'과 '오프' 두 가지의 안정적 모드가 있다.[8] 현재, 런던의

---

* 북대서양 북부 해역의 기온은 북태평양 북부 해역의 같은 위도 지역에 비해 5~7℃ 높다.

위치는 북위 51도로 연평균 기온은 섭씨 약 10도다. 위도에 비해 온
난한 기후라고 할 수 있다. 그런데 만일 컨베이어벨트가 멈추면 런던
의 연평균 기온은 섭씨 0도 이하로 떨어지는데, 위도로 환산하면 25
도 북쪽에 위치한 현재의 스피츠베르겐과 비슷해지는 것이다. 브뢰
커는 컨베이어벨트를 '기후시스템의 아킬레스건'이라고 표현하며 기
후시스템에서 그 중요성을 강조했다.[9]

   그렇다면 대체 어떻게 하면 이 온오프의 스위치가 바뀔까? 답은
간단명료하다. 북대서양 심층수가 형성되는 그린란드 앞바다 인근
의 바닷물 염도를 낮추면(밀도를 낮추면) 된다. 좀 전의 그림 8-4를 자
세히 살펴보면 이해하기 쉽다. 저온인 바닷물의 밀도를 낮추려면, 수
온을 올리기보다는 염분을 줄이는 게 훨씬 간단하다. 예를 들어 1세
제곱센티미터 바닷물의 무게를 0.001그램 줄이려면 수온을 10도나
올려야 한다. 이에 비해, 염분은 불과 1단위 정도만 떨어뜨리면 된다.
그렇다면 북대서양의 염분은 어떻게 낮추면 좋을까? 만일, 대륙빙하
의 융빙수가 이 해역에 유입된다면 염분을 떨어뜨릴 수 있을 것이다.

   사실 이 온오프 모델의 원형은 스톰멜이 이미 지적했다. 스톰멜은
심층수 순환 이론을 바탕으로 하는 기후변화에 대해서도 깊은 통찰
력을 갖고 있었다. 특히 1961년에 발표한 논문[10]에서 훌륭한 이론을
내놓았다. 그는 간단한 모델을 이용하여 규모가 작은 두 개의 심층수
순환 모드가 있음을 지적했다.

   그림 8-14는 그 핵심을 나타낸 것이다. 컨베이어벨트가 오프가 될
때란, 고위도 쪽의 민물 밸브를 열어놓은 상태에 해당한다. 민물이
들어와 섞이면서 바닷물의 밀도 차이가 사라지기 때문이다. 거대한
로렌타이드 빙상과 페노스칸디아 빙상이 녹아 대량의 융빙수가 북

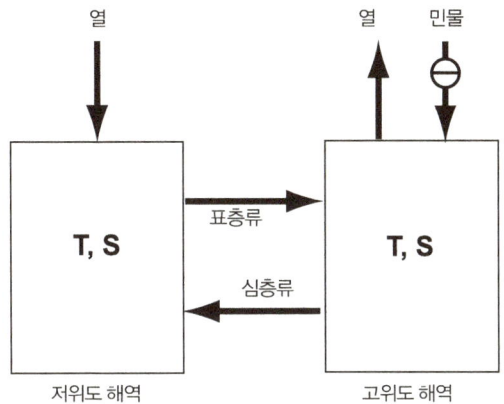

열　　　　　　　　　　　열　　민물

표층류

T, S　　　　　　　　　　T, S

심층류

저위도 해역　　　　　　　　고위도 해역

그림 8-14 스톰멜의 박스 모델을 개량한 모델. 저위도 해역은 적도 인근의 대서양을, 고위도 해역은 북부 대서양을 나타낸다고 생각하면 이해하기 쉽다. T는 수온, S는 염분을 가리킨다. 저위도 해역에서는 수온이 상승하고, 바닷물의 밀도는 작아진다. 그에 비해 고위도 해역에서는 열을 빼앗기므로 바닷물의 수온은 떨어지고 밀도는 커진다. 이것이 고위도 해역과 저위도 해역 사이에 표층류와 심층류의 흐름이 생기는 원동력이다. 그러나 고위도 해역에서 대륙빙하의 융해로 민물이 유입되면 흐름은 멈춰버리고 만다. Stommel(1961)을 수정.

대서양으로 유입되던 1만 9000년에서 7000년 전까지야 말로 그런 시대였음이 분명하다. 이런 외부의 힘이 빙하기라는 안정평형에서 간빙기라는 또 하나의 안정평형으로 이동하는 원동력이 된 것이다.

　연구자에 따라 방법은 다소 다르지만, 온오프 모델은 북대서양 해양심층수의 형성에 중요한 열쇠를 쥐고 있다는 점에서, 많은 기후학자들이 동의하는 '표준' 사고방식으로 통한다. 지금까지 발표된 IPCC의 보고서에도 컨베이어벨트의 온오프를 기후를 좌우하는 중요한 메커니즘으로 설명하고 있다.

　2004년에 개봉한 할리우드 영화 〈투모로우〉*는 바로 브뢰커의 학설에서 힌트를 얻었다. 지구온난화가 컨베이어벨트를 멈추게 하여 기후를 한랭화한다는 시나리오이다. 그러나 브뢰커 당사자는 이 영화가 일반인에게 지구온난화 문제를 널리 알리는 수단으로는 도움이 될지 모르겠지만, 어디까지나 픽션이며 실제 일어날 수 이야기는 아니라고 못박았다.**

---

* 롤랜드 에머리히 감독의 영화. 대기 중 이산화탄소의 증가로 지구온난화가 일어나 기후가 다음 빙하기로 접어든다는 재난영화.
** 호주의 한 방송사(Australian Broadcasting Corporation)가 진행한 브뢰커의 인터뷰.(2004년 5월 26일 방송). IPCC 제4차 보고서에도 기술되어 있는데, 미래에 지구온난화로 그린란드 빙상이 녹으면 0.1 스베드럽의 융빙수가 북대서양 북부 해역으로 흘러들 수 있다. 이것이 컨베이어벨트를 오프하여 북미와 유럽에 한랭화가 찾아올 가능성이 있다.

9장
또 한 번의 탐험

나는 천재가 아닙니다. 다만 남들보다 한 가지 일에 오랫동안 몰두했을 뿐입니다.

— 알베르트 아인슈타인

단 스 고 르 의 꿈

1950년대 중반에 에밀리아니가 유공충의 산소동위원소비를 이용하여 혁명적인 업적을 완성하고 있을 때, 덴마크의 코펜하겐 대학에서는 빌리 단스고르가 세계 각지의 비와 눈을 모아 산소동위원소비를 측정하고 있었다. 단스고르는 매일의 기상조건과 산소동위원소비 사이에 어떤 관련이 있는지에 흥미가 있었다.

비나 눈은 물의 증발·이동·응결이라는 과정을 거쳐 지상으로 내려온다. 따라서 비나 눈에 들어있는 산소동위원소비에는 많은 요인이 뒤엉킨 복잡한 이력이 담겨있다. 단스고르는 관련된 연구를 수행하다가 고위도 지역에 내리는 눈의 산소동위원소비와 기온의 관계가 예상외로 단순하다는 경험법칙을 찾아냈다.[1] 연평균 기온이 높으면 그 해 눈의 산소동위원소비는 ^{18}O이 많아지고(무거워지고), 기온이 낮으면 ^{18}O이 적어졌다(가벼워졌다)(그림 9-1). 다시 말해 눈(혹은 얼음)의 산소동위원소비는 과거의 기온을 기록한 훌륭한 '고기온계'가 될 수 있다는 말이다.

이 성과는 50여년에 걸친 단스고르의 눈부신 연구 이력에서 단지

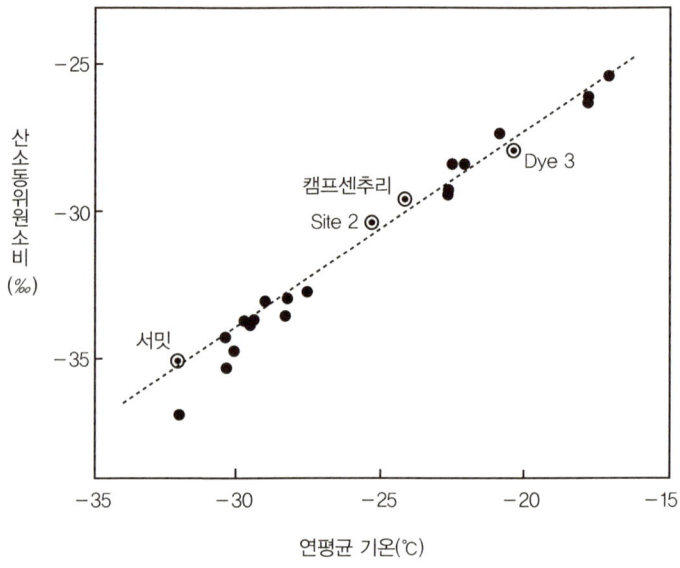

그림 9-1 그린란드 각지의 연평균 기온과 내린 눈의 연평균 산소동위원소비를 보여주는 그림. 본문에 인용하고 있는 4개 지점의 측정값도 나타냈다. 연평균 기온이 높을수록 산소동위원소비도 커지며, 그 비율은 연평균 기온이 1℃ 상승할 때마다 약 0.7‰씩 커진다. 이 관계는 수온이 높아지면 산소동위원소비가 작아지는 해저퇴적물과는 반대다. Dansgaard(2004)을 수정.

서곡에 불과하다. 그는 50년대부터 이 원리를 그린란드의 얼음에 응용할 수 있기를 고대했다. 단스고르는 1954년에 〈민물의 ^{18}O 농도〉라는 논문[2]을 통해 겸손하게도 다음과 같이 말했다.

> 저자의 개인적인 의견이지만, 그린란드 빙상에 남아있는 기록을 이용해 과거 수백 년 동안의 기후변화를 복원할 수 있을지도 모른다.

그야말로 선견지명이며, 자신의 연구 인생을 암시하는 듯한 문장이다. 훗날 단스고르는 이 문장에 대해 '당시 이미 그린란드 빙상을 굴착하면 과거의 기후변화를 복원할 수 있다고 예측하고 있었지만 아이디어를 빼앗길까봐 애매하게 표현했다'고 언급했다.[3] 사실 대학을 졸업하고 1년 동안 마을에서 멀리 떨어진 그린란드의 기상관측소에서 관측원으로 일했던 단스고르에게 그린란드는 친숙한 장소였다.

눈의 산소동위원소비 연구로 젊은 나이에 일류 지구화학자 대열에 합류한 단스고르는 그 뒤로도 몇 차례나 그린란드를 찾아 얼음 샘플을 꾸준히 채집했다. 그러나 마음속으로 간절히 바라던 꿈을 혼자힘으로 실현하기란 너무나도 어려운 일이었다. 그렇게 생각하고 있을 무렵, 단스고르는 미군의 연구자 그룹이 그린란드 빙상을 굴착하고 있다는 사실을 알게 되었다.

하얀 대지, 그린란드

덴마크는 독일 북쪽의 유틀란트 반도에 자리한 '작은 나라'라고 생각하는 사람이 많다. 그러나 그것은 잘못 알려진 사실이다. 왜냐하면 그린란드라는 세계 최대의 '섬'이 덴마크 영토이기 때문이다. 그린란드의 면적은 자그마치 220만 제곱킬로미터로, 일본 육지면적의 6배^{한반도 면적의 약 10배}에 달한다. 이 섬을 그린란드 대륙이라고 부르는 사람도 있을 정도다. 덴마크는 그린란드 덕분에 유럽에서 가장 넓은 국토를 가진 나라로 꼽힌다.

그린란드는 남쪽 일부를 제외하면 대부분이 북극권에 위치한다. 그래서 한겨울이 되면 거의 모든 지역에서 태양이 한 번도 얼굴을 비추지 않는 음울한 날이 계속된다. 또한 섬 면적의 85퍼센트가 두꺼운

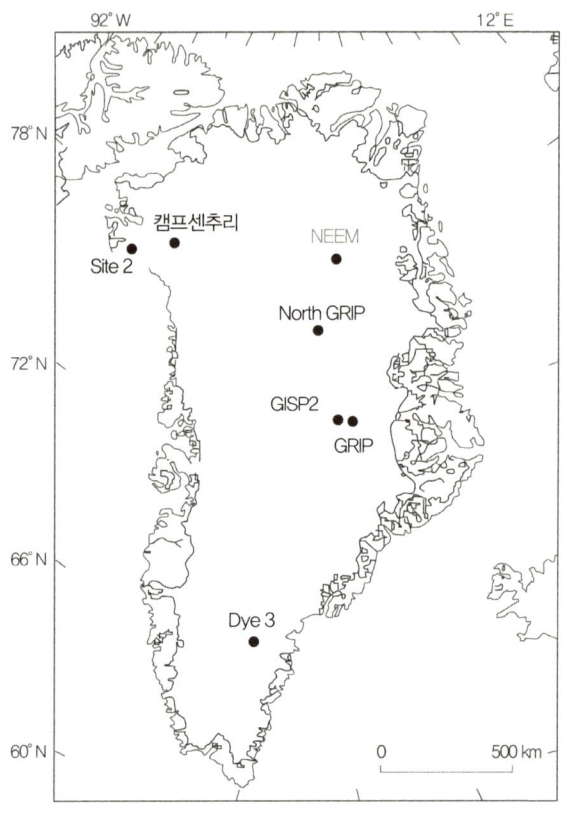

그림 9-2 그린란드. ●표시는 이 책에서 소개하는 빙하코어를 채취한 위치.

얼음에 뒤덮여있는데, 이것이 바로 그린란드 빙상이다(그림 9-2). 이
빙상 때문에 사람들이 살 수 있는 곳은 해안 부근의 얼마 되지 않는
지역으로 한정된다.

　그런데 이름이 '그린란드'라니 기묘하지 않은가. 보이는 것이라고
는 새하얀 얼음뿐, 녹색은 거의 보이지 않는 땅이다. 이 섬에 그린란
드라는 이름이 붙은 것은 10세기 말 무렵이다. 지금의 아이슬란드에

서 살인죄로 추방된 '붉은 머리의 에릭'*이라는 바이킹이 그린란드 남부로 흘러들어와 개척지를 만들고 아이슬란드에서 이주자를 끌어들였다. 붉은 머리의 에릭은 이주자를 많이 불러들이기 위해 지혜를 짜내 '녹색의 대지'라는 명칭을 고안해냈다. 그야말로 고약한 사기 행각이다. 바이킹이 활약한 시대는 유럽과 북미에서 중세온난기라고 부르는, 비교적 따뜻한 시기였다. 그린란드도 이 무렵에는 그 전후 시기에 비해 기후가 다소 따뜻했다. 그렇다고 해도 사기라는 점은 달라지지 않는다. 아무튼 개척지 생활은 14세기 중반에 이주민이 전멸하면서 종언을 고했다. 14세기 중반은 마침 중세온난기가 끝나고, 소빙하기라는 한랭한 기후로 이행한 시기와도 겹쳐진다.

그로부터 400년 뒤 덴마크와 노르웨이의 이주민이 다시 이 땅에 정착하기 시작했다. 현재 이 광대한 섬에는 남서부를 중심으로 5만 명의 이누잇이 살고 있다. 대부분의 주민은 농경이 아니라 고기잡이를 하며 살아간다. 이런 불모의 대지 그린란드는 20세기 후반에 들어서면서 기후변화 연구자들로부터 엄청난 각광을 받게 된다.

얼음 속 비밀기지

미국과 소련(현 러시아)의 냉전이 한창이던 1950년대 말, 그린란드의 북서쪽 끝 북위 77도 10분, 서위 61도 8분의 위치에 미군 기지가 극비리에 지어졌다(그림 9-3). 기지의 이름은 '캠프센추리'. 이 세

---

* Erik the Red(950?–1003?) 노르웨이 남부 출신의 해적. '아이슬란드'라는 이름도 이 사람이 붙였다고 한다. 이것도 조작이 아닐런지.

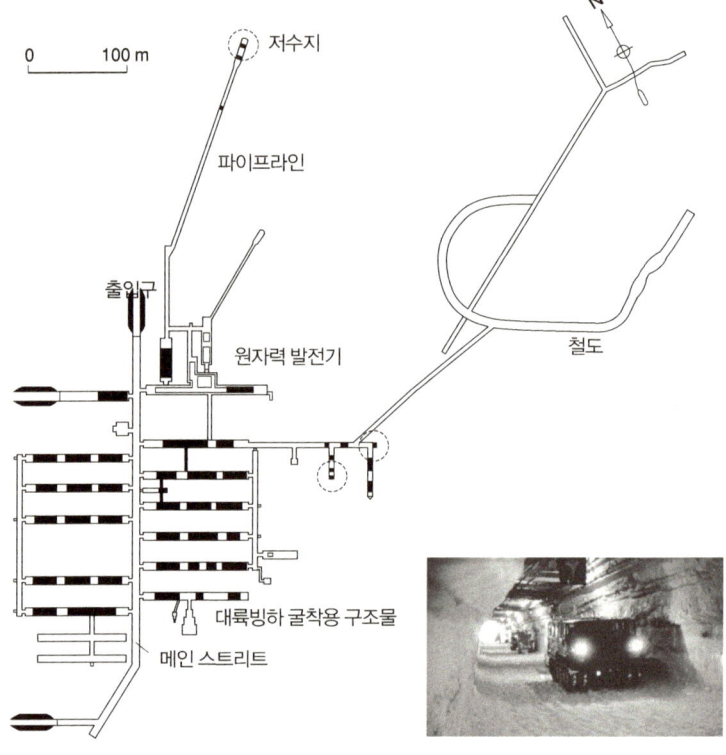

그림 9-3 그린란드 빙상 내부에 만들어진 캠프센추리의 지도. 사진은 메인 스트리트의 모습. Dansgaard(2004)에서 인용.

기의 비밀기지는 **대륙빙하의 내부**라는 상식적으로는 상상할 수 없는 장소에 만들어졌다. 그러나 상식을 벗어난 장소에 세워졌으면서도 이 기지는 어마어마한 규모를 자랑했다. 메인 스트리트라고 불리는 통로는 폭과 높이가 모두 약 7미터에 달하고 길이는 400미터 이상으로 대형 트럭도 거뜬히 지날 정도였다. 메인 스트리트의 양쪽으로는 작은 보도가 나있고, 그 옆으로 병원과 교회, 영화관, 체육관과 스케이트장까지 무려 32곳의 편의시설이 갖춰져 있었다.

이 기지가 처음 세워질 당시에는 이동식 원자력 발전기가 기지에서 사용하는 전력을 공급했다. 여름에는 미군 관계자 250여명이 지내는데, 각 방은 샤워시설까지 갖추고 있었다. 또한 모든 음료수를 25센트 동전 하나로 마실 수 있는, 한껏 **멋을 낸** 바텐더가 딸린 바까지 있었다. 바에는 수영복 차림의 미녀들 포스터가 붙어 있었는데, 교회목사가 올 때는 재빠르게 낚시 하는 사진의 포스터로 바꿔 놓았다고 한다.[3]

그린란드에서 미군의 활약은 1941년 4월 이후에 더욱 두드러진다. 그린란드가 북미 대륙과 유럽 대륙을 잇는 전략적 요충지라 미국이 덴마크에 군대 주둔을 제의한 것이 발단이었다. 마침 그 1년 전에 독일이 덴마크를 점령했는데, 이에 반발한 당시 주미 덴마크 대사가 본국의 양해도 얻지 않고 바로 미국에 허가를 내주었다고 한다.

그린란드에서 활동의 자유를 얻은 미국은 2차 대전이 끝난 후에도 여러 가지 이유를 늘어놓으며 그대로 눌러앉았다. 그리고 곧 미국과 소련의 냉전이 시작되자, 그린란드는 북극해를 경유하는 소련의 침략에 대비할 수 있는 전선이 될 수 있기 때문에 군사적 요충지가 되었다. 그렇게 미군은 냉전이 시작된 1950년대 이후 그린란드에서 계속 활동을 해왔다.

미군은 그린란드 대륙빙하 내의 캠프센추리에서 대륙빙하의 구조에 관한 연구와 빙하 속으로 군수 물자를 수송할 수 있는 실험을 하는 등 다양한 활동을 펼쳤다. 캠프센추리를 관리했던 미군 한랭지공학연구소의 라일 한센 그룹은 그런 활동 중 하나로 빙하코어를 굴착하는 기술(사실은 대륙빙하를 파들어가 바닥까지 구멍을 뚫는 기술) 개발에 착수했다. 기발하면서도 엄청난 생각이었다.

얼음을 굴착하기 위해 지하기지 안에 구조물을 세우고 1960년에 드디어 굴착에 착수했다. 그러나 당시에는 얼음을 파내는 기술이 제대로 확립되지 않아 거의 손으로 긁어내는 수준에서 프로젝트가 진행되었다.* 당초 굴착작업에는 케이블을 통해 굴착드릴에 전력을 공급하여 금속드릴 끝을 뜨겁게 달궈 얼음을 녹이는 써모 드릴 기술이 쓰였다. 한센 일행은 400미터 정도 파내려간 시점에서, 새롭게 개발된 일렉트로미케니컬 드릴이라는 굴착법으로 교체했다. 드릴 끝을 회전시켜 기계적으로 파내려가는 굴착법으로, 개발된 지 얼마 안 된 기술인데, 이것이 성공으로 가는 열쇠가 되었다. 일렉트로미케니컬 드릴은 써모 드릴보다 굴착 속도가 빠르고 얼음은 물론 바위도 뚫을 수 있을 만큼 강력해 현재까지도 빙하코어 굴착에 쓰이고 있다.

굴착한 빙하코어 시료는 수 미터 길이로 나눠 얼음 위로 끌어올려진 후 회수했다. 그리고 다시 코어드릴을 같은 코어 구멍에 삽입하여 바닥 깊숙이까지 내리는, 오랜 시간이 걸리는 작업을 수없이 반복했다. 또한 굴착하는 동안 코어 구멍이 막히는 것을 막기 위해 얼음과 거의 같은 밀도의 액체를 코어 구멍에 주입하는 방법도 이때 개발되었다. 얼음은 '점성이 높은 액체'와 같아서 높이 11미터에 해당하는 얼음은 1기압에 상응한다. 따라서 깊이 수백 미터의 코어 구멍을 뚫린 채로 방치하면, 주위의 압력에 밀려 구멍은 순식간에 막혀버린다.

그 외에도 수많은 기술적 문제에 부딪혔지만, 무사히 긴 빙하코어의 굴착에 성공하였고, 6년 뒤인 1966년 7월에 드디어 목표를 달성했

* 이 빙하코어의 굴착에 앞서, 국제지구물리관측년인 1957년에 그린란드 북서쪽 끝에 있는 툴레 반도의 Site 2(북위76도 59분, 서위56도 04분, 그림 9–2 참조)에서 길이 411미터에 달하는 빙하코어를 시험적으로 채취했다.

다. 그린란드 대륙빙하의 바닥까지 뚫고 내려가 길이 1387미터의 코어 굴착에 성공한 것이다.[4] 마지막 25미터 부분은 진흙이 섞인 갈색의 탁한 얼음과 모래가 드문드문 섞여 있었는데, 특히 마지막 수 미터에는 커다란 자갈이 잔뜩 박혀 있었다. 드릴이 대륙빙하의 바닥에 분명히 닿은 것이다.

당시 캠프센추리에서 굴착한 빙하코어가 과거의 기후변화 연구에 도움이 될 것이라는 인식은 막연한 상태였다. 애초에 군사 실험의 일환으로 실시한 것이기 때문에 사전에 과학적으로 충분한 검토를 거친 계획은 아니었다. 따라서 거대한 빙하코어를 보관할 장소가 마땅치 않았다. 결국 빙하코어는 미국 뉴햄프셔 주의 한랭지공학연구소 본부까지 오랜 시간에 걸쳐 옮겨져 그곳 냉동고에 보관하게 되었다.* 세계 최초로 본격적인 빙하코어를 굴착했는데도 당시 미국의 연구자 중 어느 누구도 이 빙하코어를 이용한 연구를 제안하지 않았다. 덴마크인인 단스고르에게는 그야말로 행운이었다.

사정을 알게 된 단스고르는 곧바로 빙하코어의 관리책임자였던 한랭지공학연구소의 체스터 랭웨이에게 편지를 보내 빙하코어의 산소동위원소비를 분석할 수 있게 도와달라고 청했다. 물론 관측에 필요한 비용은 전부 코펜하겐 대학에서 부담하겠다는 조건이었다. 랭웨이는 제안을 받아들였다. 이것이 이후 20년 동안 인연을 이어가는 단스고르와 랭웨이 콤비의 첫 만남이었다.

단스고르는 곧장 뉴햄프셔의 한랭지공학연구소로 학생을 파견하여 86개의 얼음 샘플을 입수했다. 그리고 코펜하겐에 도착한 샘플의

* 현재는 콜로라도 대학과 미국 지질조사소가 공동으로 운영하는 콜로라도 주 덴버의 냉동고에 보관되어 있으며, 모든 연구자들이 접근할 수 있다.

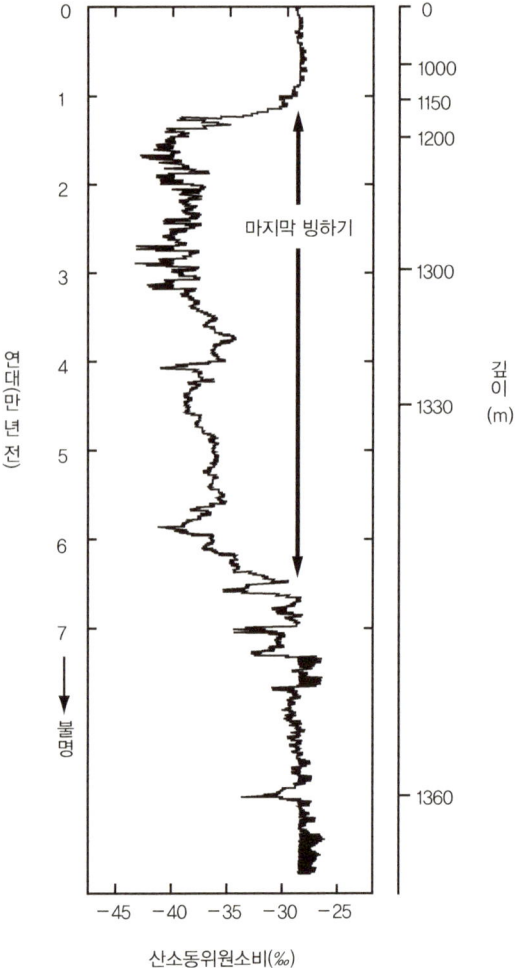

그림 9-4 그린란드 캠프센추리에서 채취한 빙하코어의 산소동위원소비 기록. 그림 왼쪽에는 대륙빙하의 유동 모델을 이용하여 추정한 연대를, 오른쪽에는 코어의 깊이를 나타냈다. 연대 축은 이후 보다 상세한 유동성 모델을 이용하여 추정한 값으로 변경하였다. Dansgaard *et al.* (1969). Dansgaard(2004)을 수정.

산소동위원소비 분석에 나선 단스고르는 그 결과에 깜짝 놀라고 말았다. 샘플에는 마지막 빙하기로 추정되는 추웠던 시대뿐만 아니라, 마지막 간빙기로 불리는 한 단계 이전의 온난한 시대까지 고스란히 기록되어 있었기 때문이었다.

얼음에 남겨진 기록

이 결과에 감격한 단스고르는 캠프센추리의 빙하코어를 더욱 세밀하게 샘플링하여 7500여개 샘플의 산소동위원소비를 하나씩 꼼꼼히 분석했다. 그들이 구한 세계 최초의 빙하코어에 대한 상세한 산소동위원소비 분석결과는 과학적인 시사점들로 넘쳐났다.[5] 그림 9-4를 보도록 하자. 우선 1400미터에 가까운 빙하코어에서 표층에서 1150미터 정도까지, 시대로 치면 현재부터 약 1만 년 전까지는 큰 변동없이 안정적인 산소동위원소비를 유지하고 있다. 약간의 흔들림은 있지만 산소동위원소비는 약 −29‰ 근처에서 왔다갔다하는 수준이다. 이 −29‰이라는 수치는 현재와 거의 같다. 이 결과로부터 약 1만 년 전까지 그린란드의 기후는 현재와 비슷했다는 것을 알 수 있다.

그런데 그보다 깊은 부분에서는 상황이 급변하기 시작한다. 산소동위원소비가 급격하게 작아지더니, 1만 4500년 전 무렵으로 추정되는 깊이 1200미터 부분에서는 산소동위원소비가 −43‰까지 낮아졌다. 단스고르가 기존에 밝힌 기온과 산소동위원소비의 관계(그림 9-1)에 적용하면 14‰에 달하는 산소동위원소비 감소는 곧 20도 이상의 기온 강하에 해당된다.

　그밖에도 이 빙하코어에서 여러 흥미로운 시그널을 발견할 수 있었다. 마지막 빙하기에서 후빙기로 이행하는 과정에서, 기후는 따뜻해지는 듯 싶다가 곧바로 다시 추워지는 진동을 거쳐 온난화에 도달했다. 그뿐만이 아니다. 빙하기의 기록 중에서 기온으로 환산하면 진동폭이 섭씨 약 7도인, 짧은 주기의 '기후변화'를 여럿 찾아냈다. 이것은 빙하기 때의 그린란드는 단순히 추웠던 게 아니라, 매우 불안정한 기후가 동반된 시대였음을 시사하기 때문이다. 과거 1만 년 동안 산소동위원소비가 거의 변하지 않은 것에 비하면 대조적이다.

　단스고르가 실시한 캠프센추리 빙하코어의 산소동위원소비 측정 결과는, 얼음이 해저퇴적물처럼 과거의 기후변화를 기록하는 '테이프 레코더'임을 증명했다. 그리고 고기후 연구자들이 그것을 인정하고도 남을만한 임팩트를 안겼다. 그러나 가장 큰 문제는 빙하코어의 연대를 결정하기 위해 꼭 필요한, 대륙빙하의 움직임에 관한 기초적 인식이 논문이 발표된 당시로서는 부족했다는 점이다. 빙하코어는 해저퇴적물과 마찬가지로 아래쪽 부분일수록 보다 오래된 시대의 기록을 보존하고 있다. 그러나 대륙빙하는 따뜻해진 엿처럼 서서히 흘러내린다는 중요한 특징이 있다. 그래서 대륙빙하에 새겨진 과거의 기록은, 기록 자체가 움직이고, 시간이 흐르면서 소실된다는 독특한 성질을 띠게 된다. 이런 점이 해저퇴적물과 결정적으로 다르다고 할 수 있다. 빙하코어의 '깊이'를 '연대'로 바꿔 읽으려면 상당히 전문적인 지식과 기술이 필요했던 것이다.

　그 시절은 빙하코어에 대한 기초연구가 미숙했기 때문에, 대륙빙하의 움직임에 관한 관측결과도 아직 불충분한 시대였다. 그래서 단스고르가 내놓은 산소동위원소비 기록에 관심을 보인 고기후 연구자들도 세세한 부분까지는 좀처럼 믿으려고 하지 않았다. 또한, 당시의 해저퇴적물 분석결과에서는 마지막 빙하기의 급격한 산소동위원소비 변동이 확인되지 않고 있었다. 이런 사실도 많은 연구자를 당혹케 만들면서, 캠프센추리의 분석결과에 의문을 품게 하는 원인이 되었다.

빙하코어를 굴착한 캠프센추리는 그린란드 빙상의 북서쪽 끝에 위치한다. 이곳은 대륙빙하 아래의 기반암이 그다지 평평하지 않았다. 그래서 많은 고기후학자들은 단스고르가 빙하코어의 연대결정에 이용한 대륙빙하 유동모델이 지나치게 현실을 단순화한 것은 아닌가 의심했다. 울퉁불퉁한 기반암 때문에 대륙빙하의 바닥면이 모델보다 더 복잡하게 움직여, 오래된 얼음과 새로운 얼음의 연대가 뒤바뀌면서 기후가 급격히 변동한 듯 보인 게 아니냐는 것이었다. 더욱이 빙하코어의 분석결과로는 캠프센추리의 것이 유일해, 단 한 곳의 기록으로 넓은 지역의 기후변화를 논의하는 것을 못미더워 하는 연구자도 있었다. 결국 캠프센추리의 결과를 인정받기 위해서는 그린란드 남부의 Dye 3다이쓰리(그림 9-2)에서 빙하코어가 굴착되기를 기다릴 수밖에 없었다. 밀란코비치도 마찬가지였지만, 시대를 너무 앞선 연구는 제대로 인정받기까지 다소 시간이 걸린다. 그러나 그나마 생전에 인정을 받은 만큼 단스고르는 행운아였는지도 모른다.

캠프센추리는 대륙빙하의 바닥까지 굴착에 성공한 이듬해인 1967년에, 갑자기 대륙빙하의 흐름이 빨라져 불가피하게 폐쇄해야만 했다. 모든 시설을 갖춘 기지를 쾌적하게 유지하고 다양한 군사실험을 수행하는 데는 막대한 양의 에너지가 소비되기 마련이다. 그래서 다량의 열이 방출되었고 기지 주변 얼음의 유동속도가 빨라졌던 것이다. 어쨌든 캠프센추리는 다행히도 냉전의 역사에 등장하지 않았고, 따라서 대륙빙하 속으로 물자를 수송해야하는 사태도 일어나지 않았다. 그러나 군사가 아닌 과학이라는 분야에서 혁명적인 연구의 길을 여는 데에는 큰 공헌을 했다.

그 이후 그린란드에서 대륙빙하의 바닥에까지 닿는 빙하코어를 굴착한 것은 무려 15년이나 지나서였다. 이것만 봐도 캠프센추리의 대륙빙하 코어를 이용한 고기후 연구가 얼마나 시대를 앞선 것인지 알 수 있다. 그리고 캠프센추리의 분석결과가 지닌 중요성을 곧바로 인정받지 못했던 단스고르도 자신의 연구가 옳았다고 인정받기까지 꼬박 15년을 기다려야 했다. 캠프센추리의 굴착에 성공했을 때 44세였던 그는 염원의 두 번째 빙하코어가 굴착되었을 때에는 환갑을 눈앞에 두고 있었다.

흘러내리는 대륙빙하

이야기를 계속하기 전에 먼저 대륙빙하에 대해 좀 더 알아보자. '대륙빙하'란 쉽게 말해서 육지 위에 얹혀있는 얼음 덩어리다. 보통의 감각으로는 얼음은 딱딱한 물질이니까 얼음 덩어리인 대륙빙하도 움직임이 없는 정적인 것이라고 생각하기 쉽다. 그러나 그것은 단지 대륙빙하의 시간 길이가 인간의 시간 척도보다 다소 길기 때문에 그렇게 보이는 것뿐이다. 가정집 냉장고에서 만드는 얼음은 틀림없는 '고체'다. 그런데 대륙빙하만큼 사이즈가 커지면 상황이 달라진다. 우선 앞서 설명했다시피 대륙빙하는 흘러내리고 있다. '점성이

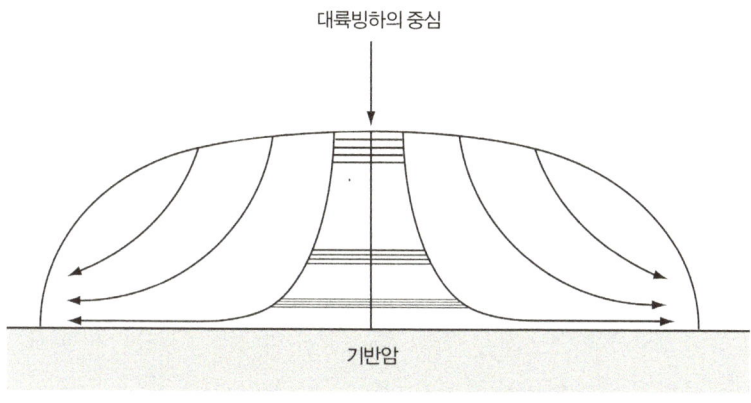

대륙빙하의 중심

기반암

그림 9-5 도식적으로 그린 빙상의 단면도. 대륙빙하가 흐르는 방향을 화살표로 나타냈다. 대륙빙하 중심 부근의 수평으로 된 선들은, 1년 동안 형성되는 얼음의 두께가 갈수록 얇아지는 상황을 나타내고 있다. 세로 방향으로 크게 과장하여 그렸다는 점에 주의. 실제 대륙빙하의 수평방향 확산은 대륙빙하 두께의 수백 배에서 1000배까지 달한다. 따라서 대륙빙하는 여기서 설명한 것과 같이 찹쌀떡 같은 형태라기보다는 극히 얇은 판 모양이라고 생각해야 한다. 그야말로 얼음판(ice sheet)이라고 할 수 있다. Dansgaard *et al.*(1971)을 수정.

높은 액체'라고 표현해도 좋을 만큼 대륙빙하는 매우 역동적으로 움직이는 물질이다. 대륙빙하의 중심에서 가장자리 부분을 향해 하루에 보통 1미터, 빠른 곳에서는 약 10미터의 속도로 흘러내린다.

대륙빙하의 표면에는 얼음의 원료인 눈이 끊임없이 공급된다. 만일 눈이 계속해서 내린다면 대륙빙하는 끝없이 커지겠지만 실제로 그런 일은 일어나지 않는다. 대륙빙하를 작게 만드는 구조가 있기 때문이다. 대륙빙하의 가장자리에서 일어나는 융해와 빙산 쪼개짐, 그리고 표면에서 일어나는 증발(승화)이 그것이다. 현재 그린란드 대륙빙하는 이런 공급과 소실이 균형을 이루면서 크기나 모양이 거의 일정하게 유지되고 있다. 특히 대륙빙하가 흘러내리면서 주변부가 빙산으로 분리되는 구조는 대륙빙하의 모양과 크기를 결정하는 주요 요인이다.

지금까지 대륙빙하가 어느 방향으로 얼마나 빨리 움직이는가에 관해 많은 연구가 실시되었다. 그러나 빙하코어 연구가 시작되었을 당시도 그렇지만, 현재까지도 이 문제는 여전히 연구자들을 괴롭히고 있다. 가장 단순한 예로 그림 9-5처럼 평탄한 기반암 위에 대륙빙하가 형성된 경우를 생각해보자. 거대한 대륙빙하가 올라앉은 기반암은 지각평형의 효과로 밑으로 꺼지기 때문에 실제로는 널빤지에 찹쌀떡 올려놓은 것처럼 사뿐히 있는 것이 아니다. 그러나 이야기를 단순화하기 위해 엄밀함을 잠시 미뤄두고 생각해보자.

우선 대륙빙하 위에 얼음과 밀도가 같은 작은 물체 하나를 놓았다고 해보자. 이 물체의 움직임을 수천 년 혹은 수만 년 동안 지켜본 결과가 그림 9-5에 나타낸 얼음의 유선streamline이다. 이 물체는 대륙빙하의 어느 곳에 놓아도 매년 빙하의 내부로 조금씩 파묻힌다. 눈이 내리면서 대륙빙하로 항상 얼음(눈)이 공급되기 때문이다. 동시에 대륙빙하의 움직임을 따라 점점 가장자리로 이동한다.

대륙빙하 굴착처럼 몇 년씩 걸리는 연구의 경우 대륙빙하 위에 건물을 지으면 해마다 조금씩 건물은 얼음 속으로 가라앉으며 동시에 수평 방향으로 이동한다. 그리고 토크가 가해져 언젠가는 무너지게 된다. 대륙빙하에 뚫어놓은 파이프 구멍도 마찬가지다. 캠프센추리도 같은 이유로 시간이 경과하면서 점차 기울어져 결국 폐쇄할 수밖에 없었다. 대륙빙하가 갖는 점성은 빙하코어의 굴착작업을 상상 이상으로 힘들게 한다.

내린 눈은 시간이 지나면 쌓이는 무게로 단단해져 얼음으로 변한다. 이상적인 대륙빙하의 모습을 갖추게 된 중심부 서밋summit의 얼음은 그 위로 계속 만들어지는 얼음의 무게에 못 이겨 사방으로 밀려난다. 그래서 대륙빙하의 중심부에서 빙하코어를 채취하면 깊은 부분일수록 그 연층^{年層}의 두께가 얇아진다. 과거로 거슬러갈수록 일정 연대 당 얼음의 두께는 지수함수적으로 줄어든다. 다시 말해 대륙빙하의 하부로 갈수록 단위 길이 당 더 많은 연대의 정보가 담겨 있다는 것을 뜻한다.

예를 들어 캠프센추리에서 채취한 길이 1387미터의 빙하코어에는 약 10만 년에 걸친 기록이 보존되어 있는데, 10만 년 전부터 1만 년 전까지의 기록은 코어 하부의 240미터 부분에 압축돼 있다(그림 9-4). 즉 과거 시간의 90퍼센트 이상이 대륙빙하의 바닥에서 불과 17퍼센트 부분에 기록되어 있는 셈이다. 오래된 연대의 상세한 기후변화 기록을 구하려면 단순히 긴 코어를 채취하는 것만 갖고는 안된다. 얼음 아래 기반암이 기울어져 있지 않고 대륙빙하 하부에서 불규칙한 유동이 일어나지 않는 곳에서 얼음을 채취해야 한다.

따라서 얼음이 가장 두꺼운 대륙빙하 중심부이면서 기반암이 평탄한 장소가 빙하코어를 채취하기에 가장 적합하다. 그러나 실제 대륙빙하는 주로 산이나 골짜기의 울퉁불퉁한 기반암 위에 자리 잡고 있다. 더욱이 장소에 따라 강설량이나 융해량이 다르기 때문에, 대륙빙하의 모양은 찹쌀떡과 같은 이상적인 모양과는 거리가 멀다. 그렇기 때문에 대륙빙하가 흐르는 방향과 속도라는 정보는 대륙빙하를 굴착할 위치를 선정하는데 상당히 중요하다.

채취한 빙하코어의 연대를 결정할 때 대륙빙하의 움직임을 파악하는 것은 필수적이다. 예를 들어, 캠프센추리의 빙하코어에서는 주로 대륙빙하의 유동모델에 따라 연대가 결정되었다.[6] 캠프센추리에서 굴착을 한 지 40년 이상이 지난 현재에도, 대륙빙하 유동모델은 빙하코어의 연대결정에서 빼놓을 수 없다. 그러나 깊은 곳의 얼음일수록,

다시 말해 옛날로 거슬러 올라갈수록 모델의 계산값은 오차가 너무 커 실제 연대와 차이가 크게 벌어진다. 깊은 층의 얼음일수록 기반암의 형상에 따라 움직임이 좌우되어 이론적 재현이 힘들기 때문이다. 현재는 대륙빙하의 유동모델 이외에도 연층을 한 장씩 세거나 이산화탄소나 메탄의 농도 변화를 이용하여 다른 코어와 교차분석하는 등 다른 방법에 의한 분석 결과들과 대조 비교하여 종합적으로 연대를 결정하고 있다. 빙하코어의 연대를 결정하는 일은 해저퇴적물의 연대결정과는 또 다른 어렵고 힘든 작업이다.

다 시   한   번 ,   도 전

1981년 8월에 그린란드 남부의 미군 레이더 기지 Dye 3에서 그린란드 빙상 바닥까지 닿는 두 번째 빙하코어를 채취했다. 이 빙하코어는 10년 전에 시작된 미국, 덴마크, 스위스 3국 공동 그린란드 빙상 프로젝트Greenland Ice Sheet Project, 줄여서 'GISP'의 일환으로 채취한 것이다. 이 프로젝트에서는 캠프센추리의 콤비인 미국의 체스터 랭웨이와 덴마크의 빌리 단스고르와 함께 스위스 베른 대학의 한스 외슈거가 새로 참가했다.

외슈거는 1950년대에 저농도 베타선을 측정하는 검출기를 만들고, 그것을 이용해 눈 속에서 최초로 트리튬을 찾아낸 지구화학자다.[7] 외슈거가 만든 베타선 계수기를 이용한 연구는 방사성 핵종을 사용하는 고古환경 연구에 눈이나 얼음이 중요한 기록매체라는 것을 의미한다. 외슈거의 합류로 연구 그룹은 더욱 막강한 실력을 갖추게

그림 9-6 그린란드의 대륙빙하 빙하코어 연구의 여명기를 이끈 3인. 1981년 Dye 3에서. 왼쪽부터 빌리 단스고르(Willi Dansgaard, 1922~2011), 체스터 랭웨이(Chester C. Langway Jr., 1929~), 한스 외슈거(Hans Oeschger, 1927~1998).

되었다(그림 9-6).

 Dye 3는 그린란드 남부 북위 65도에 위치하고 캠프센추리에서 남남동쪽으로 1400킬로미터 이상 떨어져 있다(그림 9-2). 이곳은 동서냉전이 한창이던 1950년대에 북쪽에서 침입하는 항공기나 미사일을 감시하기 위해 미국이 알래스카에서 아이슬란드에 이르는 라인에 세운 레이더 기지 중 하나다. 그린란드 남부를 동서로 가로질러 Dye 1부터 Dye 4까지 네 곳에 레이더 기지가 있다. 그 중 Dye 3에서 1979년부터 1981년까지 약 3년에 걸쳐 대륙빙하 굴착을 실시해 길이 2037미터의 빙하코어를 채취했다. 코어 하부 22미터 부분은 진흙이 잔뜩 섞인 다갈색의 얼음으로, 가장 밑에는 작은 돌들이 박혀 있어

이 코어가 확실히 대륙빙하를 관통해 기반암까지 닿은 것임을 알 수 있다.

Dye 3는 그린란드 북서부의 캠프센추리에서 멀찌감치 떨어져 있다. 따라서 만일 캠프센추리와 같은 분석결과가 나온다면 그 결과를 기후변화의 신호라고 봐도 좋다는 것을 뜻한다. 그린란드 남부는 기후변화에서 중요한 역할을 담당하는 북대서양 북부 해역과 비교적 가깝기 때문에 Dye 3는 그 영향을 살필 수 있는 좋은 지점이기도 하다. Dye 3에서 채취한 빙하코어는 현장에서 하나씩 샘플링하여 코펜하겐의 단스고르 연구실로 옮겨졌다.

9000여개의 샘플을 분석한 결과는 빙하코어의 굴착이 모두 끝난 다음 해인 1982년 12월에 논문으로 발표되었다.[8] 결과는 당초 단스고르의 예상과 일치했다. 캠프센추리와 똑같은 산소동위원소비 기록이 나온 것이다. 특히 11만 년 전부터 2만 년 전까지 이어지는 빙하기 동안은 따뜻해지다가 갑자기 추워지는 단기간 온난화가 여러 차례 반복되고 있었다. 이로써 캠프센추리의 산소동위원소비 기록이 대륙빙하의 유동과 변형에 의한 결과가 아니라는 것이 증명되었다. 착오가 아닌 실제 기후변화 기록이었던 것이다. 캠프센추리의 산소동위원소비 기록에 회의적이었던 고기후 연구자들도 이번만은 믿을 수밖에 없었다.

짧은 온난기의 수는 규모가 작은 것까지 포함하여 총 24회에 달했고, 이후에 빌리 단스고르와 한스 외슈거의 이름을 따라 단스고르-외슈거 이벤트라고 불리게 되었다. 이 기후 이벤트는 이후에 발견된 하인리히 이벤트와 함께 기후변화가 단기간에 일어나는 것임을 알려주었다. 이에 대해서는 11장에서 자세히 설명하게 될 것이다.

결정판을 목표로

1989년에 그린란드 빙상에서 해발고도가 가장 높은 지역인 서밋Summit(북위 72도 35분, 서위 37도 38분, 해발고도 3200미터)에서 유럽 8개국의 연구 그룹이 또다시 빙하코어를 채취하기 위한 프로젝트를 개시했다. 프로젝트 이름은 그린란드 빙하코어 프로젝트Greenland Ice Core Project, 줄여서 'GRIP그립'이라고 부른다(그림 9-2). 미국의 연구 그룹역시 서쪽으로 불과 28킬로미터 떨어진 곳에서 거의 같은 시기에 빙하코어 굴착 프로젝트를 개시했다. 이 프로젝트는 그린란드 빙상프로젝트 2Greenland Ice Sheet Project 2의 앞 글자를 따와 'GISP2기스프투'라고 불렀다. Dye 3의 굴착 후 두 번째로 진행하는 프로젝트라는 뜻이다.

대륙빙하 흐름의 '원류'에 해당하는 서밋summit은 이론적으로는 유동이 거의 없어 얼음의 변형이 가장 작은 장소다. 더욱이 얼음이 두꺼워 오래전 과거로 거슬러 갈 수 있기 때문에 고기후 복원연구에 최적의 굴착장소라고 여겨진다. 두 프로젝트 모두 캠프센추리나 Dye 3에서 얻은 결과를 확인하는 것은 물론 한층 오래된 시대의 기후복원과 그린란드의 제4기 후기 기후변화의 결정판을 목표로 삼았다. 이두 대형 연구프로젝트는 연평균 기온 영하 31도라는 극한의 그린란드 대륙빙하 정상에서 서로 협력하고 때로는 자극을 주고받으며 진행되었다.[9]

GRIP은 굴착에 캠프센추리와 Dye 3에서 개발하고 개량한 전통적인굴착 시스템을 이용했다. GISP2에서는 밀도, 온도, 압력 등 총 열여섯 가지 얼음의 물성을 측정할 수 있는 센서를 장착한 새로운 굴착 시스템을 이

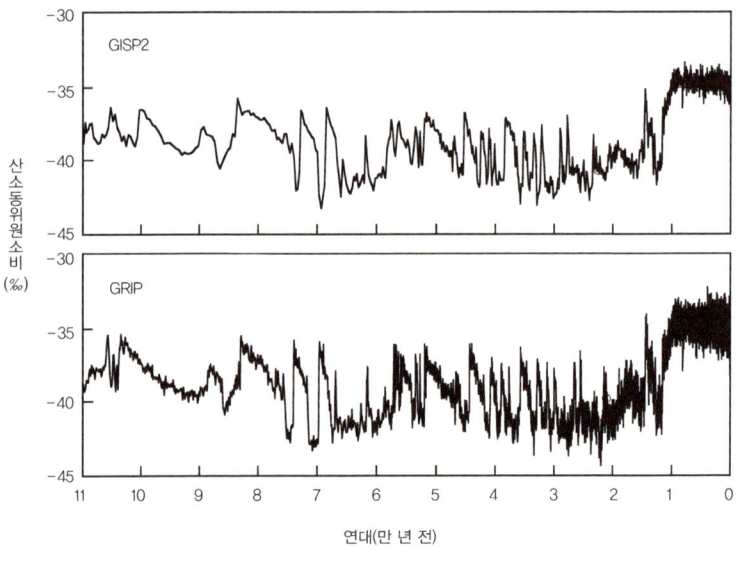

그림 9-7 그린란드 중앙부 서밋의 GISP2와 GRIP의 산소동위원소비 기록. 연대는 각각의 빙하코어를 통해 독자적으로 결정하여 다소 차이가 있다. Grootes *et al.*(1993)을 수정.

용했다. 굴착과 동시에 각 센서가 얼음의 물성을 차례로 모니터링하는, 당시 굴착 기술의 정수를 모은 시스템이었다. 계절에 따라 달라지는 얼음 속 용존물질의 양과 에어로졸 입자 등 불순물의 미세한 변화를 연속적으로 측정하여 1년에 1장씩 형성되는 얼음층을 정확히 셀 수 있었다. 이 기술혁신 덕분에 GISP2에서는 과거 4만 5000년 전의 빙하코어 연대까지 상당히 정확하게 밝혀낼 수 있었다.

GRIP에서는 굴착을 개시한지 3년째 되는 1992년 8월에 대륙빙하 바닥에 닿는 3029미터의 빙하코어 채취에 성공했다. 그리고 GISP2가 기반암을 포함 총 3053미터의 빙하코어 굴착에 성공한 것은 그보다 일 년 늦은 이듬해 7월이었다.

그림 9-7에는 GRIP과 GISP2의 산소동위원소비 기록이 나와 있다.[10] 과거 10만 년에 대한 고기후 변동연구에서 가장 중요한 그림 중 하나인 이 그래프를 꼼꼼히 살펴보기 바란다. 홀로세Holocene라는 과거 1만 년 전부터 현재까지 해당하는 시대는 두 결과의 측정치가 모두 −36∼−34‰ 내에서 움직이는, 놀랄 정도로 안정적인 기후였다는 것을 나타내고 있다. 캠프센추리나 Dye 3와 같은 결과를 보이고 있다. 즉 이 결과는 그린란드의 기후가 과거 1만 년 전 부터는 상당히 안정적이었다는 것을 시사한다. 또한 그간의 빙하코어 기록과 마찬가지로 11만 년 전부터 2만 년 전 사이에는 여러 차례의 짧은 온난기, 즉 단스고르-외슈거 이벤트가 포함되어 있다. 이 기후 이벤트가 그린란드 전역에서 일어난 실제 기후변화라는 사실은 더 이상 의심의 여지가 없게 되었다.

그러나 서밋에서 채취한 두 개의 빙하코어 분석결과에는 커다란 문제점이 있었다. 지난 간빙기(온난한 시기)에 해당하는 13만 년 전부터 11만 년 전 사이에 산소동위원소비의 심한 변동이 나타난 것이다. 분석결과에 따르면, 온난한 간빙기임에도 마지막 빙하기에 필적할 만큼 일시적으로 기온이 떨어졌다. 현재 우리가 살고 있는 간빙기(홀로세)가 과거 1만 년 가까이 매우 안정적인 산소동위원소비를 유지하는 것과는 대조적이다. 그러나 이후에 진행된 연구자들의 면밀한 검토 결과, 대륙빙하의 바닥 부분에서 불규칙한 얼음의 유동이 일어나 기록이 흐트러졌던 것으로 판명 났다.[11] 이미 설명했듯이 대륙빙하가 자리 잡은 기반암이 평탄하다면, 대륙빙하 중앙부의 서밋은 이론적으로 대륙빙하의 유동이 없는 지역이다. 하지만 대륙빙하 바닥은 당초 예상보다 훨씬 울퉁불퉁했고, 그래서 그 위에 쌓인 얼음이 뒤섞였던 것이다. 그리고 서밋에서 굴착한 두 개 코어의 위치가 너무 가까워 양쪽 모두 얼음 유동의 영향을 받았다. 그런 이유로 이 두 개의 코어는 안타깝게도 지난 간빙기 기후의 결정판이 되지는 못했다.

1999년에 국제공동 팀이 '지난 간빙기'의 기후변화를 명확히 밝혀내려는 목적으로 또다시 빙하코어의 굴착을 실시했다. 이번에는 대륙빙하를 받치는 기반암의 형상을 상세하게 조사하여, GRIP과 GISP2에서처럼 복잡한 얼음의 변형이 일어나지 않는 장소를 주의 깊게 골랐다. 그리고 서밋에서 북쪽으로 800킬로미터 정도 떨어진 지점에서 'North GRIP노스그립'이라는 새로운 굴착 계획을 진행했다 (그림 9-2). 그로부터 약 4년 뒤인 2003년 7월, 연구팀은 전체 길이가 3085미터에 달하는 빙하코어 채취에 성공했다. 가장 깊은 부분은 13만 5000년 전에 해당하기 때문에, 과제로 삼았던 '지난 간빙기'까지 도달한 코어였다. 얼음이 뒤섞이지 않은 North GRIP의 산소동위원소비 기록에서는 예상대로 커다란 변동을 찾아볼 수 없었다.[12] 지난 간빙기의 기후는 홀로세와 똑같이 역시 안정적이었던 것이다.

단스고르는 GRIP에서 빙하코어의 굴착에 성공한 1992년에 은퇴를 하고 연구 일선에서 물러났다. 지금으로부터 반세기 전, 단스고르가 꿈꾸던 빙하코어를 분석하여 고기후를 복원하는 연구가 이제는 활짝 꽃을 피워 기후변화 수수께끼의 중요한 일면을 밝혀내고 있다. 이런 연구를 구상하고, 앞장서서 실현하며, 나아가 하나의 과학으로까지 발전시킨 빌리 단스고르에게 경의를 표한다.

10장
지구 최후의 비경으로

남자 구함. 힘든 여행. 적은 보수. 극한의 땅. 길고 긴 암흑의 날들.
끝없는 위험. 생환 보장 없음. 성공하면 명예와 박수를 받게 됨.
― 어니스트 섀클턴의 남극탐험대원 모집 구인광고

남 극 빙 하 코 어 연 구 의 막 이 오 르 다

지구상에 현존하는 최대의 대륙빙하는 더 이상 설명이 필요 없는 남극대륙이다. 남극대륙은 일부 해안 지역과 드라이 밸리*, 산악 지역을 제외한 99퍼센트 이상이 '남극 빙상'이라는 거대한 얼음 덩어리로 뒤덮여 있다. 남극 빙상의 면적은 1400만 제곱킬로미터에 달한다^한_{반도 면적의 64배}. 남극의 대륙빙하는 그린란드 빙상보다 무려 1킬로미터 이상 두껍고, 가장 두꺼운 부분은 4킬로미터에 육박한다(그림 10-1).

남극대륙은 20세기 초에 로알 아문센**, 로버트 스콧***, 어니스트 새

---

* 남극대륙 연안에서 볼 수 있는 대륙빙하에 뒤덮이지 않은 골짜기. 로스 해 서쪽의 빅토리아랜드 등 남극대륙의 가장자리에서 단편적으로 볼 수 있다. 호수와 늪이 곳곳에 존재하며 이끼류나 지의류 등이 특수한 생태계를 구축하고 있기 때문에 생태학적으로도 매력적인 연구대상이다.

** Roald Amundsen(1872–1928) 노르웨이의 탐험가로, 남극과 북극을 탐험한 것으로 유명하다. 노르웨이 탐험대를 이끌고 1911년 12월 14일 인류 최초로 남극점에 도달했다. 1928년에, 북극탐험을 떠났다 연락이 끊긴 다른 탐험대 구출에 나섰다 조난을 당했다. 1920년대에 결성했던 그의 북극 탐험대에는, 훗날 스크립스 해양연구소의 소장이 되는 하랄 스베어드룹이 대원으로 참가했다.

*** Robert F. Scott(1868–1912) 영국의 남극탐험가. 남극 로스 해의 탐험으로 명성을 높인 뒤, 인류 최초의 남극점 도달을 목표로 삼았다. 1912년 1월 17일 영국 탐험대를 이끌고 남극점에 도착했다. 하지만 그곳에서 아문센의 노르웨이 탐험대가 1개월 앞서 도달한 것을 알게 된다. 돌아오는 도중 악천후를 만나 조난을 당하고 말았다. 현재 남극점의 미국 기지는 아문센–스콧 기지라고 명명되었다. 스콧 탐험대에 조수로 참가했던 체리제라드는 다음 책에서 당시 상황을 설명하고 있다. Cherry-Garrard A (1922) *The*

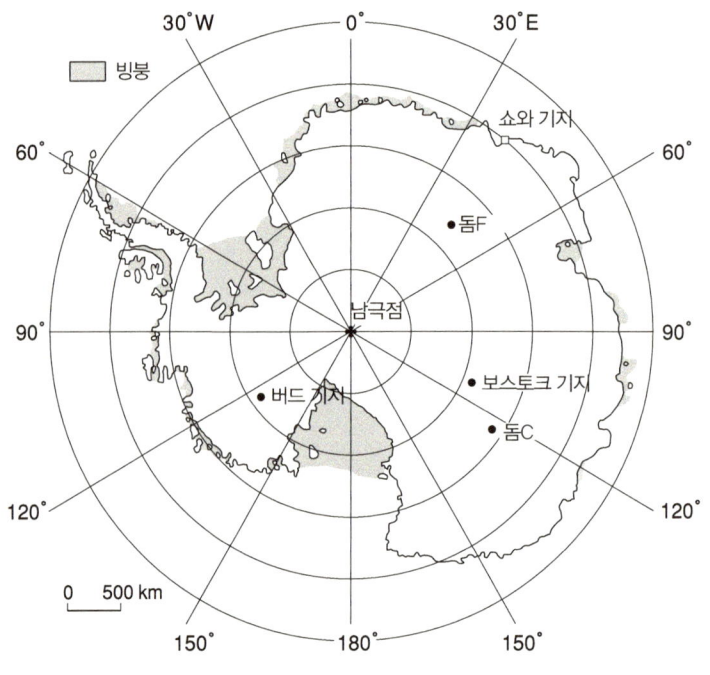

그림 10-1 남극 대륙. ●표시는 이 책에서 소개하는 빙하코어의 채취 위치.

클턴이라는 불세출의 모험가들이 목숨을 걸고 도전한 대륙이다. 또한 그로부터 백여 년이 지난 지금도 여전히 모험가의 야심을 부추기는 대륙으로 통한다. 1960년대 초에 시작된 그린란드 빙상의 빙하코어 연구는 대륙빙하가 기후의 역사를 기록하는 좋은 레코더라는 것을 증명했다. 고기후학자의 시선은 자연스레 남극으로 향했다. 모험가 기질이 다분한 고기후학자들은 남극 빙상에 새겨진 기후의 역사를 꽃피우기 위해 경쟁하듯 극한의 땅으로 향했다.

Worst Journey in the World, Carrol & Graf.

표 10-1 이 책에 등장하는 그린란드와 남극에서 채취한 빙하코어

빙하코어명	굴착종료 연도	해발고도 (m)	코어 길이 (m)	참가국
그린란드				
Site 2	1957	1990	411	미국
캠프센추리	1966	1885	1387	미국
Dye 3	1981	2480	2037	미국, 덴마크, 스위스
GRIP	1992	3200	3029	벨기에, 덴마크, 프랑스, 영국, 독일, 아이슬란드, 이탈리아, 스위스
GISP2	1993	3200	3053	미국
North GRIP	2003	2917	3085	덴마크, 일본, 프랑스, 스위스, 미국, 독일, 아이슬란드, 벨기에, 스웨덴
남극				
버드	1968	1530	2163	미국
보스토크 3G	1984	3488	2202	소련
보스토크 4G	1990	3488	2546	소련, 프랑스
보스토크 5G	1993	3488	2755	러시아, 프랑스
보스토크 5G	1998	3488	3623	러시아, 프랑스
돔C	2004	3233	3270	프랑스, 이탈리아, 영국, 스위스, 덴마크, 독일, 스웨덴, 러시아, 벨기에, 네덜란드, 노르웨이
돔F	2007	3810	3035	일본

　남극대륙에서는 1967년에 처음으로 대륙빙하 바닥까지 뚫는 빙하코어 굴착을 시작했다. 뉴질랜드의 정남쪽, 로스 해에서 내륙으로 1000킬로미터 정도 들어간 곳에, 남극대륙 깊숙이 위치한 미국의 버드 기지가 있다(그림 10-1). 이곳에 미군 한랭지공학연구소의 라일 한센 그룹이 내려섰다. 1967년은 그들이 그린란드의 캠프센추리에서 대륙빙하를 관통하는 코어 채취에 성공한 이듬해였다. 한센의 팀은

그린란드에서 굴착을 마치자마자 버드 기지까지 자신들이 개발한 드릴 시스템을 공수하여 또다시 빙하코어 굴착에 나섰다.

이미 그린란드에서 굴착의 노하우를 얻었기 때문에 버드 기지에서의 작업은 훨씬 순조로웠다. 그리고 다음 해인 1968년 1월, 채취에 성공한 빙하코어의 길이는 캠프센추리의 코어보다 1.5배나 길었다. 그런데 마지막 순간에 예상치 못한 일이 벌어졌다. 굴착 작업이 마무리될 무렵, 갑자기 코어의 바닥면에서 흘러든 융빙수가 굴착 드릴 속까지 스며들어와 얼어붙은 것이다. 굴착 드릴은 아득한 2000미터 아래에서 꼼짝없이 걸려 빠질 생각도 하지 않았다. 한센이 수백만 달러나 들여가며 개발해 캠프센추리에서 큰 활약을 펼쳤던, **거칠 것 없는** 대륙빙하 코어 굴착장치를 버릴 수 밖에 없는 상황이 되었다. 씁쓸하게 막을 내리긴 했지만, 빙하코어 채취는 성공했으니, 역사에 기록될 남극대륙 빙하코어 연구의 시작이었다.

남극대륙은 이주민이 단 한 사람도 없어 어느 나라의 영토도 아닌 인류 공동의 자산으로 알려져 있다. 그러나 남극대륙의 대륙빙하 굴착은 동서 냉전 문제를 포함하여, 땅속에 잠들어 있을 것으로 추정되는 엄청난 양의 석유나 광물자원을 두고, 보이지 않는 이권다툼을 벌이며 진행되었다(표 10-1).

지구의 땅 끝, 보스토크 기지

그린란드의 캠프센추리나 서밋에서 굴착한 빙하코어처럼, 기후변화 연구에 커다란 충격을 안겨준 또 하나의 빙하코어가 있다. 남

그림 10-2 소련이 개설한 남극의 보스토크 기지. 그야말로 지구의 땅 끝에 위치한다.

극 동쪽 빙상의 보스토크 기지(그림 10-1)에서 굴착한 일련의 빙하코어다.

보스토크 기지*는 소련(현 러시아)이 자랑하는 세계 최초의 유인 우주비행선 보스토크에서 이름을 가져온, 남극 가장 '깊숙한' 곳에 위치한 러시아 기지다. 국제지구물리관측년인 1957년 12월에 남극 대륙 동쪽 빙상의 거의 중앙부, 남위 78도 27분, 동경 106도 52분, 해발고도 3488미터 지점에 세워졌다(그림 10-2). 연평균 기온은 영하 55도. 최저기온은 1983년 7월 21일에 관측된 영하 89.2도(지구상에서 관측된 가장 낮은 기온)로 그야말로 '극한의 땅'이다. 드라이아이스의

* 소련이 자랑하는 우주 개발 계획인 보스토크 계획에서 유래했다. 보스토크 1호는 1961년 4월에 세계 최초로 유인 우주비행을 실시하여, 108분간 지구 밖 대기권을 일주하고 무사히 귀환했다. 성공 확률 50퍼센트를 예상했던 보스토크 1호를 타고 최초로 우주를 여행한 27세의 유리 가가린 소령은 '지구는 푸르다'라는 말을 남겼다.

온도가 영하 79도이므로 대기 중의 이산화탄소마저 얼어붙게 하는 상상을 초월하는 세계다. 보스토크 기지는 해안에서 1400킬로미터나 떨어져 있을 뿐 아니라, 남극의 어떤 기지로부터도 가장 멀리 있는 외딴 기지이기도 하다.

이런 '지구 땅 끝'에서 대륙빙하 코어를 처음 굴착한 것이 1970년이다. 캠프센추리의 단스고르 연구에 자극을 받은 소련의 고기후 연구자들은 이곳에서 길이 950미터의 빙하코어 채취에 성공했다. 그 코어의 산소동위원소비는 불과 400미터 지점에 마지막 빙하기의 것으로 추정되는 얼음층이 있는 것으로 나타났다. 긍정적인 예감을 갖게 된 소련의 연구자들은 1980년부터 더욱 긴 코어 굴착을 위한 프로젝트를 개시했다. 그리고 1984년 10월에 보스토크 3G라는, 깊이 2202미터에 달하는 역사적인 빙하코어 채취에 성공했다.

남극과 그린란드의 가장 큰 기후 차이는 남극이 그린란드보다 강수(설)량이 훨씬 적다는 점이다. 남극대륙의 연간 강수량은 평균 100밀리미터인데(적설량으로 환산하면 연간 30센티미터), 장소에 따라서는 20밀리미터가 채 되지 않는 곳도 있다. 도쿄의 연간 강수량이 약 1500밀리미터인 것을 생각하면 남극의 강수량이 얼마나 적은지 실감할 수 있다_{한국의 연간 강수량은 1245밀리미터}. 극지방은 아열대 지역에 많이 분포한 사막처럼 하강기류가 탁월하여 강수가 적고 매우 건조하다.

남극은 이처럼 건조한 환경인데도 기온 저하가 심해 눈이나 얼음이 거의 증발(승화)*하지 않고 아주 조금씩이지만 해마다 쌓이고 있다. 단, 적설량이 적다는 것은 고기후 연구에서는 양날의 검이다. 최

---

* 고체에서 액체를 거치지 않고 기체로 바로 상변화(phase transformation)하는 것을 승화라 한다.

대 단점이라면 남극에서 굴착한 빙하코어는 연층이 얇아서 알아보기가 어렵다. 이미 설명했다시피, 빙하코어의 연대를 알기 위해서는 대륙빙하의 유동모델, 화산재층과의 대비, 연층 세기 등 많은 기법을 활용하여 종합적으로 판단해야 한다. 그 중에서도 연층을 구분하기 어렵다는 점은, 그린란드보다 남극 빙하코어의 연대결정을 훨씬 어렵고 불확실하게 만들고 있다. 그에 비해 최대 장점은 짧은 코어에서도 오랜 과거의 기록을 얻을 수 있다는 점이다. 예를 들어, 그린란드에서는 3킬로미터 이상의 대륙빙하를 채취해도 고작 과거 13만 년 정도만 거슬러 올라갈 수 있다. 그런데 같은 길이의 남극 코어라면 과거 50만 년 이상, 장소에 따라서는 100만 년 가까이까지 거슬러 올라갈 수 있다. 즉, 남극의 빙하코어가 보다 오랜 기후 역사를 기록하고 있다.

1984년에 보스토크 기지에서 채취한 빙하코어 보스토크 3G의 시료 일부는, 프랑스 남동부 알프스 산기슭에 자리한 그르노블의 빙하 및 환경지구물리 연구소로 옮겨졌다. 그곳에서 수소동위원소비를 비롯하여 수많은 화학성분 측정을 실시했다. 프랑스 그룹이 이끈 이 보스토크 3G 코어에 대한 일련의 분석결과는 굴착을 마친 이듬해인 1985년부터 네이처 등에 속속 발표되었다.[1] 그림 10-3은 보스토크 3G의 수소동위원소비의 결과를 나타낸 것이다.[2] 이 결과를 설명하려면 먼저 얼음의 수소동위원소비에 대한 이해가 필요하다.

1950년대 중반에 에밀리아니가 유공충의 산소동위원소비로 혁명적인 업적을 올린 뒤에도, 시카고 대학의 해럴드 유리 연구실에서는 자연계에 존재하는 다양한 원소의 안정동위원소비를 측정하여 여러

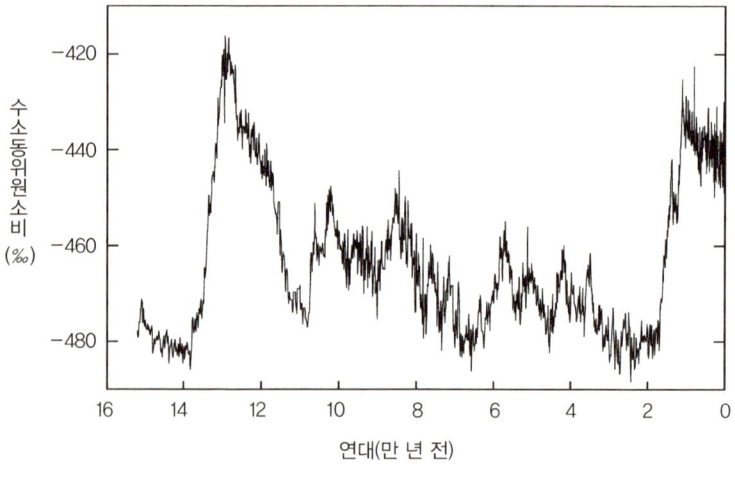

분야에서 획기적인 성과를 거뒀다. 그 중 하면 크레이그*는 세계 각지에서 채취한 빗물, 강물, 호숫물 등의 다양한 천수_{지구 내부가 아니라 지표면 혹은 대기권으로부터 유래한 물}의 산소동위원소비와 수소동위원소비를 측정하여 둘 사이에 선형비례관계가 존재한다는 것을 발견했다.[3]

해수면에서 증발한 물 분자는 바람을 타고 떠돌다가 구름을 만들고, 비나 눈이 되어 바다 혹은 지표면으로 돌아온다. 물 분자의 산소동위원소비는 증발→대류→응결이라는 일련의 구조를 통해 변한다(그림 2-10 참조). 크레이그는 물 분자의 수소동위원소비가 산소동

---

* Harmon Craig(1926-2003) 스크립스 해양연구소 교수 역임. 안정동위원소 비율을 이용한 지구화학 분야의 창시자 중 한 사람. 시카고 대학의 해럴드 유리 연구실에서 천연물질 속에 포함된 탄소의 동위원소비에 관한 연구로 학위를 받고, 스크립스 해양연구소에서 반세기 가까이 연구생활을 했다. 그 동안 천수선의 확립, 헬륨 동위원소비를 이용한 열수(熱水)활동에 관한 연구, 용존산소의 동위원소비를 이용한 해양순환 연구 등 지구화학과 해양화학 분야에서 수많은 선도적 연구를 수행했다.

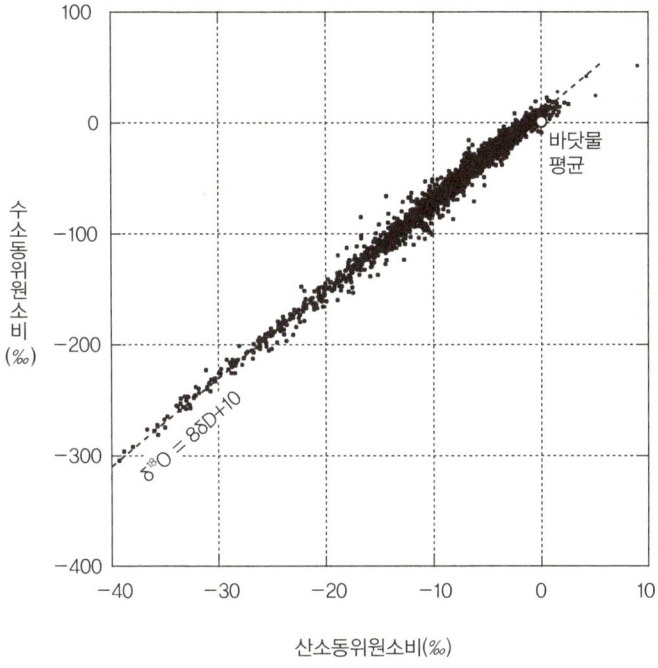

그림 10-4 세계 각지에서 채취한 빗물의 산소동위원소비와 수소동위원소비의 관계. 대부분의 빗물 농도는 천수선 위에 있다. 여기에서 나타낸 데이터는 국제원자력기구(IAEA)가 1961년부터 2001년에 걸쳐 세계 각지에서 측정한 데이터를 요약한 것. 바닷물의 평균값(산소동위원소비, 수소동위원소비 모두 0‰)도 나타냈다. IAEA의 데이터를 바탕으로 작성.

위원소비의 일정 비율로 변화한다는 것을 발견하고, 산소동위원소비와 수소동위원소비가 선형비례관계에 있다는 것을 보였다(그림 10-4). 그 직선을 천수선이라고 한다. 이제 얼음의 수소동위원소비도 산소동위원소비처럼 고기온계로 사용할 수가 있게 된 것이다. 즉, 연평균기온이 높아지면 당연히 수소동위원소비도 커진다.

여기서 그림 10-3에 나타난 빙하코어의 기록으로 돌아가 보자. 과거 16만 년에 걸친 수소동위원소비의 기록인데, 앞서 소개한 그린란드의 산소동위원소비의 기록(그림 9-7에 나타난 GRIP이나 GISP2의 기록)과 모양이 약간 다르다. 강약이 뚜렷해 빙하기와 간빙기를 확연히 구분할 수 있는 패턴을 보이고 있다. 빙하기가 한창인 시기에 갑자기 따뜻해지는 단스고르-외슈거 이벤트와 같은 단기 기후변화도 보이지 않는다. 오히려 해저퇴적물의 산소동위원소비 곡선과 같은 완만한 패턴에 더 가깝다.

그린란드는 기후변화에 민감한 북대서양의 북쪽에 위치한다. 그래서 그린란드에서 채취한 빙하코어는 북대서양을 크게 뒤흔들었던 기후가 뚜렷하게 반영된 기록이 담겨 있다. 그에 비해 남극의 빙하코어는 같은 대륙빙하의 기록이더라도 보다 '전체적인background' 기후를 반영한다. 따라서 그린란드보다는 남극대륙이 지구의 **평균적인 모습**을 알아보기에는 적당하다고 할 수 있다.

대 기 의   화 석

보스토크 3G 코어를 이용한 일련의 연구 성과는 고기후 연구자뿐만 아니라 미래의 기후변화를 예측하는 연구자들에게도 충격을 안겨주었다. 그 중에서도 으뜸은 과거 16만 년에 걸친 대기 중 이산화탄소 농도를 복원한 것이었다.

하늘에서 훨훨 날리며 떨어지는 눈은 쌓인 직후에는 폭신폭신하다. 눈 속을 걸을 때마다 뽀드득 뽀드득 발이 빠지는 느낌은 북쪽 나라에서는 겨울철 아침마다 겪는 일이다. 그러나 눈이 점점 쌓이면서 늘어나는 무게는 아래에 깔린 눈을 점차 단단하게 만든다. 우선은 눈

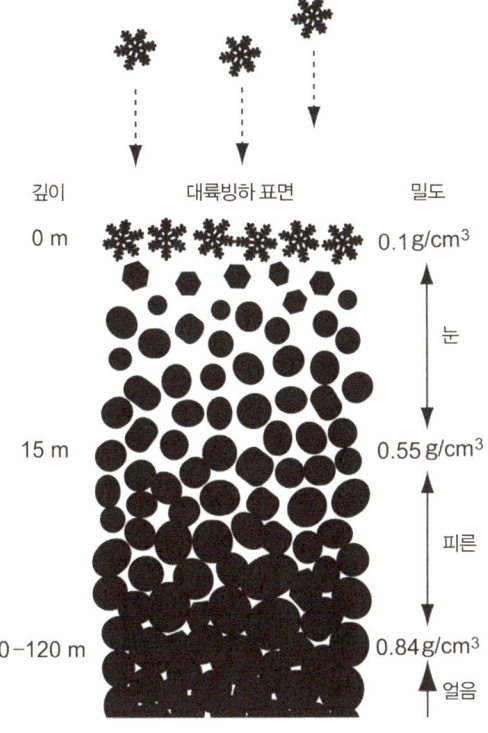

깊이   대륙빙하 표면   밀도

0 m   0.1 g/cm³

                                        눈

15 m   0.55 g/cm³

                                        피른

50-120 m   0.84 g/cm³

                                        얼음

그림 10-5 눈에서 피른을 거쳐 얼음으로 변화하는 모습을 한눈에 알아볼 수 있는 그림. 토호쿠대학 이학계연구과 대기해양변동관측연구센터의 물질순환화학 분야 웹사이트를 바탕으로 작성.

도 얼음도 아닌 '알갱이 상태의 눈'이 된다. 그리고 시간이 좀 더 지나면 압박해오는 무게로 더욱 단단해지면서 작은 구멍이 숭숭난 얼음이 형성된다. 이런 상태의 얼음을 피른firn이라고 한다(그림 10-5).

피른은 1세제곱센티미터당 0.5그램 정도의 무게다. 얼음 자체의 무게가 1세제곱센티미터당 0.9그램 정도 되기 때문에 피른은 얼음 반 공기 반의 상태라고 할 수 있다. 그것이 더욱 눌려 단단해지면 마지막에는 꽁꽁 언 얼음이 된다. 눈으로 뒤덮인 겨울에 자동차 지나간

자리가 꽁꽁 얼어 매끈한 상태가 되는 것과 마찬가지다. 남극이나 그 린란드에서는 위로 쌓이는 눈이 폭신폭신하고 가벼워 꽁꽁 얼 때까지는 수십 년, 경우에 따라서는 수천 년이나 걸린다.

얼음가게에서 산 얼음은 깨끗하고 투명하다. 하지만 가정의 냉장고에서 만든 얼음은 대부분 속이 희고 뿌옇다. 이것은 집에서 얼음을 만드는 과정 중에 수많은 작은 거품이 그 안에 갇히면서 얼음의 투명도를 떨어뜨리기 때문이다. 뿌연 얼음을 돋보기로 자세히 살펴보면 알 수 있다. 거기에는 작은 거품이 빽빽하게 들어차 있을 것이다. 물이 얼면서 얼음으로 바뀔 때 물 속에 녹아 있던 공기가 빠져나가지 못하고 기포로 갇혀버렸기 때문이다. 거품 속의 공기는 한번 얼음 속에 갇히면, 얼음이 녹거나 깨지지 않는 이상 밖으로 나갈 수 없다.

그린란드나 남극의 대륙빙하에서도 이와 비슷한 일이 일어난다. 눈이 피른이 되고, 그것이 단단해져 얼음으로 변해가는 과정에서 결정 사이를 채우던 공기가 그대로 갇혀버렸다. 실제로 그린란드나 남극에서 채취한 빙하코어도 투명하지 않고 약간 불투명하다. 피른이 얼음으로 되어가는 단계에서 당시의 대기가 얼음 안에 갇혀버렸기 때문이다.

막 쌓인 푹신푹신한 눈은 통기성이 좋아 공기가 쉽게 파고든다. 그렇다면 그 위에 점점 눈이 쌓인다면 어떻게 될까? 공기가 차츰 통하지 않게 되면서 결국에는 전부 단단한 얼음이 된다. 그 과정에서 눈 속 깊이 있던 공기는 기포로 얼음 속에 갇혀 대기로부터 격리된다. 만일 그 얼음이 몇 만 년 동안 녹지 않고 보존된다면 어떨까? 물론 기포 속 공기의 조성은 기포가 갇힌 당시의 대기 화학조성과 일치한다.* 즉, 얼음 속에 든 공기는 '대기의 화석'이라고 할 수 있으며, 고기후학자에게는 훌륭한 연구소재가 되는 것이다. 대기의 화석을 분석하면 오랜 옛날 대기의 화학조성이 어떠했는지 복원해낼 수 있다.

빙하코어의 기포 분석으로 과거 대기의 화학조성을 추정할 수 있다는 것은 빙하코어 굴착을 시작할 때부터 알려져 있었다. 눈 결정 연구로 유명한 일본의 나카야 우키치로는 1950년대에 그린란드 북서부의 Site 2사이트투(그림 9-2 참조)에서 얻은 시료를 들고 일본으로 돌아왔다. 그때 '이 안에 미나모토노 요리토모[12세기 일본에서 막부시대를 연 장군]가 숨 쉬던 공기가 들어있어'라며 주위에 이야기하곤 했다.[4] 그러나 실제로 그 기포의 화학성분을 상세하게 분석한 것은 훨씬 이후의 일이다. 빙하코어의 기포에서 공기를 분리하는 샘플링 기술과 미량 기체 분석기술이 아직 개발되지 않았기 때문이었다.

빙하코어에 포함된 기포의 이산화탄소 농도를 최초로 정밀 측정에 성공한 것은 스위스 베른 대학의 한스 외슈거 그룹이다. 1982년, 나카야가 세상을 떠난 지 20년이 되는 해였다. 그들은 그린란드의 캠프센추리, 남극의 버드 기지와 돔C에서 채취한 3개의 빙하코어를 분석하여, 마지막 빙하기 때 대기의 이산화탄소 농도가 200ppm이라는 것을 알아냈다.[5] 보스토크에서의 빙하코어 분석결과도 거의 같은 값을 보여(그림 10-6)[6], 외슈거 팀의 분석결과를 뒷받침했다. 간빙기의(인간 활동의 영향이 미치기 전) 대기 중 이산화탄소 농도는 약 280ppm이기 때문에 빙하기에는 이산화탄소 농

---

* 엄밀히 말하면, 얼음에 갇힌 기체와 대기의 화학조성은 약간 다르다. 질소와 산소를 비교하면, 질소가 얼음의 기포 안에 덜 갇히게 된다. 이 현상은 얼음의 결정 사이를 빠져나가는 기체분자의 속도가 분자의 크기나 열확산계수 등에 의존하기 때문이다. 하지만 분자 크기가 어느 이상 커지게 되면 이 효과는 무시할 수 있을 정도로 작아진다. 따라서 얼음에 갇힌 이산화탄소나 메탄 등의 기체 분자 농도는 대기 조성과 거의 같다고 할 수 있다. Huber C, Beyerle U, Leuenberger J, Kipfer R, Spahni R, Severinghaus JP, Weiler K (2006) Evidence for molecular size dependent gas fractionation in firn air derived from noble gases, oxygen, and nitrogen measurements. *Earth and Planetary Science Letters*, **243**, 61–73.

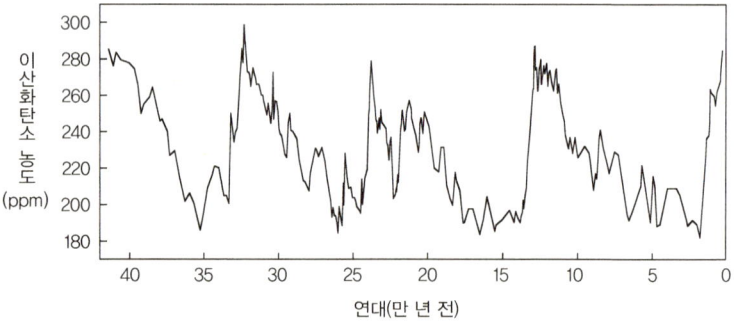

그림 10-6 보스토크 빙하코어의 기포를 분석하여 구한, 지난 42만 년에 걸친 대기 중 이산화탄소 농도 변화. Petit *et al.* (1999)을 수정.

도가 30퍼센트나 낮았다는 것을 말해준다.

보스토크 빙하코어의 이산화탄소 기록에서 특히 흥미로운 점은 시간변동 패턴이 얼음의 산소동위원소비, 즉 남극의 기온변화를 꼭 닮은 톱니 모양이라는 것이다. 그림 10-6도 이산화탄소 농도라는 세로축 설명이 없다면, 얼음의 산소나 수소동위원소비로 착각할 수 있을 정도다. 또한 이산화탄소뿐만이 아니라, 다른 주요 온실기체인 메탄의 농도도 같은 패턴을 보이는 것으로 밝혀졌다.[7] 이런 대기 중 온실기체 농도는 어떤 메커니즘으로 변화해온 것일까? 이 질문의 답을 찾기 위해 고기후학자와 해양학자가 수수께끼 풀이에 나섰다. 대기 중 이산화탄소 농도 증가에 따른 지구온난화 연구가 더욱 활발해졌다.

주의해야 할 점은 '대기의 화석'이 만들어졌던 연대와, 갇힌 공기를 담고 있는 얼음을 만든 가장 첫 눈이 내렸던 연대와는 다소 시간차가 난다는 것이다. 이 둘의 시간차는 주로 적설량과 눈 결정의 성장속도에 따라 정해지는데, 언제 완전하게 기포가 갇혔는지 자세히 알아내기는 쉽지 않다. 그러나 설빙雪氷학자들은 여러 차례의 실험

결과를 근거로, 얼음의 밀도가 1세제곱센티미터당 0.84그램이 되었을 때 기포가 얼음 속에 완전히 갇힌다는 것을 알아냈다.

그러면 기포가 완전히 갇힐 때까지는 얼마나 걸릴까? 설빙학자들의 추정에 의하면, 1년 동안 적설량이 약 30센티미터밖에 되지 않는 캠프센추리에서는 130년[8]이 걸린다고 한다. 그러나 연간 적설량이 불과 5센티미터밖에 되지 않는 보스토크 기지에서는 무려 3000년이나 걸리는 것으로 밝혀졌다.[9] 게다가 이 값에는 커다란 오차가 존재한다. 정확한 연대결정이 어렵다는 것은 기후변화를 설명할 때, 대기의 화석 기록을 근거로 삼기 힘들다는 뜻이다. 그렇지만 빙하기 때의 대기 중 이산화탄소 농도가 200ppm으로 꽤 낮았다는 분석결과에는 의심의 여지가 없다.

이산화탄소는 온실기체 중 하나이므로, 이산화탄소가 마지막 빙하기부터 후빙기(홀로세)에 걸쳐 증가했다는 것은, 그와 함께 '지구온난화'가 일어났다는 것을 시사한다. 다시 말해, 원리적으로는 이 온난화가 빙하기에서 간빙기로의 기후상태 이동을 주도했다고 생각할 수 있다. 그러나 이산화탄소가 증가하기 시작하는 시기는 대륙빙하가 녹기 시작한 1만 9000년 전보다도 뒤에 나타난다. 게다가 기후변화를 일으키는 외력이 작용하면, 대륙빙하의 대규모 융해는 시간차를 두고 응답한다. 그렇다면 이산화탄소의 농도 상승이 빙하기에서 간빙기로 기후를 이동하게 만들었다고 단순하게 판단하기는 아직 이르다. 기후모델을 이용한 계산 결과도 이산화탄소의 증가로 지구가 온난화되었고 대륙빙하가 녹았다는 단순 논리는 성립될 수 없다고 나타내고 있다. 무엇보다 200ppm에서 280ppm으로 증가한 이산화탄소의 농도 변화는 기온으로 환산하면 약 섭씨 1도의 상승에 불과하다. 마지막 빙하기에서 후빙기까지 평균기온이 8도나 상승했으므로, 이산화탄소의 농도 증가만으로는 충분한 설명이 되지 않는 게 분명하다. 따라서 연구자들은 대기 중의 이산화탄소나 메탄의 농도 변화는 기온 변동의 '원인'이 아닌, 기후변화에 동반한 지구환경 속 탄소 사이클 변화의 '결과'로 생각하고 있다. 즉, 원인과 결과가 뒤바뀐 셈이다.

그렇다면 자연의 어떤 구조 변화로 대기 중의 이산화탄소 농도가 빙하기와 간빙기 사이에서 무려 80ppm이나 변했을까? 대기 중의 이산화탄소가 자연적으로 변하는 구조를 알게 되면, 현재 인간 활동으로 방출되는 이산화탄소의 미래를 논할 때 큰 참고가 될 것이다.

1980년대 초부터 현재에 이르기까지 이 구조를 밝혀내기 위해 많은 학설이 등장했다. 예를 들어, 빙하기에 육지화된 대륙붕에서 해양으로 흘러나왔다거나, 대기를 경유해 해양으로 공급된 영양염이 증가하면서 해양의 생물생산량이 증가했기 때문이라는 생물 펌프설[10], 빙하기에 심층수 순환이 바뀌면서 알칼리도가 상승해서라는 알칼리 펌프설[11]이 있다. 또한, 해저에 침전된 탄산칼슘과 유기물에 포함된 탄소와의 균형이 변했기 때문이라는 설[12], 에어로졸에 들어있던 탄산칼슘이 해양의 화학조성을 바꿔서라는 설[13] 등도 있다.

최근에는 미국 미네소타 대학의 마츠모토 카즈미 팀이 남극대륙을 둘러싸는 해역인 남극해의 중요성을 지적했다. 빙하기에 해류가 바뀌면서 남극해에 공급되는 영양염의 양이 증가해, 극지방의 해양 생물 생산량이 늘어나면서 이산화탄소를 감소하게 만들었다는 시나리오다.[14] 현재 다양한 자리에서 이 시나리오의 타당성을 논의하고 있다. 앞으로 결정적인 증거가 나올 때까지는 이런 연구가 계속 진행될 것이다.

먼지투성이의 빙하기

빙하코어는 먼 옛날 대기의 화학조성 외에도 유용하고 많은 고古환경 정보를 담고 있다. 예를 들어 일 년 치 얼음의 두께는 주로 그 해의 강설량을 반영한다. 따라서 얼음의 두께로 강설량의 변화를 알 수 있다. 하늘에서 내리는 것은 눈이나 비뿐만이 아니다. 대기 속을 떠다니는 물질과 비나 구름에 녹아있는 각종 이온 등 여러 가지가 내려온다. 화산이 분화하면 화산재도 내릴 것이다. 따라서 얼음 그 자체가 아니라, 거기에 포함되어 있는 '불순물'을 분석하면 동위원소로부터 얻을 수 있는 정보와는 또 다른 과거 지구환경의 일면을 끄집어낼 수 있다.

얼음의 대표적 불순물은 '에어로졸'이라는 대기 중을 떠다니는 미립자다. 일본이나 한국에서는 봄에 종종 하늘이 누르스름하게 변할 때가 있다. 소위 '황사현상'이다. 중국의 황토 고원이나 고비 사막, 타클라마칸 사막 주변 지역에서 강풍에 휘말려 단숨에 고도 수 킬로미터까지 날아올라간 미세한 토양입자가 편서풍을 타고 멀리 한국과 일본까지 오는 것이다. 황사의 일부는 지상에 내려앉는다. 봄날 이른 아침에 자동차 앞 유리에 가늘고 노란 입자가 얇게 쌓여 있는 것을 본 적이 있을 것이다. 대부분은 직경 0.01밀리미터 이하로, 육안으로 식별이 어려울 정도로 작은 입자다. 그러나 드물지만 직경 1밀리미터에 가까운 '거대한' 입자가 날아오기도 한다.[15]

현재 그린란드는 일본이나 한국과 같이, 에어로졸이 형성되어 이동한 후 대규모로 하강하는 지점에 위치하고 있지는 않다. 따라서 황사처럼 다량의 토양입자가 하늘에서 내리는 일은 없다. 그러나 기온

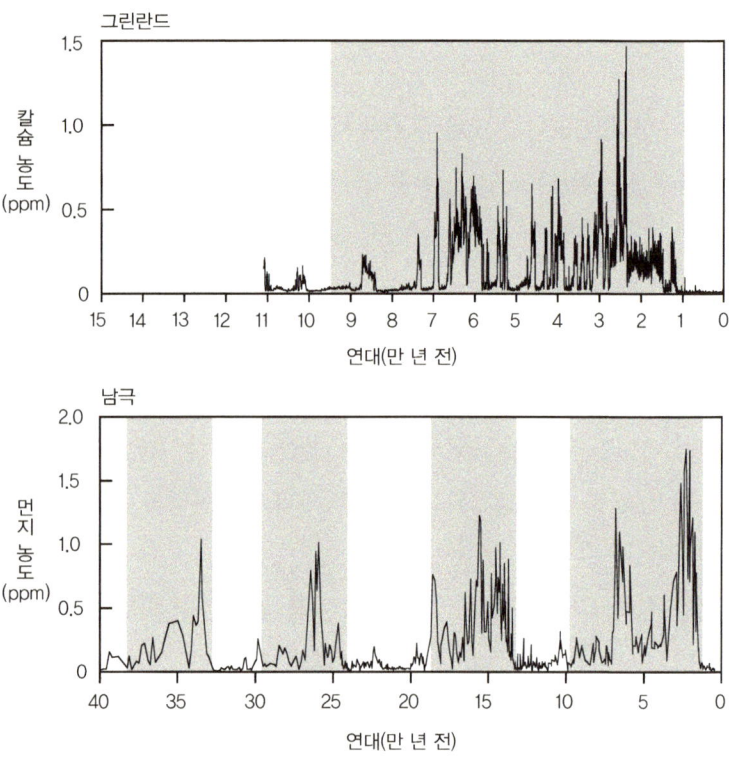

그림 10-7 그린란드 GISP2와 남극 보스토크 기지(아래)의 빙하코어 에어로졸의 기록. GISP2는 칼슘 농도를, 보스토크는 먼지 농도를 나타냈다. 어두운 부분은 빙하기를 가리키며, 간빙기보다 빙하기에 먼지가 더 많았다는 것을 알 수 있다. Mayewski *et al.* (1997), Petitet *et al.* (1999)을 수정.

이 상당히 낮은 극지방은 대기 중을 떠다니는 작은 입자가 장거리 이동하여 서서히 내려앉기 때문에, 결과적으로 대기의 청소기와 같은 역할을 하게 된다. 그래서 그린란드나 남극에 내려앉는 에어로졸의 양은 지구 대기 전체의 '먼지의 양'을 나타내는 **척도**라고 할 수 있다.

그림 10-7은 그린란드 중앙부의 서밋에서 채취한 빙하코어의 칼

슘의 농도 변화와 남극 보스토크 기지에서 채취한 빙하코어의 에어로졸 입자의 농도 변화를 나타내고 있다.[16] 얼음 속에 든 칼슘 농도는 토양 입자 농도의 기준으로 알려져 있다. 그림에 따르면 빙하기 때 대기에서 내려앉은 에어로졸 입자의 양은 그린란드와 남극 모두 한두 자릿수나 늘었음을 알 수 있다. 현재와 비교했을 때, 빙하기의 대기 속 먼지 양은 자릿수가 달라질 만큼이나 많았던 것이다.

빙하기에 먼지가 많았던 원인은 두 가지를 생각해볼 수 있다. 한 가지는 적도지역과 극지방의 온도차가 커졌다는 점이다. 빙하기의 표층 수온 저하는 적도 지역보다 고위도 지역에서 현저하게 나타났다.[14] 지구의 극지방과 적도지역 사이의 온도차가 커지면, 대기의 남북 방향 순환도 보다 강해진다는 것은 물리적으로 충분히 예상할 수 있다. 즉, 바람이 강해진다는 뜻이다. 바람이 세지면 그만큼 육상에서 휘말려 올라오는 먼지도 많아진다. 그리고 중위도 지역의 건조 지대가 광범위했다는 것도 빙하기에 먼지가 많았다는 또 다른 이유로 꼽을 수 있다. 대기의 순환이 강해졌다면 아열대 지역에서는 하강기류가 강화되면서 건조 기후가 확대되었을 것이다. 또한, 해수면이 낮아지면서 육지가 된 대륙붕 지역에서도 먼지가 많이 일어나 그린란드나 남극까지 옮겨졌을 가능성이 있다. 얼음 속 미립자의 상세한 화학분석은 그 기원도 알려준다. 화학분석 결과, 그린란드의 빙하코어에 포함된 에어로졸은 주로 동아시아로부터[17], 남극의 에어로졸은 주로 남아메리카 남단에 위치한 파타고니아의 건조 지대에서 왔다고 한다[18]

얼음의 불순물은 먼지뿐만이 아니다. 얼음을 녹이면 다양한 화학물질이 들어 있는 것을 확인할 수 있다. 본래는 대기 중에 존재했던 화학물질이 눈송이의 핵이 되어 눈 표면에 달라붙거나 대륙빙하의 위에 내려앉은 것이다. 예를 들어, 나트륨 이온이나 염소 이온의 주된 기원은 바닷물 속의 소금이다. 바다소금은 바람이 센 겨울철에 바다 표면에서 튕긴 물보라 상태로 바람을 타고 내륙까지 옮아온다. 따라서 바다소금 성분의 농도는 바람의 세기나 방향, 바다 얼음의 넓이 등의 지표가 될 수 있다.[19]

얼음을 녹인 수용액의 산성도를 측정하면 그 안에 들어있는 산의 양을 측정할 수 있다. 산성도는 보통 pH로 나타내는데, 수소 이온의 농도를 밑이 10인 로그함수로 나타내고 마이너스 부호를 붙인 것이다. 중성은 pH가 약 7이다. pH가 작아지면 산성이 강하다는(수소이온농도가 높은) 것을, 커지면 염기성이 강하다는(수소이온농도가 낮은) 것을 나타낸다. 얼음의 수소이온농도는 쉽게 측정할 수 있을 뿐만 아니라, 비해염 기원*의 황산 이온과 질산 이온의 농도 합과 거의 일치하기 때문에 유용한 지표가 되고 있다. 가령, 화산의 분화가스에는 다량의 황산 이온이 들어있는데, 화산분화의 영향을 받은 대기에는 황산이 다량 함유된 눈이 내린다. 따라서 대규모 분화가 있었던 연도에 형성된 얼음층은 pH가 상당히 낮다. 또한 이들 이온은 화석연료가 연소할 때 대기 중으로 방출되기도 한다. 이런 성질 때문에 19세기 이후에 두드러진, 인간 활동이 대기에 미친 영향을 알아볼 때에도 쓰이고 있다.

얼음의 불순물은 그밖에도 더 있는데, 메탄술폰산은 바다에 사는 해조류가 합성해내는 디메틸설파이드(갯비린내의 원인이 되는 물질)의

---

* 비해염(非海塩, non-sea salt) 기원이란, 바닷물에 녹아있는 상태가 아니라 대기를 비롯하여 다른 경로로 들어왔다는 의미이다.

산화분해물이다. 따라서 얼음 속에 들어있는 메탄술폰산 농도는 해양 표층의 생물 생산량 지표로 이용하고 있다. 또한 얼음 속 과산화수소는 대기 중에서 일어난 광화학 프로세스의 산물로, 대기 중 산화물의 농도를 간접적으로 나타낸다. 빙하코어는 화학성분이라는 형태로 대기나 해양에 관한 다양한 정보를 기록하고 있는 것이다.

더 오래된 얼음을 찾아서

보스토크 기지에서는 보스토크 3G의 굴착 작업이 막바지에 접어들던 1984년부터 더욱 깊은 곳을 목표로 굴착을 개시했다. 보스토크 3G를 채취한 얼음 밑으로 아직 1000미터 넘게 얼음층이 남아있었기 때문이다. 거기에는 더 오래된 과거의 기후 기록이 새겨져 있을 것이 분명했다. 마침내 1990년 2월에 길이 2546미터의 보스토크 4G 코어가, 1993년 9월에는 길이 2755미터의 보스토크 5G 코어가 굴착되었다. 이후에 소련(현 러시아)의 정치적 상황이 불안해져 기지는 일시 폐쇄되기도 했으나, 곧 미국의 지원을 받아 작업이 재개되었다. 그리고 1998년 12월, 드디어 길이가 무려 3623미터에 달하는 빙하코어의 굴착에 성공했다.

보스토크 5G 코어는 대륙빙하 바닥까지 120미터만을 남긴 지점에서 굴착을 멈출 수밖에 없었다. 보스토크 기지 바로 아래 4000미터 부근에 면적 1만 4천 제곱킬로미터, 최대 수심 1200미터에 달하는 거대한 호수를 발견했기 때문이다.[20] 이런 거대한 호수가 기지 바로 아래에 잠들어 있었다. 이후 이 호수에는 보스토크 호수라는 이름이 붙었다.

대륙빙하는 기반암으로부터 지열을 받기 때문에 깊어질수록 온도가 조금씩 상승한다. 지열은 에너지의 크기는 미미하지만, 얼음이 온통 뒤덮고 있어 열이 다른 곳으로 빠져나가기가 어렵다. 따라서 대륙빙하 깊숙한 곳의 온도는 조금씩 높아지는데, 장소에 따라서는 얼음이 녹아내리기도 한다. 그리고 그 실체는 아직 수수께끼인데, 보스토크 호의 바닥에서 화산 활동이 일어나고 있는 것은 아닌가 하는 추정도 있다. 우리 인류에게 보스토크 호는 미지의 환경으로, 어쩌면 독자적으로 진화한 미생물이 자신들만의 생태계를 구축하고 있을지도 모른다. 그 환경은 생물이 존재할 가능성이 있는 화성이나 목성의 위성인 유로파*와 닮았다고 한다. 현재 이런 관점에서 보스토크 호수를 조사하는 프로젝트가 실시되고 있다. 앞으로 우주생물학[21]이라는 새로운 연구 분야에 흥미로운 결과가 나올 것으로 기대하고 있다. 이것은 대륙빙하의 굴착이 가져온 커다란 부산물이라고도 할 수 있을 것이다. 냉전이라는 말이 과거로 사라진 현재, 보스토크 기지는 러시아와 함께 프랑스와 미국이 공동 운영하고 있다.

21세기에 들어와 남극 빙상에서 두 개의 긴 빙하코어를 추가로 채취했다. 하나는 남극 대륙의 동남쪽에 있는 돔C(그림 10-1) 지역에서 채취했다. 에피카EPICA, European Project for Ice Coring in Antarctica라고 이름 붙여진 이 프로젝트에는 유럽 11개국의 연구진이 참여하고 있다. 이 프로젝트에서는 처음으로 남극 대륙의 동남쪽 지역을 관통하는 길이 3270

---

* 목성의 제2위성. 1610년에 갈릴레오 갈릴레이와 시몬 마리우스가 발견했다. 직경은 약 3000킬로미터로, 지구의 절반 크기이고 달보다 약간 작다. 표면에는 크레이터가 보이지 않고 얼음으로 뒤덮여 있다. 얼음 아래에 대량의 물이 존재할 것으로 추정되며, 생명이 존재할 가능성도 지적되고 있다.

미터의 빙하코어를 굴착했다. 이 코어로부터 보스토크 코어의 연대를 크게 상회하는 80만 년 전까지의 동위원소비 기록을 얻을 수 있었다.[22]

또한, 일본 연구 그룹의 활동도 활발히 이루어지고 있다. 1995년에 돔 후지 기지(그림 10-1)에서 돔F라는 빙하코어의 굴착을 시작했다. 돔 후지 기지는 남극의 동쪽 빙상 정상에 위치하며, 후지 산보다 높은 해발 3810미터 지점에 있다. 이곳은 남극에서 얼음이 가장 두꺼운 장소이기도 하다. 따라서 이론상 가장 오래된 고기후의 기록을 얻을 수 있을 뿐 아니라, 대륙빙하의 유동에 따른 기록의 변질도 최소한으로 억제할 수 있다. 돔F 코어의 굴착은 2007년 1월, 깊이 3035미터에 도달한 상황에서 종료되었다. 앞으로 많은 분석결과를 발표하여 놀라운 소식을 가져다줄 것이다.[23]

1990년대 이후, 그린란드 빙상에서는 GRIP과 GISP2, 그리고 North GRIP을 채취했고, 남극에서는 4번의 빙하기를 거친 보스토크와 그것을 능가하는 에피카 돔C와 돔F도 성공적으로 채취했다. 이들 일련의 빙하코어 연구로 대륙빙하에 기록된 기후변화의 큰 틀은 대부분 밝혀졌다고 할 수 있다. 앞으로는 분석기술이나 계측장비의 혁신을 이뤄내고, 새로운 시대에 걸맞는 과학계획을 수립하여 또다시 굴착을 실시하게 될 것이다. 본격적인 대륙빙하 굴착이 시작된 지 반세기가 지난 현재, 이제는 탐사의 시대가 막을 내리고 새로운 시대로 넘어가는 전환기를 맞이하고 있다.

킬리만자로의 눈

매년 얼음이 겹겹이 쌓이는 곳은 그린란드와 남극 대륙빙하뿐만이 아니다. 세계 곳곳의 높은 산악지대에는 산악빙하나 빙모氷帽, ice cap이라고 하는 소규모의 빙하가 존재한다. 이런 산악빙하나 빙모는 대륙빙하와는 비교가 안될 정도로 규모가 작다. 그러나 고위도 지역은 물론이고 중위도나 저위도 지역에도 분포한다는 특징이 있다. 미국 오하이오 주립대학 버드 극지연구센터의 로니 톰슨은 바로 이 점에 주목했다. 태양에너지의 상당량은 지구 표면적의 반 이상을 차지하는 북위 30도와 남위 30도 사이에 집중된다. 우리 인류 대부분도 또한 이 중저위도 지역에 산다. 톰슨의 목표는 이곳에서 지금까지 어떤 기후변화가 일어났는지 보다 직관적인 신호를 찾아내는 것이었다.

톰슨이 이끄는 연구 팀이 히말라야, 킬리만자로, 안데스 등 세계 각지의 산악에 분포하는 빙하를 조사한 횟수는 무려 40회 이상이다. 산악빙하의 굴착 작업은 6톤이나 되는 기자재를 산 정상까지 옮기는 일로 시작되는 중노동이다. 현지의 짐꾼이나 등산가, 그리고 때로는 그 나라의 군대까지 동원하여 기자재들을 산꼭대기로 옮겼다. 공기가 희박한 고산지대의 작업은 상상 이상으로 힘들고 산을 내려올 때에는 얼음 샘플이 보태져 짐은 수 톤이나 늘어난다. 그뿐만이 아니다. 빙모로 덮인 산악지대가 있는 티베트나 페루, 볼리비아 등은 정치적으로 불안정한 경우가 많다. 따라서 굴착 전에 정부 기관의 허락을 얻기 위한 교섭이나 안전 확보가 중요한 작업의 일부였다. 예를 들면 킬리만자로 산이 있는 탄자니아에서 빙하코어를 굴착하기 위

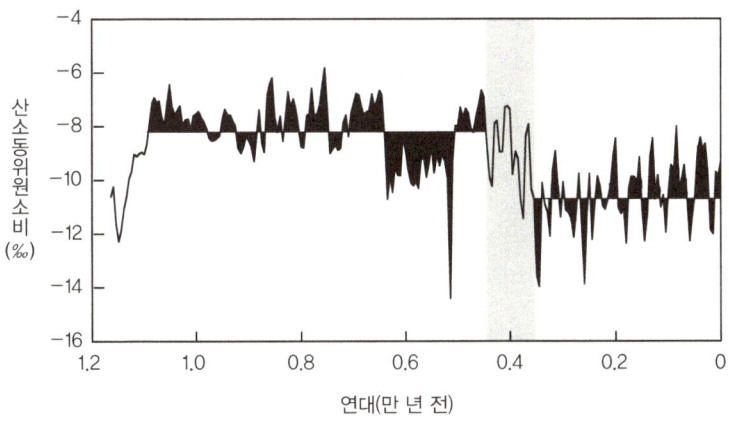

그림 10-8 적도 바로 아래에 위치한 킬리만자로 산 정상(해발 5895미터) 빙관에서 채취한 빙하코어의 산소동위원소비 기록. 진폭이 매우 크며, 약 4000년 전(어두운 부분)에 마이너스 쪽으로 3‰정도 이동했다. Thompson et al. (2002)을 수정.

해서는 25곳의 공식 허가를 얻어야 했다고 한다. 과학 연구는 실행, 그 이전 단계부터 장애가 끊이지 않는다.

어쨌든 톰슨 팀이 세계 각지의 산악빙하에서 찾아낸 데이터는 귀중한 연구 성과들로 거듭났다. 아프리카 최고봉인 킬리만자로 산에는 어니스트 헤밍웨이의 소설로 유명한 '킬리만자로의 눈'이 있다. 적도 바로 아래에 위치하지만 6000미터 높이의 정상은 언제나 얼음으로 뒤덮여 있다. 2000년에 톰슨 팀은 킬리만자로 산 정상의 빙모에서 6개의 빙하코어를 채취하는데 성공했다. 가장 긴 빙하코어도 길이가 50미터밖에 되지 않아 남극이나 그린란드의 빙하코어에 비하면 훨씬 짧다. 그러나 그 안에는 과거 1만 1000년에 걸친 적도 지역의 기후 역사가 기록되어 있다.[24](그림 10-8).

과거 1만 년 동안 지구는 전체적으로 안정된 기후를 유지하고 있다. 하지만 이제 그림 10-8에 나온 톰슨 팀이 채취한 빙하코어의 산소동위원소비 기록에 주목해 보자. 1만 2000년 전부터 현재까지 산소동위원소비는 자그마치 8‰이라는 상당히 큰 변화폭을 보이고 있다. 특히 시선을 끄는 것은 약 4000년 전 동위원소비가 갑자기 뚝 떨어졌다는 점이다. 마침 그 무렵 대기 중의 에어로졸 양도 급증했다. 지금부터 4000년 전이란 아프리카에서 '녹색의 사하라'가 사라지고 건조한 기후에 돌입하던 시대다. 톰슨 팀은 이런 결과들이 아프리카에서 일어난 기후상태의 이동을 나타낸 것이라고 생각했다.

현재 킬리만자로의 눈은 지구온난화와 함께 매년 감소하고 있다. 톰슨 팀의 예측에 따르면 이 눈은 2015년부터 2020년 사이에 모두 녹아버릴 것이라고 한다.[24] 헤밍웨이가 소설의 모티브로 삼았던 성스러운 눈이 아프리카 열대지역의 고기후 기록과 함께 영원히 사라져 버리려 하고 있다. 과연 우리는 지구상에서 또 하나의 귀중한 역사 유산을 잃게 되고 말 것인지…….

11장
기후가 바뀌는 데는
수십 년이면 충분하다

과학은 수수께끼를 해명하는 것이 아니라, 수수께끼를 만들어내는 것이다.

— 테라다 토라히코

단 기 간 에 일 어 난 기 후 변 화

　밀란코비치가 확립한 이론은 제4기에 일어난 주기적인 기후변화의 원인을 부분적으로 설명하는 데 성공했다. 그러나 과거 수만 년에 걸친 지구의 기후를 좀 더 자세히 살펴보면 천문학적 요인만으로는 결코 설명할 수 없는, 짧은 주기의 기후변화나 뚜렷한 주기성을 갖지 않는 여러 차례의 단기 기후변화가 있었다. 9장에서 잠시 설명했던 단스고르-외슈거 이벤트가 그 한 예다. 1980년대 이후 고기후학자들은 이와 같은 기후변화의 기록들을 차례로 찾아내 논의해 왔다. 이런 과거의 기후변화 기록은, 현재 전 세계의 기후학자들이 공감하는 지구온난화에 대한 절대적 배경이 되고 있다.

　사실 꽤 오래 전부터 지질학자들은 기후변화가 천문학적인 시간 규모보다 훨씬 짧은 시간에 일어났다는 것을 인지하고 있었다. 바로 마지막 빙하기와 후빙기(홀로세) 사이에서 찾아낸 '일시적 추위'인 영거 드라이아스 이벤트Younger Dryas event다. 이것은 오랜 옛날 존재했던 페노스칸디아 빙상의 주변에서 찾아낸 변동으로, 한동안은 대륙빙하의 일시적인 확대와 축소에 따른 지역적 기후변동이라고 생각했었다. 그러나 연구가 진행되면서 북유럽 이외의 지역에서도 거의 같은 시기에 '일시적 추위'가 있었다는 관측결과가 나타났다. 1980년대가 되자, 이에 쐐기를 박듯 영거 드라이아스 이벤트 외에 단스고르-외슈거 이벤트와 하인리히 이벤트라는 두 종류의 단기 기후변화가 발견되었다.

이런 단기 기후변화의 발견은 기후학자들에게 '대체 어떤 메커니즘으로 일어난 걸까'라는 난제를 안겨주었다. 영거 드라이아스 이벤트와 같은 단기 기후변화를 발견하기 전까지는, 기후변화는 수천 년에서 수만 년이라는 상당히 긴 시간규모로 일어나는 주기적 변화라고 생각했다. 운석의 충돌과 같은 돌발적이며 상당히 큰 임팩트를 갖는 요인이 아닌 한, 기후변화는 밀란코비치 효과(지구 궤도요소의 변화)의 지배를 받는다고 믿어왔던 것이다. 그러나 단기 기후변화의 발견은 그 밖에도 지구의 기후를 크게 변화시키는 '무언가'가 있다는 것을 시사했다. 과연 그 정체는 무엇일까? 고기후학자들은 수수께끼 풀이에 나섰다.

단기 기후변화는 장소에 따라서는 수십 년이라는 시간 규모로 일어났음이 밝혀졌다. 이것은 현재 우리가 염려하는 지구온난화와 정확하게 일치하는 시간 규모다. 따라서 실제로 과거에 일어났던 단기 기후변화의 원인을 찾아 그 구조를 알게 된다면, 가까운 장래에 일어날 지 모르는 지구온난화를 예측할 때에도 분명 도움이 될 것이다. 많은 고기후학자들이 이런 생각으로 어려운 문제풀이에 도전하고 있다. 그리고 해양지질학자들은 지금까지와는 차원이 다른 시간 정밀도로 해저퇴적물을 분석하기 위해 기후변화 기록을 백 년 혹은 수십 년 단위로 세밀하게 나누어 조사하기 시작했다.

영거 드라이아스 이벤트

겨울이 물러가고 나무마다 꽃봉오리가 벌어질 무렵인데 다시 손발이 꽁꽁 얼어붙을 정도로 추위가 닥쳐올 때가 있다. 바로 꽃샘추위나 일시적 추위가 그것이다. 시간의 규모는 차이가 크게 나지만, 이처럼 한랭한 기후가 잠시 나타나는 현상은 마지막 빙하기가 끝나고 후빙기홀로세 간빙기로 접어드는 온난화 도중에도 나타난 적이 있다. 해저퇴적물이나 빙하코어를 통해 마지막 빙하기에서 후빙기로 향하는 융빙하기의 기후변화를 자세히 살펴보면 짧은 온난화와 한랭화가 여러 번 교차 반복하면서 전체적으로 온난화로 접어든 것을 알 수 있다.

융빙하기가 한창일 때 나타나는 몇 차례의 일시적 한랭화 중에서도 영거 드라이아스기의 일시적 추위는 그 규모가 커서 많은 지질학자와 기후학자가 이전부터 흥미를 보여 왔다. 왜냐하면 단스고르-외슈거 이벤트나 하인리히 이벤트를 발견하기 전까지는 영거 드라이아스기의 일시적 추위가 밀란코비치 효과로 설명할 수 없는 유일한 기후변화였기 때문이다. 영거 드라이아스 이벤트는 그린란드에서 빙하코어를 굴착하기 훨씬 이전에 이미 북유럽의 호소湖沼퇴적물 연구로 널리 알려져 있었다. 그리고 지질학자가 세밀하게 연구해온 덕분에 지질학적 기록은 충분히 축적되어 있었다.

영거 드라이아스 이벤트를 설명하기에 앞서 2만 년 전부터 7천 년 전에 이르는 융빙하기의 시대 구분에 대해 알아둘 필요가 있다. 우선 그림 11-1에 주목하자. 이런 그림에 질려하는 사람도 있을 텐데, 사실은 나도 그 중 한 사람이다. 시대를 구분하기 위해 낯선 고유명사

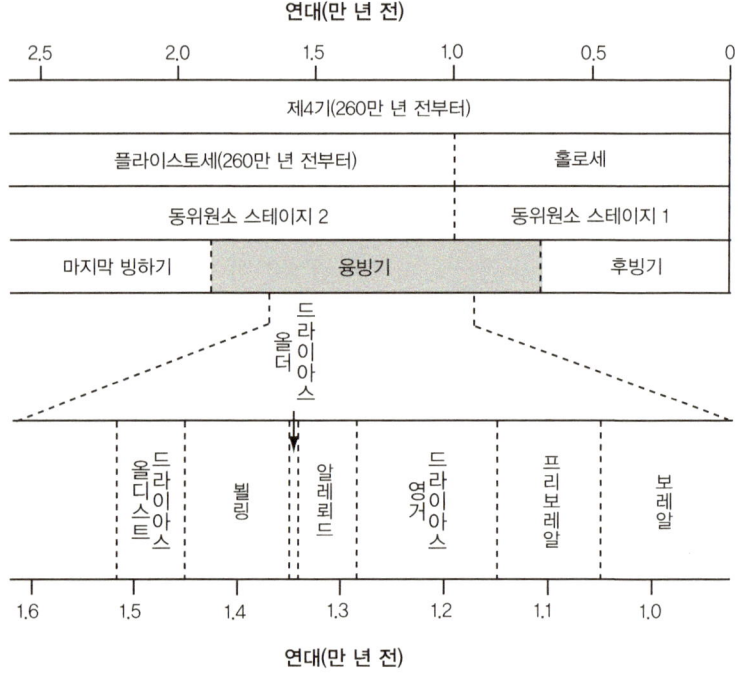

연대(만 년 전)

| 2.5 | 2.0 | 1.5 | 1.0 | 0.5 | 0 |

제4기(260만 년 전부터)

플라이스토세(260만 년 전부터) | 홀로세

동위원소 스테이지 2 | 동위원소 스테이지 1

마지막 빙하기 | 융빙기 | 후빙기

드라이아스 올더

| 올드 드라이아스트 | 뵐링 | 알레뢰드 | 영거 드라이아스 | 프리보레알 | 보레알 |

| 1.6 | 1.5 | 1.4 | 1.3 | 1.2 | 1.1 | 1.0 |

연대(만 년 전)

그림 11-1 마지막 빙하기 이후의 시대를 정리한 그림. 과거 2만 년에 대해서는 다양한 명칭을 섞어 사용하는 일이 많아 뒤죽박죽으로 쓰이는 경우가 종종 있다. 가장 아래쪽에 나타낸 것이 1만 6000년 전부터 1만 년 전까지 북유럽 육상의 지질시대 구분이다. 원래는 국지적인 기후변화를 나타내기 위해 사용한 시대구분 명칭인데, 최근에는 전세계적인 기후변화에도 적용하는 경우가 많다.

를 사용하는데 공교롭게도 혼동되어 쓰이는 경우가 종종 있다. 전통적인 지질학에서는 흔히 있는 일이다. 거대한 대륙빙하가 녹아내리며 기후가 따뜻해지는 융빙하기도 예외는 아니다. 이런 기묘한 고유명사는 지질학이 정붙이기 힘든 딱딱한 학문이라는 인상을 주는 원인이 되기도 한다. 그러나 이에 적응하는 요령이 두 가지 정도 있기는 하다. 한 가지는 너무 깊이 생각하지 말 것. 다시 말해 연대를 달리 읽으면 된다. 예를 들어 쥐라기라고 하면 약 2억 년 전이라고 떠올리는 식이다. 또 한 가지 요령은 해당 고유명사의 기원을 잠시 생각해보는 것이다.

이번 장의 주제인 영거 드라이아스Younger Dryas라는 것도 사실 어딘가 기묘한 고유명사다. 영거 드라이아스는 드라이아스 옥토페탈라 *Dryas Octopetala*라는 학명의 장미과 식물에서 유래한 이름이다(그림 11-2). 이 식물은 일반적으로 담자리꽃나무라고 부르는데, 북미, 유럽, 아시아 산악지대의 툰드라* 식생대에 널리 분포한다. 노란 수술 부분을 중심으로 여덟 장octa의 흰 꽃잎petala이 달린 가련한 꽃을 피운다.

영거 드라이아스 이벤트는 스칸디나비아 반도에서 채취한 호소퇴적물에 들어있던 꽃가루를 분석하여 찾아낸 현상이다. 페노스칸디아 빙상이 녹기 시작하자 줄어든 대륙빙하 자리에 최초로 담자리꽃나무 등 툰드라의 특징적인 식생이 나타났다. 그리고 대륙빙하가 더욱 줄고 기후가 따뜻해지자, 그곳은 툰드라에서 낙엽송, 전나무, 가문비나무 등이 자라는 침엽수림으로 바뀌어 갔다. 그런데 꽃가루의 분석 결과, 1만 년 전 무렵에 일시적으로 침엽수림이 아닌 담자리꽃나무가 다시 급증했다. 기후가 또다시 툰드라로 되돌아간 것이다. 이 시기가 바로 영거 드라이아스기다.**

영거 드라이아스라는 시대가 있으니, 당연히 올더 드라이아스Older Dryas라는 시대도 있다. 다시 그림 11-1을 참고하여 시대 명칭을 간단히 정리해보자. 올더 드라이아스기란 1만 3500년 전 무렵 기후(식생)

---

* 토양이 거의 일 년 내내 얼어붙어 있는 기후 상태를 가리킨다. 토양이 발달하지 않기 때문에 식생은 지의류나 이끼류가 중심이고 드문드문 초목류가 존재한다. 수목은 자라지 않는다.
** 북유럽 빙상의 서쪽 끝에 해당되는 영국에서는 투구벌레의 화석에서 영거 드라이아스기를 찾아냈다.

그림 11-2 *Dryas Octopetala*의 꽃. 산악 지대에 널리 분포한다.

가 200년 동안 한랭화했던 시대를 가리킨다. 그보다 더 오래된 올디스트 드라이아스Oldest Dryas라는 시대도 있다. 이 시대는 페노스칸디아 빙상이 후퇴하고 처음으로 툰드라 식생이 나타난 시대다. 모두 담자리꽃나무의 꽃가루가 급격히 증가하는 특징을 갖는 한랭한 시대라고 할 수 있다.

또한 올디스트 드라이아스기와 올더 드라이아스기 사이의 비교적 온난한 시대를 뵐링기라고 부른다. 그리고 올더 드라이아스기에서 영거 드라이아스기 사이의 시대를 알레뢰드기라고 한다. 지질기록 중에 올더 드라이아스기가 분명하게 나타내지 않는 경우가 많아 두 시대를 합쳐 뵐링-알레뢰드기라고 부르기도 한다. 이 시대는 약 1만 4500년 전부터 1만 2900년 전 까지로 기후는 비교적 온화했다. 그리고 영거 드라이아스기가 끝난 1만 1500년 전부터 1만 500년 전까

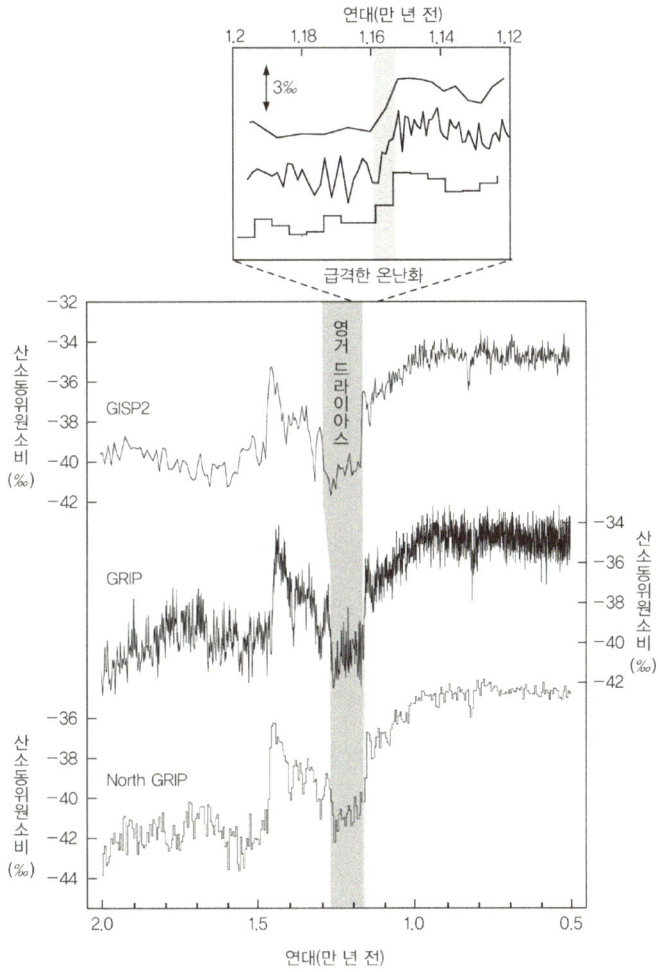

그림 11-3 그린란드에서 채취한 3개의 빙하코어에서 발견한 영거 드라이아스 이벤트(아래 그림의 회색 막대 부분). 공통적으로 영거 드라이아스기의 시작(1만 2900년 전 무렵)과 종료 시(1만 1500년전 무렵)에 산소동위원소비의 급격한 변동이 나타난다.(각 코어에 따라 다소 연대 차이가 나는 것에 주의). 위 그림은 영거 드라이아스기의 종료 시점을 부분 확대한 것이다. 영거 드라이아스기가 끝날 때의 온난화는 채 100년이 되지 않는 기간에 일어났다(위 그림의 회색 막대 부분). 4‰에 가까운 동위원소비의 급상승은 약 6℃의 기온상승에 해당한다. Stuiver *et al.*(1995), Johnsen *et al.*(1997), North Greenland Ice Core Project Members(2004)를 수정.

지 빠르게 온난화가 찾아온 시기를 프리보레알기이라고 한다. 그 이후부터 기후가 안정기에 접어드는 7800년 전까지의 시기를 보레알기라고 부른다.

　처음에는 이렇게 따뜻하고 차가운 기후가 반복해서 나타나는 현상이 지구 전체에서 일어나는 것이 아니라 페노스칸디아 빙상에서 가까운 북유럽 지역에서만 나타나는 기후의 **요동**이라고 여겼다. 그런데 1980년대 이후 세계 각지에서 채취한 해저퇴적물이나 육지의 지질기록에서 영거 드라이아스기와 거의 같은 시기에 한랭화가 찾아왔다는 증거들이 속속 보고되었다. 로렌타이드 빙상이나 페노스칸디나비아 빙상에 둘러싸인 북대서양 북부 지역은 물론, 적도 부근의 대서양과 일본을 포함한 서태평양 지역, 더욱이 대륙빙하와는 멀리 떨어진 인도양 지역에서도 거의 같은 시기에 한랭화에 접어들었다는 확실한 증거들을 발견했다.[1] 이것은 영거 드라이아스기의 '일시적 추위'가 상당히 광범위한 기후변화였다는 것을 뜻한다.

　영거 드라이아스 이벤트는 특히 그린란드의 빙하코어에 기록이 뚜렷하게 남아있다. 영거 드라이아스 이벤트의 시초인 1만 2900년 전에는 산소동위원소비가 약 2~3‰이 급격히 낮아졌다가, 종료 무렵인 1만 1500년 전에는 4‰가까이 급상승했다[2](그림 11-3). 이 연속적인 산소동위원소비의 변동을 연평균 기온으로 환산하면, 영거 드라이아스기의 시작과 동시에 갑작스레 섭씨 3~4도 떨어졌다가, 끝날 때에는 6도나 급상승한 셈이다. 특히 영거 드라이아스기가 끝날 즈음의 온난화는 불과 50여년 사이에 갑자기 일어났다.

　그린란드 빙하코어에 기록된 영거 드라이아스기의 급격한 기후변화는 당시 많은 기후학자들을 놀라게 했다. 그들은 기후란 수천 년에 걸쳐 천천히 변동하는 것이라고 생각했기 때문이다. 그러나 빙하코어의 기록에서는, 기후는 적당한 조건만 갖춰지면 '점프'할 수 있음을 시사하고 있다. 현재의 지구온난화를 생각하면 기후의 점프야말로 가장 두려운 시나리오다. 영거 드라이아스기에 동반된 기후의 점프를 발견한 이후, 고기후 연구자들 사이에는 '급격한 기후변화'라는 키워드가 생겨났다.

해양 지질학자들은 급격한 기후변화 찾기에 집중하며, 모든 퇴적물을 상세히 조사하기 시작했다. 영거 드라이아스 이벤트를 기록하고 있는 수많은 지질기록 중에서도, 남미 베네수엘라 앞바다의 작은 해저분지에서 채취한 퇴적물에 남겨진 기록은 상당히 정확하다. 동서 방향으로 가늘고 길게 이어진 200킬로미터의 이 지역을 카리아코 해저분지라 부른다. 수심은 가장 깊은 곳이 1400미터 정도인데, 주변이 지형적으로 높아서 해저분지의 움푹 들어간 부분에는 바닷물이 고여 있다. 이것이 핵심이다. 정체된 바닷물에는 산소가 거의 없어 불가사리, 갯지렁이, 해삼과 같은 동물이 살지 못한다. 보통 해저에서 주로 볼 수 있는 이런 동물은 바닥을 기어 다니며 퇴적물을 마구 휘저어놓아, 수백 년 때로는 수천 년간의 기후변화 기록을 뒤섞어 버린다. 해저퇴적물을 통해 과거의 지구환경 기록을 읽어내는 해양 지질학자에게는 막강한 적인 셈이다. 그런데 바닷물이 정체되어 있는 카리아코 해저분지에는 다행히도 이런 '천적'이 살지 않는다. 퇴적물이 흐트러질 걱정이 없는 것이다.

겨울철이면 카리아코 해저분지에는 플랑크톤이 번식하면서 탄산칼슘이 포함된 백색의 퇴적물이 만들어진다. 여름에는 베네수엘라 오지의 정글에서 시작되는 오리노코 강이 우기에 접어들면서 대량

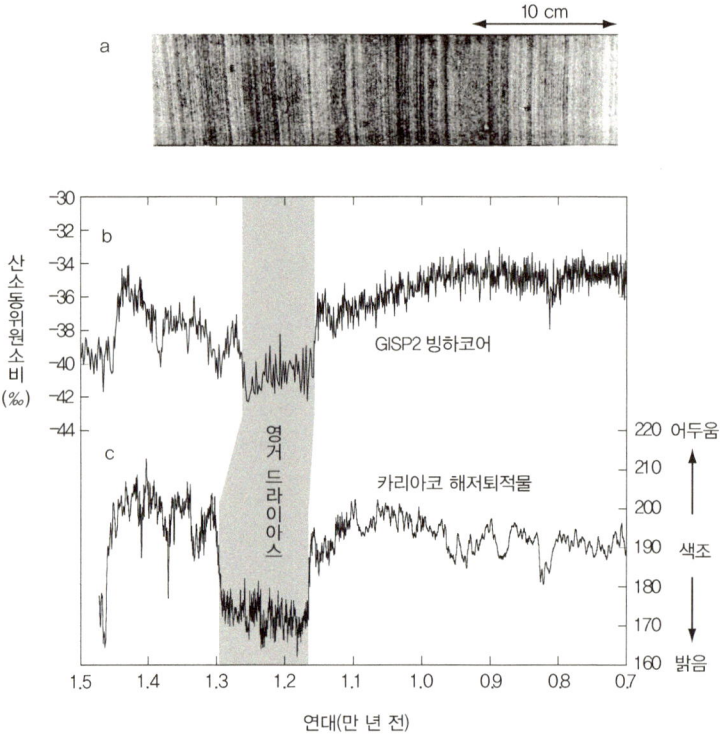

그림 11-4 a) 카리아코 해저분지의 퇴적물 사진. 전체적으로는 올리브색이지만, 여름에는 토양입자를 포함하는 검은 층이, 겨울에는 탄산칼슘이 포함된 흰색 층이 형성된다. b) 그린란드 빙하코어 (GISP2)의 산소동위원소비 기록. c) 카리아코 해저분지에서 채취한 해저코어의 색조 변화. 영거 드라이아스기와 거의 일치하는 시기에 카리아코 해저분지에 기록된 퇴적물의 색이 밝아지고 있다. Lea *et al.*(2003), Stuiver *et al.*(1995), Hughen *et al.*(1996)을 수정.

의 토양성분을 카리아코 해저분지로 흘려보내 검은색의 퇴적물이 만들어진다. 이렇게 완성된 흑백의 퇴적물 세트가 일 년치라고 할 수 있다. 이런 세트의 두께는 불과 1밀리미터 정도로 상당히 얇다(그림 11-4(a)). 과거 수천 년 동안의 퇴적물이 가느다란 흑백의 줄무늬로 층층이 쌓여 아름답게 보존된 카리아코 해저분지는, 세계에서도 보기 드문 바다로 꼽힌다.

1990년대 중반, 카리아코 해저분지의 해저퇴적물을 연구하던 콜로라도 대학의 대학원생 콘래드 휴엔은 영거 드라이아스기에 해당하는 퇴적물이 급격히 밝은 색을 띤다는 것을 알아냈다.[3] 그리고 색의 변화를 수치화하자, 놀랍게도 그린란드 빙하코어의 산소동위원소비와 똑같은 패턴이 나타났다(그림 11-4(b)(c)). 둘 사이에 뭔가 깊은 연관이 있는 게 분명했다.

밝은 색을 띠는 영거 드라이아스기의 퇴적물에서는 유공충의 껍데기 등 백색의 탄산칼슘 화석이 눈에 많이 띄어, 당시에 해양표층에 서식하는 이런 생물의 개체 수가 증대했다는 것을 알 수 있다. 휴엔 팀은 영거 드라이아스기의 퇴적물 색이 밝아진 이유를 당시 카리아코 해저분지 부근에 무역풍이 강해져 영양염을 해양 표층으로 끌어내는 용승*이 두드러졌기 때문이라고 생각했다. 영양염이 해양 표층으로 올라오면 그 자리에는 식물 플랑크톤과 그것을 먹이로 삼는 유공충과 같은 동물 플랑크톤이 대량 번식하기 때문이다. 그것은 그린란드의 서밋에서 6000킬로미터나 떨어진 열대의 바다에서도 시간차 없이 해양 환경 변화가 일어났다는 것을 뜻한다.

카리아코 해저분지 외에도 북반구의 다양한 장소에서 영거 드라이아스 이벤트와 같은 시기의 환경 변화가 발견되었다. 그런데 남반구로 가면 그런 현상은 뚝 끊긴다.[4] 남극의 빙하코어에서는 영거 드라이아스기의 한랭화 현상을 뚜렷이 찾아볼 수 없다. 일반적으로 말하자면 영거 드라이아스기의 시그널은 북대서양 북부나 그것을 둘러

---

* 용승(湧昇)이란 바다 깊숙한 곳의 바닷물이 표층으로 솟아오르는 현상을 말한다. 표층까지 올라온 바닷물에는 영양염과 각종 미네랄이 풍부하여 식물 플랑크톤이 대량으로 번식하게 된다.

싼 해역과 인근 지역에서 가장 강하게 나타나고, 그곳에서 멀어질수록 약해지는 듯 했다. 이것이 바로 영거 드라이아스 이벤트의 기원이 북대서양 북부에 있다고 추정하는 근거다.

아 가 시 호 가 터 지 다

일시적 추위가 찾아온 영거 드라이아스 이벤트는 대체 어떤 원인으로 일어났을까? 현시점에서 많은 연구자들은 이 시기에 북대서양 심층수가 일시적으로 정지했던 게 직접적인 원인이라고 믿고 있다. 북대서양 북부 해역에서 형성되어 대서양 깊은 곳으로 천천히 남하하는 해양 심층류가 지구의 에너지 분배에 커다란 영향을 미친다는 것은 앞에서 이미 자세히 설명했다. 이 컨베이어벨트가 영거 드라이아스기에 일시적으로 약해졌거나 완전히 정지(오프)했다고 생각하는 것이다.[5]

그렇다면 컨베이어벨트는 대체 왜 정지했을까? 한 가지 이론은 당시 로렌타이드 빙상 가장자리에 위치한 아가시 호가 갑자기 터지면서 대량의 민물이 컨베이어벨트의 입구인 북대서양 북부 해역으로 흘러들어 표층수를 덮어버렸기 때문이라는 것이다.

거대한 대륙빙하가 녹으면 대량의 융빙수가 생긴다. 이 융빙수는 최종적으로 바다로 흘러들 운명이지만, 일시적으로 대륙빙하에 웅덩이처럼 호수를 형성하는 경우가 있다. 지각평형의 효과로 대륙빙하가 얹혀있던 대지는 주위보다 움푹 패여 있기 때문에 대륙빙하의 가장자리에는 구조적으로 이런 웅덩이가 생기기 쉽다.

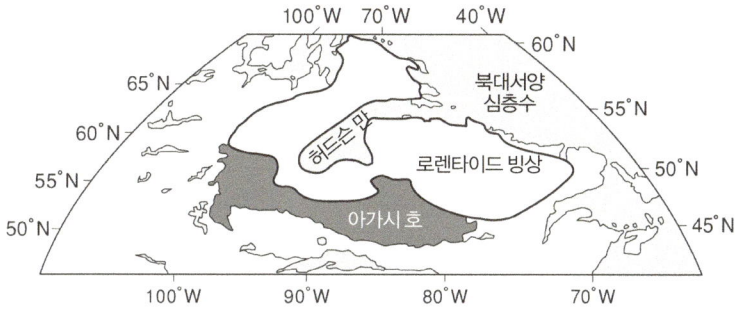

그림 11-5 위의 지도는 약 8000년 전 아가시 호의 분포도. 호수의 북쪽 가장자리가 로렌타이드 빙상과 맞닿아있다. Clarke *et al.*(2003)을 바탕으로 작성. 아래 사진은 아가시 호의 홍수로 인해 이동한 것으로 추정되는 미국 미네소타 주의 바위들(화살표). 홍수의 흐름을 따라 일렬로 줄 지어있다. Fisher(2004)에서 인용.

아가시 호도 로렌타이드 빙상이 후퇴하던 시대에 남쪽 가장자리를 따라 일시적으로 형성된 호수 중 하나였다. 그 크기는 상상을 초월한다. 현재 미국의 미네소타 주에서 노스다코타 주, 캐나다의 서스캐처원 주, 매니토바 주, 온타리오 주에 이르는 광대한 지역에 아가시 호가 존재했던 기록이 남아있다. 그 크기와 모양은 시대와 더불어 다양하게 변화했기 때문에 세세한 이력를 거슬러 조사하기란 쉽지 않다. 지금까지 연구에 의하면 그 면적은 현재의 오대호를 합한 것보다 크고, 가장 컸을때는 자그마치 44만 제곱킬로미터^{한반도 면적의 2배}에 달했을 것으로 보고 있다.[6] (그림 11-5).

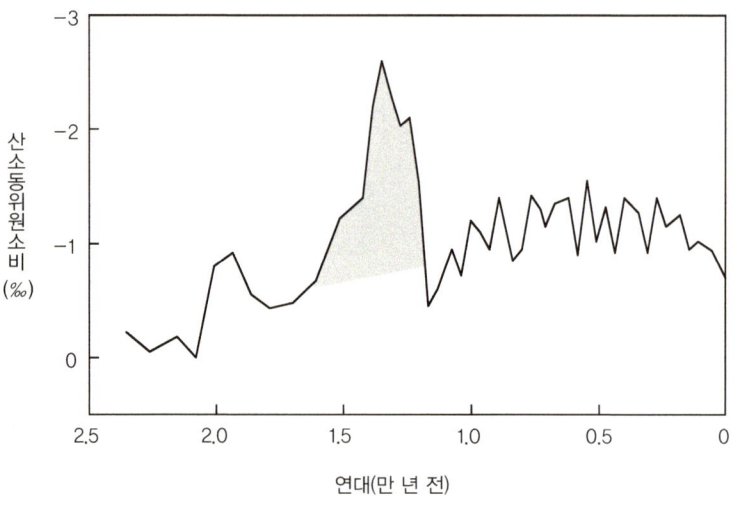

그림 11–6 멕시코 만의 퇴적물에서 발견한 산소동위원소비의 마이너스 이동(어두운 부분). 가벼운 산소동위원소비를 갖는 로렌타이드 빙상의 융빙수가 멕시코 만으로 유입되면서 바닷물의 산소동위원소비를 마이너스 쪽으로 변화시켰음을 기록하고 있다. Kennett and Shackleton(1975)을 수정.

　이렇게 대륙빙하의 가장자리에 형성된 호수는 대륙빙하의 댐 역할을 하는 경우가 많다. 구조상 안정성은 상당히 떨어진다. 그래서 대륙빙하가 녹으면 그만큼 호수면이 상승하고, 호숫물을 막고 있는 부분의 얼음이 녹으면 호수에 저장되어 있던 융빙수가 단숨에 하류로 흐르기 시작하여 홍수를 일으킨다.[7]

　1970년대 중반에 미국 로드아일랜드 대학의 짐 케넷과 캠브리지 대학의 니콜라스 섀클턴은 멕시코 만에서 채취한 퇴적물에서 흥미로운 시그널을 찾아냈다.[8] 그림 11-6의 1만 4000년 전 부근(융빙수펄스 1A의 시기에 해당한다)을 유심히 살펴보자. 산소동위원소비가 2‰만큼 가벼운 쪽으로 이동한 것을 알 수 있다. 그들은 이것이 당시 로렌타이드 빙상의 남쪽을 둘러싸고 있던 아가시 호가 무너져 대량의 호숫물이 멕시코 만으로 흘러든 홍수의 증거라고 생각했다.

융빙수를 저장한 아가시 호의 산소동위원소비는 약 −30‰이다. 무거운 물 분자($H_2^{18}O$)가 바닷물에 비해 훨씬 적은 대량의 융빙수가 바다(약 0‰)로 섞여들면, 그 해역 바닷물의 산소동위원소비는 크게 떨어질 것이 분명하다. 멕시코 만으로 흘러든 이 대량의 융빙수는 지형적으로 움푹 팬 현재의 미시시피 강 부근에서 대홍수를 일으키며 지나갔을 것이다.

기후변화의 메커니즘을 생각하면, 멕시코 만으로 대량의 민물이 흘러들어도 전 세계적인 기후변화가 일어나는 일은 일단 없을 것이다.[9] 그런데 아가시 호에서 흘러나온 대량의 민물이 갑자기 경로를 바꿔 단숨에 북대서양 북부 해역으로 빠져나갔다면 어떻게 될까? 로렌타이드 빙상의 남쪽 가장자리에 해당하는 오대호 부근에서 세인트로렌스 강을 따라, 혹은 대륙빙하 북동부의 래브라도 해를 경유해, 북대서양 북부 해역으로 흘러들었다면?(그림 11-7)

이 대량의 민물은 바닷물에 비해 훨씬 가볍다(밀도가 작다). 그래서 해양의 표층이 이 민물에 뒤덮인 모양새가 된다. 민물로 뚜껑을 덮은 표층수는 곧 북대서양 심층수의 형성을 멈추게 했을 것이다. 그렇게 하여 오프가 된 컨베이어벨트를 상상하기는 어렵지 않다. 8장에서 언급한 스톰멜의 박스 모델(그림 8-14 참조)로 생각하면 북대서양에 민물의 수도꼭지를 튼 상태라고 할 수 있다. 컨베이어벨트의 정지로 태양에너지의 재분배 패턴이 바뀌면서 전 세계적인 기후변화가 일어났다는 게 분명해졌다.

그렇다면 이런 기후변화의 메커니즘을 좀 더 정량적으로 해석할

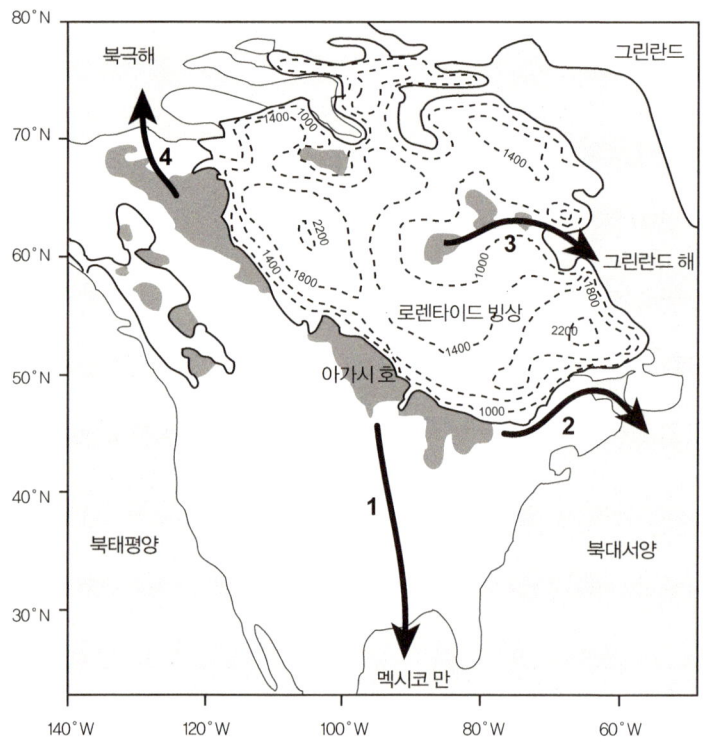

그림 11–7 북미대륙에 발달한 로렌타이드 빙상의 융빙수가 바다로 유입되는 경로. 1) 아가시 호에서 현재의 미시시피 강을 지나 멕시코 만으로 유입되는 경로, 2) 현재의 세인트로렌스 강을 지나 북대서양 북부 해역으로 유입되는 경로, 3) 현재 허드슨 만 부근 대륙빙하의 오목한 부분에서 래브라도 해를 지나 북대서양 북부 해역으로 유입되는 경로, 4) 대륙빙하의 서쪽 가장자리에 형성된 호수에서 북극해로 유입되는 경로. 이들 4개의 경로 중에 기후에 큰 영향을 미칠 가능성이 있는 것은 2와 3이다. 짙은 회색으로 표시한 부분이 대륙빙하가 녹아 만들어진 호수다. 해안선과 대륙빙하의 크기는 약 1만 3000년 전의 것으로 등고선의 단위는 미터. Tarasov and Peltier(2006)를 수정.

수는 없을까? 그 질문에 도전한 것이 마나베 슈쿠로의 연구 그룹이다. 마나베 그룹은 직접 개발한 대순환 모델을 앞세워 이 문제에 정면으로 도전했다. 마나베 그룹이 실시한 컴퓨터 시뮬레이션에 의하면, 대량의 융빙수가 바다로 빠져나갔다 해도 흘러든 곳이 멕시코 만일 경우, 전 세계적인 기후변화는 일어나지 않는다. 그런데 예상하는 대로 북대서양의 고위도 해역으로 빠져나간 것이라면 상황은 달라진다. 시뮬레이션에서 설정한 대로 매초 10만 세제곱미터(0.1스베드럽)의 융빙수가 북대서양의 고위도 해역으로 유입되었다면, 200년 이내에 수온은 섭씨 5도 이상 떨어지고, 북대서양 심층수의 생성량은 현재에 비해 20퍼센트나 감소할 것이라는 결과가 나왔다.[10] 덧붙여, 이 모델 실험에 사용한 0.1스베드럽이라는 양은, 1년 동안 약 1센티미터의 해수면 상승을 초래하는 유량에 해당한다. 이것은 19K이벤트나 융빙수펄스1A에 동반된 해수면 상승 속도보다 상당히 작은 값이다(그림 3-6참조). 이 실험은 컨베이어벨트의 온오프 시나리오가 실제로 일어날 수 있다는 것을 정량적으로 나타낸 최초의 획기적 성과다.

아가시 호가 무너져 대량의 민물이 북대서양으로 직접 흘러들었다는 이론은 영거 드라이아스기의 형성과 원인에 대한 매력적인 가설이다. 그러나 호수가 무너지며 홍수가 일어났다는 육지의 지질기록은 단편적으로 남아있지만, 멕시코 만에서처럼 홍수가 유입되었다는 시그널은 북대서양의 북부 해역에서 아직까지 찾지 못했다. 그래서 이 시나리오는 여전히 사고실험 단계를 벗어나지 못하고 있는 것이 현실이다. 그러나 생각할만한 가치는 충분한 가설이라는 것은 분명하며, 지금도 계속 연구되고 있다.

단스고르-외슈거 이벤트

그린란드에서 채취한 빙하코어 기록에서는 마지막 빙하기가 한창일 때 단기간의 온난한 시대가 반복되었던 패턴을 볼 수 있다. 이미 설명했듯이 이 패턴은 빌리 단스고르와 한스 외슈거의 이름을 따라 단스고르-외슈거 이벤트라고 부른다. 단스고르-외슈거 이벤트는 빙하기에만 나타나며, 후빙기홀로세 간빙기에서는 전혀 볼 수 없는 기후변화다. 지금까지의 상세한 연구에 따르면 11만 년 전부터 2만 년 전까지 이어진 마지막 빙하기에는 크고 작은 경우를 합해 무려 24회의 기후변화가 발견되었다(그림 11-8).

각각의 이벤트를 자세히 살펴보면, 수십 년에서 백여 년이라는 단기간에 일어나는 온난화와 뒤이어 일어나는 비교적 느릿한 한랭화가 톱니 모양을 띤다는 특징이 있다. 시작부터 끝날 때까지의 시간 규모는, 짧을 때는 500년, 길 때는 2000년으로 차이가 꽤 크다는 것도 특징 중 하나다. 이처럼 그린란드의 빙하기는 한랭한 시대였을 뿐 아니라, 흔들림이 크고 불안정한 기후의 시대이기도 했다.

그린란드 중앙부의 서밋에서 채취한 빙하코어 두 개의 관찰 결과에 따르면, 단스고르-외슈거 이벤트 동안 가장 컸던 산소동위원소비의 변동 폭은 무려 5‰에 달한다. 이것은 캠프센추리나 Dye 3에 나타난 산소동위원소비의 변동값보다 크다. 그래서 이들 기록을 근거로 단스고르-외슈거 이벤트에 동반된 그린란드 중앙부의 기온 상승이 최대 섭씨 16도에 이른다고 추정하고 있다.[11]

그린란드 이외의 지역에서도 이런 기후변화를 찾아볼 수 있을까? 당초 많은 연구자들은 단스고르-외슈거 이벤트도 영거 드라이아스

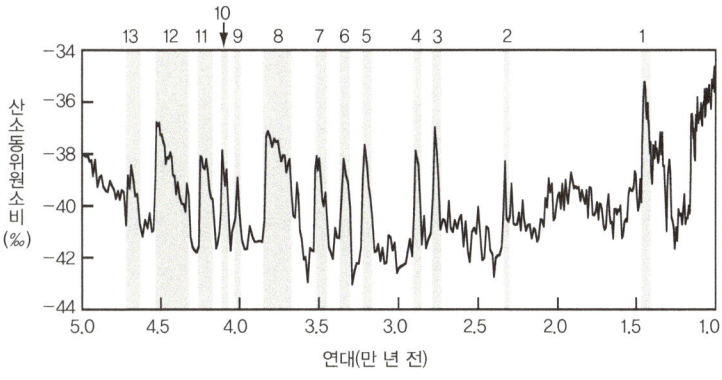

그림 11-8 그린란드 빙하코어(GISP2)에서 발견한 5만 년 전에서 1만 년 전에 걸친 단스고르-외슈거 이벤트(회색 막대 부분). 위에 기록한 숫자가 각 이벤트에 매긴 번호다. Grootes and Stuiver(1997)를 수정.

이벤트처럼 북반구, 특히 그린란드나 북대서양 주변과 같은 비교적 한정된 장소에서 일어난 기후변화라고 생각했다. 그러나 역시 기후 변화의 시그널은 곳곳에서 나타났다. 중국 남부의 종유동鍾乳洞[12], 아라비아 반도 남동해 연안[13], 한반도의 동해[14], 오호츠크 해[15] 등 지구 모든 곳에서 단스고르-외슈거 이벤트와 시기적으로 거의 일치하는 시그널을 찾아냈다.[16] 그것은 반드시 그린란드처럼 강수량이 증가하거나 용승이 강해져 해양 표층의 영양염이 증가하는 등의 온난한 시기에 나타난 기후변화를 가리키는 것은 아니다. 전문가들은 기후조건이 전혀 다른 수 천 킬로미터나 떨어진 지점에서 동시다발적으로 서로 연관된 환경변화 시그널이 나타나는 현상을 원격상관이라고 부른다. 원격상관을 볼 수 있다는 것 자체가, 넓은 지역에서 대기 순환 패턴의 재편reorganization이라는 모습으로 기후변화가 일어났다는 증거이기도 하다. 그리고 원격상관을 통해 세계 각지에서 일어나는 다양한 타입의 기후변화를 하나의 선으로 연결할 수 있다.

　그렇지만 단스고르-외슈거 이벤트는 영거 드라이아스 이벤트와 마찬가지로 북반구, 특히 북대서양에서 그 시그널이 두드러졌다. 따라서 대부분의 고기후 연구자들은 북대서양의 심층수 형성이 이 급격한 기후변화와 깊이 관련됐을 것이라고 주목하고 있다. 빙하기에 오프 상태였던 컨베이어벨트가 단스고르-외슈거 이벤트 때 온 상태로 바뀌면서[17], 북대서양 북부 해역으로 남쪽의 따뜻한 표층수가 공급되어 북태평양 북부 해역이 따뜻해졌다는 것이다.

　그럼 남극의 빙하코어에도 단스고르-외슈거 이벤트가 기록되어 있지 않을까? 빙하코어의 수소동위원소비(그림 10-3 참조)를 자세히 살펴보면, 규모는 상당히 작지만 빙하기에 여러 차례의 온난화 시기가 있었다는 것을 알 수 있다. 빙하코어의 자세한 연대결정 분석결과를 보면, 이런 수소동위원소비의 변동이 그린란드의 빙하코어에서 발견한 단스고르-외슈거 이벤트 중 규모가 큰 것과 관련이 있을 가능성이 있다. 단기 기후변화는 북반구에만 한정된 것이 아니며, 규모는 작지만 남반구에서도 일어난 것으로 생각할 수 있다.

　북반구와 남반구 사이에는 시간차가 있다. 보다 자세한 연구결과에 따르면 그린란드가 단스고르-외슈거 이벤트와 함께 급격히 온난화하는 시기는 남극이 따뜻해지는 시기에 비해 수천 년이 늦다. 그리고 빙하기의 남극에 나타난 소규모 온난화의 절정은 그린란드가 따뜻해지기 직전의 가장 한랭한 시기에 해당한다.[18]

　남북 지역 간 온난화의 시간차는 양극간 시소 현상bipolar seesaw이라는 메커니즘으로 설명할 수 있다.[19] 이 메커니즘은 쉽게 말해 단스고르-외슈거 이벤트가 끝나고 컨베이어벨트가 또다시 오프 상태가 되자, 북대서양에서 북쪽으로 이동하던 대량의 열에너지가 갈 곳을 잃고 남대서양까지 빠져나갔을 것이라는 논리다. 북반구 고위도가 차가워진 만큼, 남반구가 따뜻해졌다는 것이다. 지구전체의 열에너지 분배를 생각하면 지극히 당연한 이야기다.

현재의 기온 연구만으로는 자연에서 이렇게 짧고 급격한 기후변화가 일어날 수 있다는 것을 파악하기가 쉽지 않다. 그야말로 고기후 연구의 중요성을 나타내는 최고의 예라고 할 수 있다. 가까운 장래에 일어날 수 있는 급격한 지구온난화를 염려하는 기후학자들의 뇌리에는 이런 단스고르-외슈거 이벤트나 영거 드라이아스 이벤트가 각인돼 있다. 기후는 느릿느릿하게 변화하는 것이 아니다. 점프하는 것이다.

하인리히 이벤트

기후변화 연구에 커다란 충격을 주게될 논문이 1988년 3월《제4기 연구》에 발표된다. 〈과거 13만 년 동안 북동대서양에서 발생한 주기적 빙산운반의 기원과 그 중요성〉이라는 평범한 제목의 이 논문은 독일 함부르크의 수문학연구소 소속 젊은 해양지질학자로 당시 무명이던 하르트무트 하인리히가 쓴 것이다.[20]

하인리히는 논문에서 북위 47도 부근 대서양 북동 해역에서 채취한 3개의 해저코어에 들어있는 작은 암설debris 수를 센 결과를 보고했다. 그에 따르면 빙하기가 한창일 때 암설이 유난히 많아지는 총 6개의 층을 발견했다. 그 중에는 직경 3밀리미터 이상의 울퉁불퉁한 석영 입자도 포함되어 있었다. 하인리히는 각지고 굵은 이 입자가 육

그림 11-9 북대서양 북부 해역의 해저퇴적물에서 찾은 빙산운반암설. 단단하며 크기도 제각각
이다.

지 어딘가에서 빙산을 타고 옮겨온 게 분명하다고 생각했다.

암설은 대륙빙하가 흘러내릴 때 대륙빙하의 바닥면이 기반암과 마찰하면서 생긴다. 그리고 대부분의 암설은 흐르는 대륙빙하에 섞여 들어간다. 옛날 타이타닉 호가 충돌했던 바다를 떠돌던 빙산은 본래 대륙빙하의 일부인 얼음 덩어리였다. 그런 빙산 안에는 이와 같은 암설이 다수 포함되어 있다. 전문가들은 빙산을 타고 멀리 떨어진 바다로 옮겨진 암설을 '빙산운반암설'이라고 부른다(그림 11-9). 하인리히가 관찰한 것은 바로 이 빙산운반암설이었던 것이다.

언뜻 특별할 게 없는 하인리히 논문의 중요성에 누구보다 먼저 주목한 사람은 컬럼비아 대학의 브뢰커였다. 선견지명의 안목이 아닐 수 없다. 브뢰커는 하인리히가 이끌어낸 결과의 타당성과 기후학적

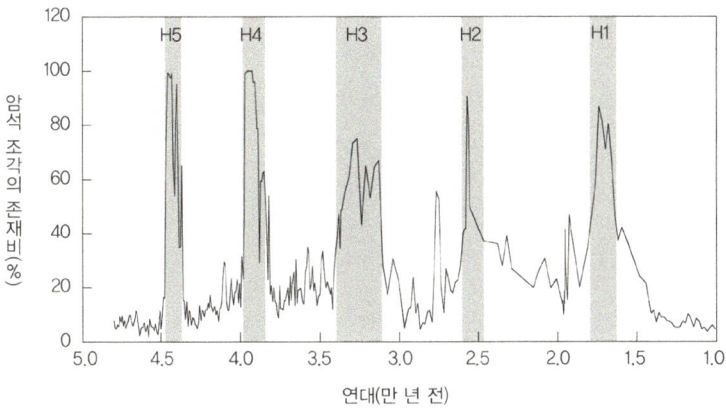

그림 11-10 5만 년 전부터 1만 년 전까지 북대서양 북부 해역 퇴적물에 포함된 암석 조각의 존재비. 심해굴착계획 사이트 609에서 채취한 해저코어의 분석결과이다. H1에서 H5는 하인리히 이벤트를 가리킨다. Broecker *et al*.(1992)을 수정.

중요성을 확인하기 위해 즉시 컬럼비아 대학의 코어 보관고로 향했다. 그리고 하인리히가 사용한 코어와 가까운 곳에서 채취한 해저코어를 찾아 정밀 분석을 실시했다.[21] 해저굴착계획 제94차 항해*에서 채취한 퇴적물의 분석 결과, 빙하기 중에 빙산운반암설이 훌쩍 증대했던 시기가 다섯 번이나 있었다는 명백한 분석결과가 나왔다(그림 11-10). 또한 상세한 연대측정을 통해 이런 시기가 약 1만 년 간격으로 존재한다는 사실도 알아냈다. 브뢰커 팀은 이 결과를 근거로, 이 시기에 로렌타이드 빙상이 급속하게 녹았고, 그로 인해 발생한 대량의 융빙수가 북대서양까지 흘러든 게 아닐까 생각했다. 브뢰커 팀은 자신의 논문에서 하인리히가 찾아낸 빙산운반암설 이벤트를 '하인리히

* 심해굴착계획(DSDP)를 가리킨다. 미국의 심해굴착선 글로마챌린저 호와 조이데스레졸루션 호가 참여했다. 현재 실시 중인 국제해저지각시추사업(IODP)의 전신이다.

이벤트'라고 명명하고, 총 다섯 번의 하인리히 이벤트에 최근 일어난 순서대로 H1(하인리히 이벤트 1), H2, H3, H4, H5라고 이름 붙였다.

그 뒤 브뢰커로부터 연구를 이어받은 컬럼비아 대학의 제럴드 본드 팀은 하인리히 이벤트로 해저에 쌓인 빙산운반암설에는 방해석*과 적철광** 등 특정한 광물이 코팅된 입자가 다수 포함되어 있다는 것을 발견했다.[22] 입자에 들어있는 금속원소의 농도를 분석하고 연대를 측정한 결과, 그것들의 기원은 대부분 허드슨 만 근처의 바위산이었다. 즉, 하인리히 이벤트란 주로 로렌타이드 빙상의 북부와 허드슨 만 주변에 있던 대륙빙하의 일부가 어떤 원인에 의해 북대서양까지 전해진 것이라고 할 수 있는 것이다.

하인리히 이벤트는 시간으로 따지면 약 500년 동안 일어난 기후변화다. 그리고 각 이벤트 때 흘러나온 얼음의 양은 400만 세제곱킬로미터에 달하는 것으로 추정하고 있다.[23] 이것을 해수면 변동으로 환산하면 약 10미터가 상승한 셈이다. 아직 오차가 크기는 하지만, 이들 숫자를 한 번 적용해보면 하인리히 이벤트에 동반되는 해수면 변동 속도는 1년에 수 센티미터에 달하고, 이 수치는 19K이벤트와 융빙수펄스1A에 필적하는 상당한 해수면 상승 속도라고 할 수 있다.[24]

고기후 연구자들은 '폭발적인 빙산 생성surge' 현상을 하인리히 이벤트의 주요 원인으로 보고 있다. 빙산은 대지 위에 묵직하게 자리잡은 대륙빙하의 일부가 일으키는 대규모 '미끄러짐' 현상에 의해 발생한다. 다른 말로 표현하면 대륙빙하 사태沙汰라고 할 수 있다. 대륙빙하가 점점 두꺼워지면 갈 곳을 잃은 지열은 대륙빙하를 덥히고, 대

---

* 탄산칼슘($CaCO_3$) 광물의 일종. 칼사이트(calcite)라고도 한다.
** 산화철광물로 화학조성은 Fe_2O_3. 헤마타이트(hematite)라고도 한다.

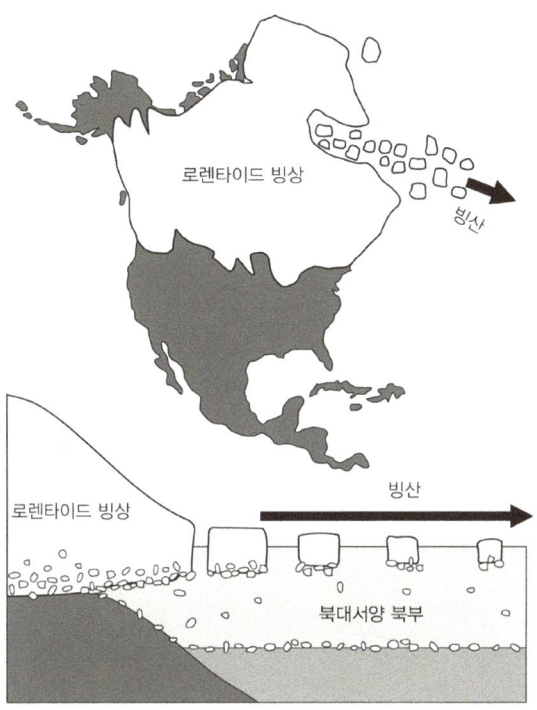

그림 11-11 하인리히 이벤트의 개념도. 로렌타이드 빙상의 빙하분리로 북쪽 가장자리(현재 허드슨 만 부근)에서 떨어져 나온 대량의 빙산이 래브라도 해를 지나 북대서양 북부 해역으로 유출되었다. 빙산에 섞여있던 빙산운반암설들은 빙산이 녹아내리는 동시에 해저로 흩어졌다. Bard(2000)을 수정.

류빙하의 무게로 압력까지 상승하면서 대륙빙하의 바닥면이 녹기 시작한다. 그러면 대륙빙하의 바닥면과 기반암 사이의 마찰계수가 크게 떨어지면서 빙산이 생성된다.[25]

빙하분리가 일어나면 대륙빙하의 가장자리에서 대량의 빙산이 떨어져 나온다. 이런 과정으로 로렌타이드 빙상의 북쪽 가장자리에서 떨어져 나온 대량의 빙산은 캐나다 북동부와 그린란드 사이의 래브

11장 _ 기후가 바뀌는 데는 수십 년이면 충분하다 309

라도 해로 흘러들었다(그림 11-11). 당시의 래브라도 해는 배핀 섬, 그린란드 빙상, 그리고 로렌타이드 빙상으로 둘러싸인 차가운 바다였다. 로렌타이드 빙상에서 떨어져 나온 대량의 빙산은 거의 녹지 않고 '대함대armadas of icebergs'를 형성한 채 북대서양까지 둥실둥실 떠내려갔다. 대량의 빙산이 흘러든 북대서양 북부는 본래 멕시코 만류의 영향을 받는 따뜻한 해역이다. 빙산은 해류를 타고 동쪽으로 이동하면서 점점 녹았다. 그러면서 빙산에 포함되어 있던 모래나 자갈 등의 암설이 해저로 흩어져버린 것이다.

하인리히의 발견은 진정한 의미에서의 '발견'은 아니다. 1970년대 중반에 당시 컬럼비아 대학의 연구원이었던 윌리엄 루디먼은 치밀한 연구를 통해 북위 40도에서 50도에 이르는 북대서양 북부를 여러 빙산운반암설이 발견된 해역으로 지적했다.[26] 이때 이 해역에 '빙산운반암설 벨트'라는 이름까지 붙게 되었다. 그러나 루디먼은 빙산운반암설이 어느 시기에 집중적으로 쌓였는지 정확히 지적하지 않았다. 그래서 기후변화의 중요성도 그다지 인정받지 못했다. 오랜 시간 외면을 받으며 이름조차 조금씩 잊혀져갈 무렵에 뒤늦게 기후학적 의미가 드러나 빛을 보게 된 것이다.

단 기 기후변화의 원인

하인리히 이벤트의 전모가 밝혀지던 1990년대 전반은 그린란드 서밋에서 빙하코어 두 개의 굴착이 완료된 시기이기도 하다. 고기후학자들은 단스고르-외슈거 이벤트와 하인리히 이벤트라는 두 기후변화의 원인은 물론 둘의 관계에도 주목하기 시작했다.

단스고르-외슈거 이벤트는 빙하코어에 기록된 동위원소비의 변동으로 파악한 기후변화다. 따라서 직접적으로는 그린란드의 기온이 급상승했다거나, 대기 순환이 크게 바뀐 현상이라고 할 수 있다. 이에 비해 하인리히 이벤트는 로렌타이드 빙상이 급속히 녹으며 형성된 다량의 빙산이 떨어져 나와 북대서양으로 흘러들어간 현상이다. 이처럼 둘 다 빙하기에 일어난 '단기간의 온난화 경향을 나타내는 기후변화'지만, 사실은 상당히 다른 현상이라고 할 수 있다.

현재 많은 연구자들은 하인리히 이벤트가 단스고르-외슈거 이벤트에 앞서 일어났을 것으로 추정하고 있다.[27] 대략적인 설명이지만, 로렌타이드 빙상의 폭발적인 빙산 생성이 하인리히 이벤트를 일으켜 북대서양의 대기를 냉각시켰고, 그것이 단스고르-외슈거 이벤트로 이어졌다는 시나리오다. 하인리히 이벤트의 횟수가 훨씬 적기 때문에, 단스고르-외슈거 이벤트 중에 규모가 큰 것은 이 시나리오로 설명할 수 있을지 모른다. 그러나 규모가 작은 이벤트의 원인은 여전히 베일에 싸여있다.

단스고르-외슈거 이벤트를 주기로 해석하면 1500년 주기[28]로 나타나기 때문에, 확률공명stochastic resonance이라는 물리구조를 적용할 수 있다는 연구자도 있다.[29] 확률공명이란, 주기적으로 변동하는 외력(예를 들어 밀란코비치 효과)를 가하여 두 개의 안정 상태가 교차 반복하는 시스템에 노이즈(예를 들어 강수량의 변동)가 겹쳐지면서 일어나는 진동현상을 말한다. 이것은 원래 10만 년 주기로 일어나는 빙하기의 메커니즘을 설명하기 위해 고안해낸 신호이론이다.[30] 빙하기의 이론으로는 현재 부정되고 있지만, 단스고르-외슈거 이벤트를 설명하는 메커니즘으로 최근 다시 거론되고 있다.

하인리히 이벤트와 단스고르-외슈거 이벤트의 관계를 제대로 이해하려면, 우선 둘이 일어났던 시기를 정확하게 파악하는 것이 중요한 단서가 될 것이다. 어느 쪽이 원인이고, 어느 쪽이 결과인지 알려줄 수 있기 때문이다. 그러나 현실은 녹록치 않다. 언뜻 보기에 간단해 보이지만, 두 이벤트 중 어느 쪽이 먼저 일어났는가라는 문제의 답을 내기는 의외로 어렵다. 현시점에서는 좀 전에 설명한 두 이벤트를 연결하는 시나리오도 단지 작업가설에 불과하다.

하인리히 이벤트가 기록된 해저퇴적물로 방사성탄소 연대측정을 하고 조정 과정을 거치면, 2만 년 전까지는 약 20~300년 정도의 오차로 역연대를 추정할 수 있다. 그러나 그보다 시간을 거슬러 올라가면 측정 오차가 커질 뿐 아니라, 역연대로의 조정식이 아직 제대로 확립되지 않아 추정 오차가 급격히 커지게 된다. 그러나 안타깝게도 이 시대는 방사성탄소에 의한 방법 외에는 정밀도가 높은 연대 결정법이 따로 존재하지 않는다. 불확실한 가정으로 알아내는 간접적인 연대에 의존할 수밖에 없다.

단스고르-외슈거 이벤트 기록이 담긴 빙하코어의 연대도 마찬가지로, 과거로 거슬러 올라갈수록 오차가 커진다. 대륙빙하의 유동모델을 이용하는 연대 결정법도 오래된 연대일수록 오차가 커지고, 연층을 세는 방법도 얼음이 오래되어 연층이 얇아지면 그만큼 잘못 읽는 경우가 많아지기 때문이다. 이런 이유로 해저퇴적물과 빙하코어의 **정밀한** 시간 대비는, 2만 년 시점에서 더 거슬러 올라갈수록 갑자기 어려워지기 때문에, 현재 확실한 숫자를 내놓지 못하고 있다.

단기 기후변화는 밀란코비치 효과와 같은 지구 외부의 요인이 아닌, 지구의 기후 시스템 내부에 잠재한 요인 때문인 것으로 보고 있다. 그 안에는 분명 기후 시스템을 밝힐 수 있는 중요한 단서가 숨어 있을 것이다. 그리고 그 구조를 밝혀내려면 해저퇴적물과 빙하코어의 연대 측정기술 향상이 반드시 필요하다. 연대 측정기술의 발전, 특히 2만 년 전 이전 시기에 대한 방사성탄소연대법의 측정 정밀도와 역연대 조정의 정확성 향상을 위한 꾸준한 노력이 요구되고 있다.

12장
기후변화의 연대기

'형, 춥지?'
'당신, 춥지?'

— 고이즈미 야쿠모 〈돗토리의 이불이야기〉

안정적인 기후로

지금으로부터 약 7000년 전(기원전 5000년)에 마지막 빙하기의 상징인 로렌타이드 빙상과 북유럽 빙상이 거의 소멸되었다. 당시 해수면은 현재보다 불과 4미터 낮은 수준으로, 해수면 상승 속도도 급격히 떨어졌다.[1] 하지만 그린란드 빙하코어의 산소동위원소비 기록에 따르면, 그보다 3000년 전인 1만 년 전 무렵에 이미 그린란드 내륙의 기온은 이미 현재와 큰 차이가 없었다(그림 12-1). 대륙빙하는 급속한 기후 재편 속도를 따라가지 못하고, 3000년이나 시간이 흐른 후에야 소멸된 것이다.

지질학에서는 1만 2000년 전부터 현재에 이르는 시대를 홀로세 Holocene라고 부른다. 다음 기록은 홀로세 초기에 지구가 또 하나의 '기후의 안정평형'에 무사히 착지한 것을 가리킨다. 그 이후로 현재에 이르기까지 지구의 기후는 이전까지와는 전혀 딴판으로 상당히 안정적이다. 해저퇴적물의 기록과 빙하코어의 각종 화학 조성의 변화에서도 그 변동폭은 매우 작다. 특히 빙하코어의 동위원소비 기록을 보면, 빙하기 때의 급격한 변동이 마치 거짓말처럼 생각될 정도다. 하

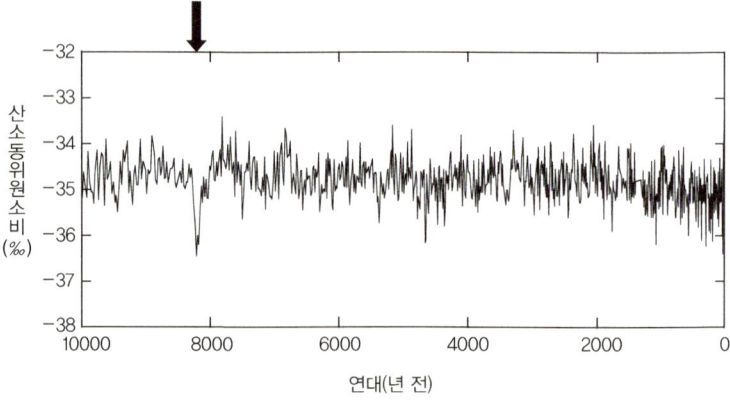

그림 12-1 그린란드에서 채취한 빙하코어(GISP2)의 지난 1만 년에 걸친 산소동위원소비 기록. 약 8200년 전에 산소동위원소비가 마이너스 방향으로 이동한 시대가 있다(화살표). Stuiver *et al.*(1995) 을 수정.

지만 좀 더 주의 깊게 관찰해 보면, 홀로세에서도 몇몇 세세한 기후변화를 찾아볼 수 있다. 이번 장에서는 그와 같은 세세한 기후변화에 대해 이야기해보자. 우리가 살아가는 시대로 이어지는 이야기다.

그렇게 보잘 것 없는 기후변화 기록을 굳이 살필 필요가 있느냐는 사람도 있을 수 있다. 그러나 우리가 직면하고 있는 문제를 떠올려 보면 그것은 안일한 생각이다. 지금 우리는 앞으로 일어날 지 모르는 수 십 센티미터에서 일 미터 규모의 해수면 상승에 크게 동요하고 있다. 해수면이 1미터만 상승해도, 세계 각지의 해안가에 자리한 대도시는 물에 잠겨버리고, 국가의 존망을 위협받는 섬나라까지 생겨난다. 전 세계에서 1억 명 이상의 인구가 피해를 입게 될 것이라는 연구 결과도 있으니[2], 크게 동요할 이유는 충분하다. 홀로세의 기후변화는 가까운 장래에 일어날 수 있는 기후변화에 대한 예측은 물론, 기후변화가 우리 생활에 어떤 영향을 미칠지를 파악하기 위한 중요한

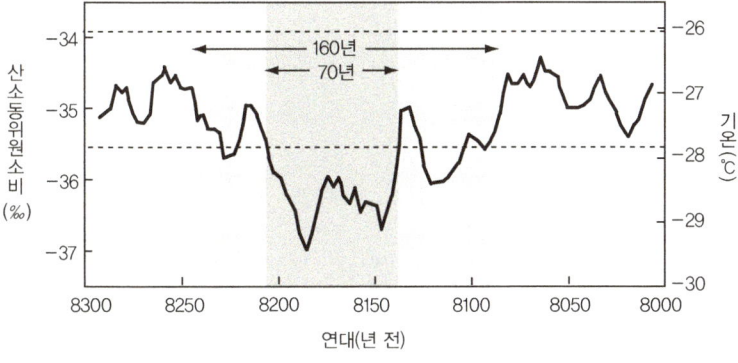

힌트가 된다.

우선 과거 1만 년 동안의 그린란드 빙하코어 기록을 보다 주의 깊게 살펴보자(그림 12-1). 약 8200년 전(기원전 6200년)에 산소동위원소비가 2‰정도 훌쩍 줄어든 시대가 있다. 이 무렵 그린란드의 기온이 단기간에 낮아졌다는 증거다. 이 8200년 전의 한랭화는 과거 1만 년 동안 북대서양 인근에서 나타난 가장 큰 기후변화다. 현재와 같은 기후의 안정평형 상태에서 일어난 기후변화라는 점에서 충분히 연구할만한 가치가 있는 현상이다.

그림 12-2는 지금까지 그린란드에서 채취한 빙하코어 4개의 산소동위원소비 기록을 종합하여 8200년 전 부근을 확대한 것이다[3]. 그림에 따르면 약 160년 동안 그린란드의 기온은 평균치를 밑돌고 있으며, 특히 그림의 가운데 부분에 있는 70년 동안은 산소동위원소비

가 2‰가까이 즉, 섭씨 3도 정도 기온이 떨어져 있다. 이 한랭화는 불과 30년 사이에 일어났다. 이후의 연구에 따르면, 이 시기의 그린란드는 적설량은 다소 감소했지만 수소이온농도에는 변화가 없으며 화산 분화의 영향도 받은 바 없고, 대기의 순환패턴에도 큰 변화가 없었다고 한다.[3]

남극의 빙하코어에서도 8200년 전 기후가 한랭화했다는 기록은 찾지 못했다. 그러나 한편으로 북대서양 북부, 북미 대륙, 유럽 대륙, 카리아코 해저분지 등 북대서양을 둘러싸는 지역과 해역에서는 같은 시기에 제각각 다른 형태로 '기후변화'가 발견되고 있다. 예를 들어, 이 무렵 아일랜드의 종유석에는 37년 동안 건조한 시대가 이어졌다는 기록이 남아있으며[4], 북아프리카나 아시아에서는 강수량이 현저히 감소했던 것으로 알려져 있다.[5]

8200년 전 한랭화의 원인도 영거 드라이아스기처럼 북대서양 심층수의 형성과 관련지어 설명하는 경우가 많다. 당시 로렌타이드 빙상이 녹아 크기가 부쩍 줄면서 발생한 엄청나게 많은 물로 호수가 무너졌고, 여기에서 흘러넘친 민물이 허드슨 만을 경유해 북대서양으로 유입돼 북대서양 심층수의 형성을 일시적으로 감소하게 만들었다는 시나리오다.[6] 이것이 영거 드라이아스 이벤트와 같은 대규모의 한랭화로 발전하지 않은 이유는, 북대서양으로 유입된 수량이 영거 드라이아스기보다 훨씬 적어 컨베이어벨트를 완전히 멈추게 하지 못했기 때문이라고 보고 있다.

중세온난기와 소빙하기

시대를 훌쩍 앞당겨 역사시대에 주목해보자. 10세기에서 14세기까지 유럽과 그 주변 지역은 그 이전과 이후 시대에 비하면 다소 온난했다고 한다. 그래서 일반적으로 이 시대를 중세온난기라 한다.[7] 당시에는 영국 남부에서도 와인 제조를 위한 포도 재배가 활발했다고 한다. 현재는 좀 더 남쪽으로 내려가, 프랑스 남서부의 보르도 지방과 동부의 부르고뉴 지방에서야 포도 재배가 활발하다. 현재 영국 남부는 풍미있는 와인을 만들 수 있는 포도를 키우기에는 일조량이 부족하고 여름 기온도 너무 낮다. 하지만 당시 영국 남부는 지금보다 따뜻하고 강수량도 적어 포도 재배에 적합했을 것이다.

또한 붉은 머리의 에릭이 그린란드에 개척지를 세운 시기도 중세온난기가 시작될 무렵이었다. 14세기 중반에 이주민이 전멸하며 이주는 막을 내렸지만, 이 시기는 마침 중세온난기가 끝나고 한랭한 시대에 접어들 무렵이었다. 15세기에 시작된 한랭한 시대는 소빙하기라고 하는데, 이후 19세기 후반까지 약 400년 가까이 이어졌다.

이와 같은 중세의 역사기록은 유럽 지역의 기록이 많아 자칫 이 지역의 기후를 지구의 평균적인 기후로 확대 해석할 우려가 있다. 그래서 과학자들은 데이터의 대표성과 객관성을 갖추기 위해 고심해왔다. 그림 12-3을 보도록 하자. 이것은 과거 1300년에 걸쳐 북반구의 평균기온을 복원한 것이다.[8] 이 정도로 현재에 가까워지면 세계 각지의 나무 나이테, 산호초, 고문서, 그리고 실측한 기온 기록 등 보다 다면적인 정보를 근거로 기후를 복원할 수 있다. 그 기록들을 일정한 규칙에 따라 수치화하여 지역별로 정리하고 평균화한 것이 그림

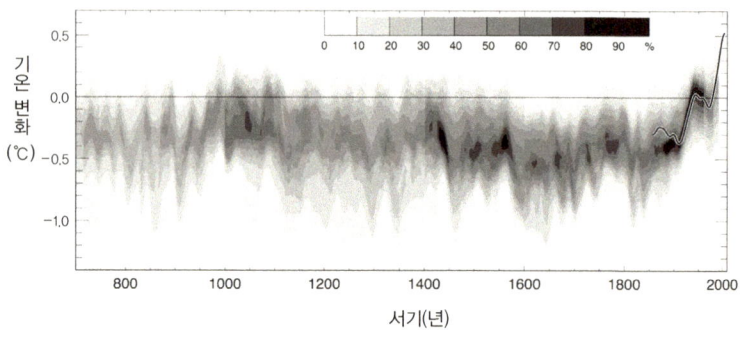

그림 12-3 과거 약 1300년에 걸친 북반구의 평균 기온 변화. 수많은 지질학적 기록이나 고문서 기록을 토대로 복원한 다수의 연구 성과를 겹치게 표시하여, 중복된 정도(퍼센트)를 나타내고 있다. 1850년 이후의 실선은 기기측정 결과다. 1961~90년의 평균기온이 기준이다. IPCC(2014)을 수정.

12-3이다. 이 그림은 2014년에 IPCC가 발표한 제5차 보고서에 실린 자료로, 현시점에서 대다수의 전문가가 인정하는 기후복원 결과라고 할 수 있다.

이 그림에 따르면 11세기 무렵, 북반구의 기온은 그 전후에 비해 약간 높다. 이에 비해 남반구는 8세기 무렵에 기온이 가장 높다. 그리고 이어지는 시대, 특히 15세기 초에서 19세기 말까지 북반구의 기온은, 이전 시대에 비해 불과 0.2도 낮다. 이것이 소빙하기다. 지구의 평균 기온에 비해서는 작은 값이지만, 각지의 기록들을 자세히 살피면 '확실히' 기후변화였다는 것을 알 수 있다.

미국 오하이오 주립대학의 로니 톰슨 그룹은 페루 안데스 고지대를 뒤덮은 켈카야 빙모의 해발고도 5670미터 지점에서 빙하코어를 채취했다. 샘플을 자세하게 분석한 톰슨 그룹은 이곳에 소빙하기의 기록이 뚜렷이 남아있음을 확인했다.(그림 12-4)[9]. 기록은 서기 1500년경부터 1880년 무렵까지 약 400년 간 산소동위원소비가 상대적으

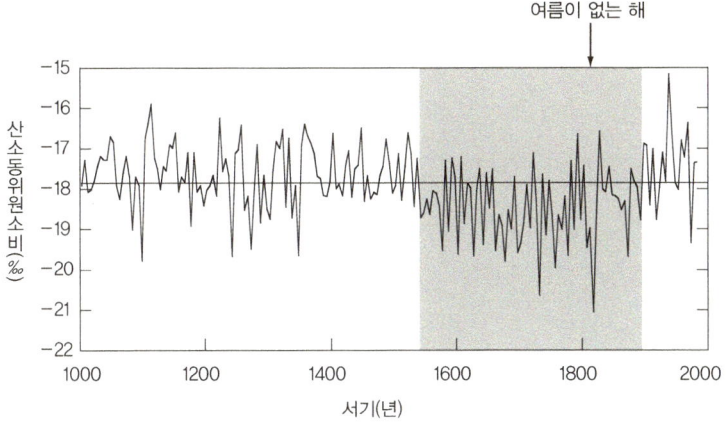

여름이 없는 해

산소동위원소비(‰)

1000 1200 1400 1600 1800 2000

서기(년)

그림 12-4 페루 안데스의 켈카야 빙모 빙하코어에 나타난 지난 1000년 간의 산소동위원소비 기록. 소빙하기(어두운 부분) 때 산소동위원소비가 전체적으로 마이너스로 이동하여 한랭화가 찾아왔을 가능성을 시사한다. 1800년대 초에 나타나는 낮은 값은 탐보라 화산 분화에 따른 '여름이 없는 해 (서기 1816년)'에 해당한다. 상세한 내용은 본문을 참조. Thompson *et al.*(1986)을 수정.

로 낮아지고 기후가 한랭화했다는 것을 시사한다. 소빙하기라는 기후변화가 유럽과 같은 중위도 지역뿐 아니라 열대 지역에도 영향을 미쳤다는 것을 알 수 있다. 그리고 다른 연구자가 중국의 역사기록을 근거로 당시의 기온을 추정하고 있다.[10] 그에 따르면 중국에서는 1650년경을 기준으로, 15세기 초에서 19세기 후반까지 평균 기온이 0.7도 정도 낮았다.

대체 무엇 때문에 이런 한랭화가 일어났을까? 흥미롭게도 이 소빙하기 중에서도 가장 추웠던 17세기 중반은 태양의 표면에 생기는 검은 얼룩, 즉 태양의 흑점* 수가 현저히 감소한 시대와 정확히 일치한

---

* 주위보다 온도가 낮아 검게 보이는 태양 표면의 점. 흑점의 온도는 주위보다 약 2000℃ 낮은 4000K 정도로 추정하고 있다. 태양흑점 수는 11년 주기로 변화하며, 주기적으로 20~160개 사이에서 변화한다. 1460~1550년의 슈페러 극소기(Spörer Minimum)와 1645~1715년의 몬더 극소기(Maunder Minimum)에는 흑점이 거의 제로에 가까웠다. 흑점 수가 주기적으로 변동하는 구체적인 원인은 아직 밝혀지지 않았다.

다. 이 때문에 예전부터 일부 연구자들 사이에서는 태양 활동이 한랭화의 근본적인 원인이 아닌가 하는 가설이 오가곤 했다. 태양 흑점은 기원전에 벌써 중국의 천문학자들이 발견한 바 있으며, 17세기 초에 갈릴레오 갈릴레이가 망원경을 이용한 최초의 천문관측에서 재발견하기도 했다. 그리고 갈릴레이는 태양 흑점에 대해 상세한 기록을 남겼다. 그 기록에 따르면 서기 1645년에서 1715년까지는 태양흑점이 거의 보이지 않는다. 이 시기는 최초로 그 사실을 지적한 19세기 영국의 천문학자 에드워드 몬더의 이름을 따라 몬더 극소기라고 부른다.

흑점이란 태양 표면에서 온도가 낮은 부분을 가리킨다. 재미있는 사실은 흑점이 눈에 많이 띌 때에는 주위보다 온도가 높은 백반도 많아져, 태양의 표면이 활발하게 활동(대류)하는 시기에 해당한다는 점이다. 태양의 복사에너지는 흑점이 많을 때는 크고, 적을 때는 작다. 따라서 흑점이 사라진 몬더 극소기는 지구가 받는 태양에너지가 다른 시대에 비해 적었다. 그래서 흑점을 소빙하기의 원인으로 꼽고 있는 것이다.

그러나 최근 인공위성에 의한 태양 관측 결과를 보면, 흑점 수 변화에 따른 입사에너지의 변동은 1제곱미터당 약 1–2와트(대기 상층부에서 받게 되는 모든 입사에너지 양의 약 0.1퍼센트에 해당)로 매우 작다. 따라서 지금은 태양의 복사에너지 감소가 소빙하기라는 기후의 한랭화로 직접 이어졌다고는 생각하지 않는다.[11] 현재는 자외선 복사 감소의 2차적 영향, 화산활동이 활발해지면서 증가한 에어로졸, 심층수 생성량의 저하, 우주선 강도의 변동 등 여러 가능성을 모색하고 있다.[12]

우리가 현재 직면하고 있는 온난화와는 반대로 중세온난기에서 소빙하기에 이르는 기후변화는 한랭화였다. 기후변화의 규모로 봐

그림 12-5 소빙하기에 관련된 이미지. a) 네덜란드 화가 헨드릭 아베어캄프가 17세기 초 네덜란드 겨울 풍경을 그린 〈스케이트 타는 겨울풍경〉(1610년). b) 1677년 겨울, 얼어붙은 런던 템즈 강의 모습을 그린 그림. c) 1850년경에 촬영한 스위스 샤모니의 마을 풍경 사진. 마을 근처까지 빙하가 밀려온 것을 알 수 있다. d) 1815년에 대폭발한 인도네시아 탐보라 화산의 위성사진. e) 미국의 일러스트레이터인 로버트 포셋이 1816년의 '여름이 없는 해'에 얼음을 자르는 농부를 그린 일러스트 우표. f) 프랑스 화가 오노레 도미에가 그린, 콜레라가 크게 유행한 1832년 파리의 모습.

도 다소 작다. 그렇지만 소빙하기라는 기후변화가 인간 활동에 어떤 영향을 끼쳤는지 파악하면, 앞으로 지구온난화가 인간 활동에 미칠 영향을 예측하는 데 참고가 될 것이다. 다양한 역사기록을 들여다보면 숫자상으로는 얼마 되지 않는 이 기후 한랭화가, 당시 북유럽에 사는 사람들의 생활에 지대한 영향을 끼쳤다는 것을 엿볼 수 있다(그림 12-5).

예를 들어, 그린란드 북동부에서는 그린란드 빙상에서 떨어져 나온 빙하가, 그나마 사람이 살 수 있었던 해안가까지 이동하면서 인간이 살 수 있는 장소가 거의 사라져 버렸다. 알프스에서는 빙하가 이동하면서 일시적으로 강을 가로막아 산기슭에서 종종 홍수가 일어나는 등 빙하의 전진에 따른 재해가 각지에서 보고되었다. 네덜란드에서는 겨울에 운하가 얼어붙어 배가 꼼짝 못하는 사고가 속출했고, 런던에서는 매년 겨울마다 템즈 강이 얼어붙어 아침마다 강 위에 시장이 열리곤 했다. 지금은 전혀 볼 수 없는 풍경들이다.

유럽의 가장 북쪽에 위치한 노르웨이와 스코틀랜드에서는 기온저하뿐 아니라 빈발하는 눈사태나 홍수로 경작지 면적이 중세에 비해 크게 감소했다. 네덜란드, 이탈리아, 영국에서는 1500년경부터 빵의 원료인 밀 가격이 서서히 상승하더니 1800년경에는 무려 열 배까지 올랐다. 독일에서도 소빙하기에 맞춰 호밀 가격이 큰 폭으로 상승했다.[10] 이런 경제현상은 기후의 한랭화와 함께 일어난 작물의 생산량 감소와 연결지어 설명할 수 있다. 프랑스에서는 와인의 원료인 포도 수확이 크게 늦어지는 해가 여럿 기록되어 있다. 1789년에 일어난 프랑스 혁명은 이같은 불순한 기후가 초래한 식량부족이 그 원인이었다고까지 해석하고 있다.*

북유럽의 기후가 한랭해지기 시작한 15세기 이후는 전염병으로 사람들의 목숨이 위협받던 시대이기도 하다. 특히 영국에서는 13세기 후반에서 15세기에 걸쳐, 밀과 호밀에 기생하는 맥각균이라는 세균 중독 때문에 평균수명이 40세 후반에서 30세 후반으로 무려 10년이나 단축됐다. 또한 14세기 중반 이후에는 쥐가 매개가 된 페스트도 종종 맹위를 떨쳐, 유럽 인구의 3분의 1에 달하는 사람들이 감염되어 목숨을 잃었다. 이처럼 기후의 한랭화는 유럽에 사는 사람들을 위협하며 인간 생활에 어두운 그림자를 드리웠다.

이번에는 일본의 상황을 살펴보자. 에도 시대 중기에서 후기에 걸쳐 자주 기근에 시달렸다는 것은 잘 알려진 내용이다. 그중에 1641-1642년, 1732년, 1781-1789년, 1833-1838년의 기근이 특히 심각하여, 이를 4대 기근이라고 부른다. 토호쿠 지방에서 수십만 명의 사람들이 굶어죽었다는 1781-89년의 대기근의 원인 중 하나로는, 1783년의 아사마 산의 분화와, 같은 해에 일어난 아이슬란드 라키 화산의 분화에 따른 기후의 한랭화를 꼽고 있다. 그러나 1732년의 대기근에는 일본 서부 지역의 장마와 시원한 여름을, 1833년-1838년의 대기근도 기후불순에 따른 쌀농사 흉작을 그 원인으로 보고 있다. 이들이 유럽에서 기록된 기후의 한랭화와 어떤 관계가 있는지는 분명하지 않다. 일본은 엘니뇨와 같은 태평양 특유의 현상에 따른 영향이 컸을 가능성이 있기 때문이다.

소빙하기는 전 세계적으로 평균하면 불과 0.2도 기온이 떨어진 한랭한 시대였지만, 앞으로 닥쳐올 지구온난화 시기에는 100년 사이에

---

* 프랑스에서는 1764년부터 14년간 한랭하고 비가 많은 여름이 이어져 밀가루, 감자, 우유 생산량이 크게 떨어졌다.

기온이 1.8-3.4도나 오를 것으로 예측하고 있다. 물론 소빙하기 때와 비교하면 현재는 과학기술이나 의료 시스템이 월등히 발전했지만, 1.8-3.4도라는 기온 변화가 장기간에 걸쳐 우리 생활에 어떤 영향을 가져올지는 숫자로 상상할 수 있는 것보다 훨씬 클 것이다. 소빙하기의 예를 떠올려보면 짐작할 수 있을 것이다.

여름이 없는 해

유럽과 북미에서는 거대 화산이 여러 차례 분화하면서 소빙하기라는 한랭한 시대로의 이동을 재촉했다. 그 중에서도 1783년에 일어난 아이슬란드 라키 화산의 거대분화는 가장 규모가 컸던 분화에 속한다. 8개월 동안 분화가 이어지면서 대량의 화산재가 편서풍을 타고 멀리 중동의 시리아까지 날아가 시야를 흐리게 했다는 기록이 남아있다. 그린란드의 빙하코어에는 이 분화와 함께 황산 이온의 농도가 훌쩍 높아진 것도 나타나 있다.

라키 화산의 거대분화로부터 30여년이 지난 1815년에 더욱 격렬한 화산분화가 일어났다. 이번에는 당시 네덜란드의 식민지였던 인도네시아가 무대였다. 4월 10일부터 이틀간 자카르타에서 동쪽으로 1000킬로미터 떨어진 숨바와 섬의 탐보라 화산이 과거 천 년을 통틀어 가장 대규모의 폭발적인 분화를 일으켰다. 이 분화는 말로 표현하기 힘들만큼 어마어마했는데, 1500킬로미터 이상 떨어진 수마트라 섬에서도 대포를 쏘는 듯한 폭발음이 들렸다고 한다. 원래 해발고도가 4200미터였던 탐보라 산은 이 분화로 꼭대기 1400미터가 날아갔다. 방출된 화산재 총량은 150세제곱킬로미터에 달하며, 탐보라 산 주변의 마을들이 눈 깜짝할 사이에 화산재에 파묻혀 버렸다. 당시 숨바와 섬의 주민 약 1만 2천 명 중 단 26명만이 살아남았다고 한다. 더욱이 붕괴한 산의 일부가 바다로 흘러들어, 높이가 수십 미터에 달하는 쓰나미가 인근 섬들을 덮쳤다. 인도네시아에서는 이 분화로 총 10만여 명이 목숨을 잃은 것으로 추정하고 있다. 탐보라 산의 분화와 당시 기후변화는 심층수 순환의 이론을 구축한 헨리 스톰멜이 말년에 아내인 엘리자베스 스톰멜과 함께 쓴《화산 기후》[13]에서 상세하게 기술하고 있다.

탐보라 화산의 피해를 입은 지역은 인도네시아에 그치지 않았다. 분화로 방출된 대량의 화산재는 무역풍을 타고 서쪽으로 이동하여 헝가리와 이탈리아에까지 황색과 갈색 눈을 내렸다. 여기에 입자가 작은 다량의 화산재는 대류권을 뚫고 나가 성층권까지 도달했다. 산에 오르면 실감할 수 있듯이, 우리가 사는 대류권은 고도가 높아질수록 기온이 낮아진다. 대기는 주로 지표면에서 복사하는 적외선을 흡수하여 따뜻해진다. 또한 공기는 온도가 높을수록 가볍고 낮을수록 무겁다. 따라서 대류권에서는 말 그대로 공기가 빙글빙글 대류하고 있다. 그런데 대류권 위의 성층권(고도 약 9~17킬로미터)에서는 오존층이 자외선을 흡수하여 태양빛을 열에너지로 바꾸기 때문에 고도가 높아질수록 기온이 올라간다. 즉, 공기가 층을 이루고 있어서 상하로 뒤섞이기 어려워진다. 그래서 대류권으로부터 수증기를 제대로 공급받지 못해 구름조차 거의 생기지 않는다. 국제선 비행기를 탔을 때를 떠올리면 이해하기 쉽다. 비행기 창밖으로는 언제나 맑고 눈부신 햇살이 쏟아지며, 아래를 내려다보면 끝없는 구름바다가 펼쳐진다. 또 그 구름바다의 정상은 거의 높이가 일정하다는 사실을 알 수 있다. 비행기가 순항하는 위치는 고도 3만 3000피트, 약 10킬로미터 지점이다. 그곳은 이미 성층권으로, 그 약간 아래에 펼쳐지는 구름의 윗부분이 바로 대류권의 정상(권계면)이다.

입자가 작은 화산재가 일단 성층권으로 섞여들면, 지표면에 떨어지기까지는 몇 년이 걸린다. 그린란드 빙하코어의 수소이온농도는 분화가 일어나고 이듬해 여름에 정점을 찍고, 1817년 초까지 눈에 띄게 상승했다. 화산재의 영향이 분화 후 2년 동안이나 이어졌다는 뜻이다.[14] 성층권에 도달한 대량의 화산재는 태양빛을 가로막고 기후를 한랭화시킬 뿐만 아니라, 대기의 순환 패턴을 변하게 만들었다. 그 결과로 세계 각지에서 기상이변이 일어났다.

탐보라 산이 분화한 이듬해인 1816년, 유럽과 북미의 동해안에는 기록적인 냉하冷夏가 닥쳐 '여름이 없는 해'로 불렸다*(그림 12-5). 같은 해, 프랑스에서는 포도 수확이 사실상 제로까지 떨어져 와인 생산자는 직격탄을 맞았다. 계절에 맞지 않게 눈이 내린 기록도 여러 차례 남아있다. 예를 들어, 런던 근교에서는 한여름인 8월 31일에 눈이 내렸고, 미국 북동부 뉴잉글랜드 내륙 지방에서는 6월 6일부터 8일까지 눈보라가 휘몰아쳐, 곳에 따라 무려 15센티미터의 적설량을 기록했다. 이 지방에서는 7월과 8월에 얼음이 얼 정도의 추운 날이 며칠 동안이나 이어졌는데, 당시의 많은 신문과 일지를 통해 상황을 살

---

* 《프랑켄슈타인》과 《뱀파이어》는 각각 영국의 메리 셸리와 존 폴리도리가 쓴 괴기소설이다. 탐보라 화산이 분화한 이듬해인 1816년 7월에 스위스 제네바의 호숫가 별장에서 휴가를 보내던 셸리와 폴리도리는 한랭한 날씨와 많은 비에 질려하다 괴기담을 쓰며 실력을 겨뤘다. 그 결과 탄생한 것이 이 두 소설이다. 《프랑켄슈타인》은 1818년에, 《뱀파이어》는 1820년에 발표되었다. 《뱀파이어》는 그 후 아일랜드의 브램 스토커가 《드라큘라》로 다시 발표하여 큰 성공을 거두었다.

펴볼 수 있다. 뉴잉글랜드 지방에서는 한 해 농작물이 괴멸 상황에 처했고, 많은 농촌이 식량난에 허덕였다. 많은 사람들이 이것을 계기로 미국 대륙을 가로질러 기후가 온난하고 안정적인 서해안으로 이주했다.

또한 탐보라 화산을 거쳐가는 무역풍의 하류에 해당하는 인도의 벵갈 지방에서도 기상이변에 의한 흉작이 이어지고 콜레라가 크게 번졌다. 콜레라는 원래 인도와 그 주변 지방에서만 유행하는 전염병인데, 이 해의 콜레라는 여행객을 따라 해마다 서쪽으로 이동하여, 1832년에는 유럽에 도착해 크게 유행했다. 프랑스 파리에서만 사망자가 2만 명에 달했다(그림 12-5(f)). 그리고 몇 해 뒤에 이 전염병은 바다를 건너 미국 동해안까지 덮쳤다.

1816년 무렵 일본에 대규모 기근이 있었다고 보고된 바는 없고, 기상이변이 닥친 증거도 딱히 찾아볼 수 없다. 한국에서는 1816년에 집중호우가 있었다는 기록이 있지만, 중국에서도 기상이변이나 대규모 기근은 알려진 게 없다. 화산재는 지구 전체로 퍼졌을 텐데, 기후에 대한 영향은 북대서양을 마주보는 유럽과 미국의 두 해안의 일부 지역에만 집중된 듯 했다. 이런 지역 차이는 아마도 대기 순환 패턴에 기인한 것이라고 보고 있다.

최근 있었던 가장 큰 화산분화는 1982년 3~4월에 일어난 멕시코의 엘치촌 화산과, 1991년 6월에 일어난 필리핀의 피나투보 화산의 분화다. 하지만 분출된 화산재의 양은 두 화산을 합쳐도 탐보라 화산의 20분의 1에 불과하다. 그래도 성층권까지 도달한 화산재는 이듬해 북반구의 평균 기온을 0.5도 낮추는 효과를 보였다.

화산은 지구상의 모든 장소에 분포하며, 언제라도 분화가 일어날 수 있다. 엘치촌 화산과 피나투보 화산보다 훨씬 규모가 큰 화산 분화에 대비하여 기후에 미치는 영향은 물론, 경제나 생활에 미칠 영향을 시뮬레이션 해둘 필요가 있는 것이다.

소빙하기에서 현재까지, 그리고 미래로

이제 드디어 우리가 사는 시대다. 19세기 후반에서 20세기 전반까지 각국에서는 부국강병책을 내놓고 전략적인 이유를 내세워 세계 각지에서 기상관측을 시작했다. 현재의 최첨단 무기는 비가 오든 바람이 불든 상관없지만, 당시에는 기상조건의 예측이 전쟁의 승패로 직결되는 전략적으로 중요한 정보였다. 앞서 설명한 그린란드에서의 기상관측도 이와 같은 시대배경을 근거로 시작되었다. 그래서 이 무렵부터 기상에 관한 기초적인 관측 데이터가 비약적으로 증가했으며, 데이터를 설명하는 이론도 함께 발전했다.

일부 연구자들은 과거의 기상관측 기록을 조사하고 정리하는 노력을 지금까지 계속해오고 있다. 다시 한 번 그림 12-3에 주목해보자. 소빙하기가 끝나는 19세기 중반 이후 지구의 평균 기온은 뚜렷하게 상승 경향으로 돌아섰다. 21세기 초까지의 상승폭은 지구 전체의 평균기온으로 섭씨 0.8도에 달한다. 좀 더 자세히 살피면 기온의 상승은 1915년부터 1940년까지와 1975년 이후라는 2단계로 일어나고 있다. 그 사이의 1940년부터 1975년까지는 다소 하락 추세다. 프롤로그에서 1970년대 초의 지구한랭화는 바로 이 경향 때문이었다고 설명한 바 있다.*

그림 12-6 알프스의 메르드글라스(Mer de Glace) 빙하의 시대 비교. 왼쪽은 소빙하기에 해당하는 1826년에 그린 그림, 오른쪽은 2000년에 촬영한 빙하 사진. 빙하의 폭과 두께 모두 지난 200년 가까운 기간 동안 크게 줄어든 것을 알 수 있다.

소빙하기 이후의 온난화는 산악빙하의 후퇴라는 모습으로 분명하게 나타난다. 그림 12-6은 프랑스 알프스의 산악빙하를 19세기에 그려진 그림과 21세기 초에 촬영한 사진으로 비교한 것이다. 최근 100년 동안 빙하가 크게 후퇴했음을 분명히 알 수 있다. 전문가들은 세계 각지의 산악빙하 기록을 정리하여 20세기에 일어난 빙하 후퇴가 북반구에 한정된 게 아니라 남반구에서도 똑같이 일어난 현상이라고 확인했다.[15] 19세기 후반부터 시작된 온난화 경향이 전 세계 산악빙하의 후퇴를 초래한 것은 분명하다. 이와 같은 온난화와 함께 남극

---

* 1970년대 중반에 지구한랭화 이슈가 쇠퇴하고 온난화 문제가 부각된 계기는 Broecker WS(1975)가 발단이 되었다(이 책의 프롤로그 참조). 이 논문의 주요한 근거는 캠프센추리에서 발견한 빙하코어(9장 참조)의 산소동위원소비 기록이 말해주는 과거 150년 이상에 걸친 '30년 주기'다. 이후 그린란드와 남극에서 채취하여 치밀하게 연구한 빙하코어에서는 이 주기를 찾아내지 못했다. 브뢰커는 한참 후에 자신의 논문이 결과적으로 맞았던 것은 '기분좋은 우연(happy accident)'이었다고 말하고 있다. Broecker WS (2001) Glaciers that speak in tongs and other tales of global warming. *Natural History*, 110(8), 60–69.

해에서 형성되는 심층수의 양이 감소했다는 지적도 있어 심층수 순환이 온난화에 막중한 영향을 끼쳤을 가능성도 있다.[16]

그렇다면 앞으로 지구의 기후는 어떻게 될까? 약 7000년 전에 해수면은 현재와 거의 같은 수준까지 상승했고, 이후에 다소 변동은 있지만 해수면이나 기후는 안정을 유지하고 있다. 과거 7000년 동안의 기후를 그 이전의 10만 년 동안과 비교하면, 수십 미터에 이르는 급격한 해수면 변동과 수십 년 만에 섭씨 10도나 오르내린 그린란드의 기온변화는 그야말로 거짓말처럼 느껴진다. 오히려 **이상하리만치 안정적인** 기후라고 표현하는 게 맞을 정도다. 아무튼 인간 활동에 의한 지구온난화는 일단 제외하고, 이 안정적인 기후 상태는 대체 언제까지 이어질 것인가?

1970년대 전반, 지구가 한랭화로 접어들 것이라던 주장은 간빙기가 1만 년 가까이 이어졌으니 슬슬 다음 빙하기로 접어드는 게 아닌가 하는 막연한 염려가 배경에 깔려있었다. 일본이라면 빙하기가 찾아와도 다소 기온이 떨어지는 정도일지 모른다. 그러나 북미나 유럽에서는 이야기가 다르다. 국토 안에 거대한 대륙빙하가 자라나기 시작한다. 그리고 한번 성장을 시작하면 인간의 힘으로는 걷잡을 수 없을 것이다. 그렇게 생각하면 북미나 유럽 사람들이 다음 빙하기의 도래를 두려워하는 것도 당연하다고 볼 수 있다.

이런 장래의 기후변화를 생각하면 고기후 변화를 읽어내는 노력은 결코 헛된 일이 아니다. 그리고 밀란코비치 효과만을 두고 보면 사실 과거에도 현재와 비슷한 조건의 시기가 있었다. 바로 약 40만 년 전에 일어난 동위원소 스테이지 11(지금으로부터 4번 전의 간빙기)이다. 그림 12-7에서 보다시피 작은 이심률과 작은 세차 등 현재의

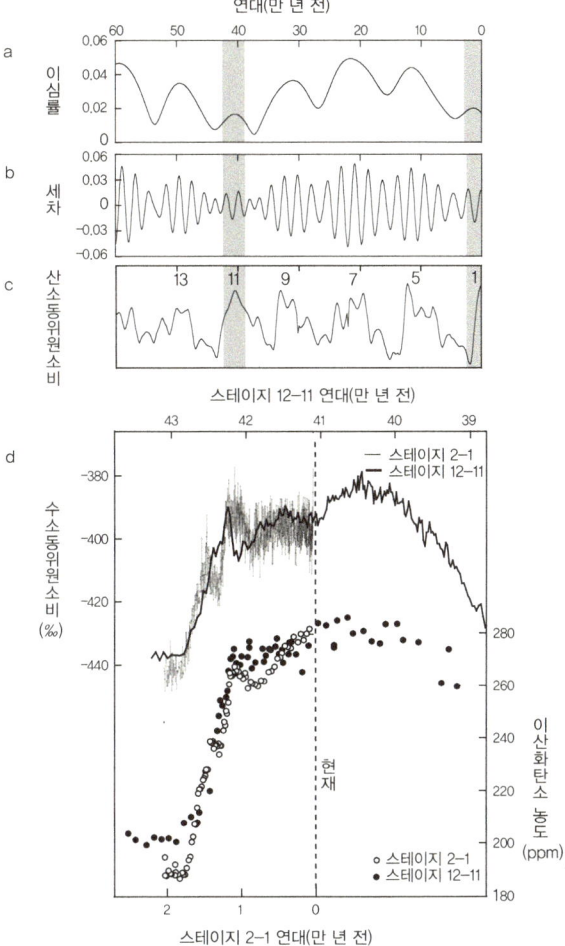

그림 12-7 과거 60만 년 동안의 a) 이심률 변화, b) 세차의 변동, c) 산소동위원소비 표준곡선. 산소동위원소비 표준곡선 위에 표시한 번호는 스테이지 번호다. 회색으로 칠해져 있는 부분은 동위원소 스테이지 11과 동위원소 스테이지 1(홀로세) 근처를 나타낸다. d) 는 남극 돔C의 빙하코어 분석 결과로, 동위원소 스테이지 11과 동위원소 스테이지 1 시기의 상태를 비교한 것. d의 윗부분은 빙하코어의 수소동위원소비를 비교한 것으로, 굵은 선은 동위원소 스테이지 11, 가는 선은 홀로세의 기록이다. d의 아래쪽은 대기 중 이산화탄소 농도를 비교한 것으로, ●는 스테이지 11을, ○는 홀로세 기록을 나타낸다. 현재에 해당하는 시기는 점선으로 표시했다. Berger and Loutre(1991), Imbrie *et al*.(1984), EPICA Community Members(2004), Broecker and Stocker(2006)를 수정.

간빙기와 상당히 비슷하다. 그리고 이때는 온난하고 비교적 안정적인 간빙기가 약 3만 년 동안 이어졌다. 이것은 지난 간빙기(약 13만 년 전)가 불과 3천년 동안 이어진 것과는 상당히 대조적이다(그림 10-3 참조).

그림 12-7(d)은 남극 돔C의 빙하코어에 기록된 동위원소 스테이지 11 무렵의 기후변화를 현재의 간빙기와 직접 비교한 결과다. 빙하기에서 간빙기까지는 물론, 얼음의 수소동위원소비로 파악한 기온과 대기 중의 이산화탄소 농도 변화도 놀랄 만큼 비슷한 패턴을 보이고 있다. 만일 이 비교가 옳다면, 우리는 아직 긴 간빙기의 중간 어딘가에 있는 셈이다.[17] 즉, 현재와 같은 따뜻한 간빙기가 앞으로 1만 년 정도가 계속되리라는 전망이 가능하다. 1970년대에 걱정했던 다음 빙하기는 당분간 찾아오지 않을 거라는 뜻이다. 무엇보다도 인간 활동이 기후에 영향을 주지 않는다면 이라는 가정하의 이야기지만.

13장
기후변화의 구조

산소와 질소, 프레온은 숲의 꽃동산에 어떤 바람을 보내고 있을까?
— 이노우에 요스이 〈마지막 뉴스〉

선형성과 비선형성의 공존

　　과거 수만 년 동안 지금까지 설명한 다양한 기후변화가 일어났다. 하지만 그 원인이 여전히 수수께끼인 것도 적지 않다. 이제 마지막으로 지금까지의 설명을 종합하여 기후의 구조와 그 변화 과정을 정리해 보자.

　빙하기에는 지구 전체적으로 간빙기에 비해 기온이 평균 섭씨 8도 정도 낮았을 뿐 아니라, 북대서양 주변 지역에 거대한 대륙빙하가 형성되면서 해수면이 현재보다 140미터나 낮았다. 그러나 빙하기라고 간빙기보다 지구로 들어오는 태양에너지가 적었던 것은 아니다. 기후에 가장 민감한 북반구 고위도 지역의 여름 일사량은 빙하기에나 간빙기에나 평균적으로 1제곱킬로미터당 450와트였다(그림 4-3 참조). 이것이 시사하는 바는 매우 크다. 지구가 전체적으로 같은 양의 에너지를 받아들여도 빙하기와 간빙기라는 최소 두 개의 기후 상태를 갖는다는 뜻이기 때문이다. 지구의 기후는 복수의 답을 갖는 방정식이라고 할 수 있는 것이다. 실제로 단순 에너지밸런스 모델을 이용한 계산에서도 지구의 기후가 여러 개의 답을 갖고 있다는 것을 확인할 수 있다. 따라서 빙하기에서 간빙기로 옮겨간 대규모의 기후변화는 기후 방정식에 따라 어떤 하나의 안정평형에서 또 다른 안정평형으로 이동하는 현상이라고 이해할 수 있다.

밀란코비치 효과라는 천문학적 요소가 과거 대륙빙하의 양을 변화시킨 중요한 원인 중 하나인 것은 틀림없다. 태양으로부터 지구로 들어오는 에너지의 총량과 분포가 변화하면서 지구의 기후는 서서히 그 변화에 맞춰 바뀌었다. 다시 말해 기후는 선형적으로 변해 온 것이다. 그러나 선형적인 메커니즘만으로 과거 수 만 년을 통틀어 규모가 가장 컸던 기후변화, 즉 빙하기에서 간빙기로 이동한 대규모 기후변화를 **직접적으로** 설명할 수는 없다.

이런 대규모 기후변화를 일으키려면 안정평형의 사이의 장벽을 넘어서야 하고, 그러려면 지구의 기후 시스템에 어떤 힘이 가해져야만 한다(그림 13-1). 그 힘이 기후를 장벽 꼭대기로 올릴만한 세기를 가졌다면, 다음은 또 다른 안정평형 쪽으로 미끄러져 내리는 일만 남는다. '기후는 점프한다'라는 고기후 기록의 증거는 이런 비선형적 메커니즘으로 설명할 수 있다. 결국 기후 시스템이란 선형성과 비선형성 모두를 갖춘 시스템이라는 뜻이다.[1]

해저퇴적물의 산소동위원소비 기록은 기후변화에 대해 반응이 느린 대륙빙하의 양에 강하게 영향을 받기 때문에, 기후가 수천 년에 걸쳐 선형적으로(즉, 버너로 데우는 플라스크 안의 물처럼) 변동한다는 인상을 주기 쉽다. 그러나 대기의 영향을 직접 받는 빙하코어의 기록은 기후가 수십 년이라는 단기간에 급격히 변동하는 비선형적 측면도 충분히 갖고 있다는 것을 나타내고 있다.

더욱이 또 하나의 중요한 본질적 요소는 기후란 수많은 부품들의

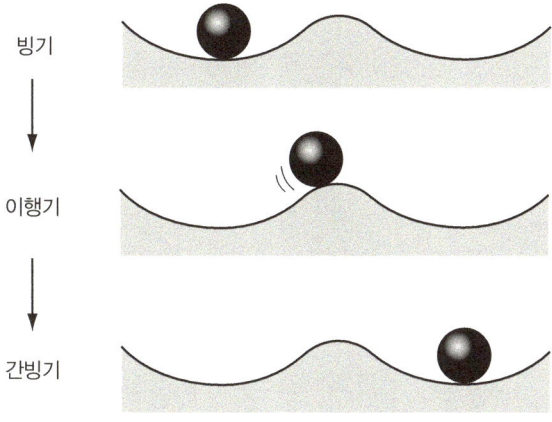

빙기

이행기

간빙기

그림 13-1 안정 상태의 기후(빙하기)에서 다른 하나의 안정 상태(간빙기)로 이동하는 상황을 그림으로 나타냈다. 기후가 크게 변화하려면 안정 상태(여기에서는 빙하기와 간빙기) 사이의 산(장벽)을 넘을 정도의 큰 힘을 가해야 한다. 기후처럼 일시적인 힘의 영향이 이후의 장기적인 상태에 영향을 미치는 시스템을 히스테리시스라고 한다.

종합체로, 기후변화라는 관점에서 보면 기후는 하나의 시스템으로 작동한다는 점이다. 지질학자들은 이 시스템 하나하나의 구성요소별 이력과 각각 어떠한 과정을 거쳐왔는지 알기 위해 세계 각지의 기록을 모아 상호 비교해 왔다. 배경에 감춰진 '괴물'을 이해하려고 이렇게 심혈을 기울여온 것이다. 그 결과 우리는 지구의 기후 시스템이 수십 년이라는 짧은 시간에 대규모로 재편될 수 있는 것임을 알 수 있었다. 빙하기에서 간빙기로의 이동이야말로 '기후 재편'의 좋은 예라고 할 수 있다. 단스고르-외슈거 이벤트나 영거 드라이아스 이벤트가 벌어지던 시점에 세계 각지에서 나타난 원격상관 또한 좋은 예다.

영거 드라이아스기의 일시적 추위나 단스고르-외슈거 이벤트와 같은 급격한 기후변화는 컨베이어벨트의 온오프를 직접적인 원인으로 꼽는다. 컨베이어벨트를 구동하는 바닷물의 밀도 차이는 매우 작기 때문에 작은 변화만으로도 컨베이어벨트의 속도가 떨어지거나 경우에 따라서는 고장이 나서 멈춰버리기도 한다. 여기에 바로 이 '공장'의 난점이 있다. 작은 변화란 대륙빙하의 융빙수가 북대서양으로 흘러들거나 대기 중 수증기의 이동량이나 패턴이 변화하는 것 등과 같은 것을 말한다. 지구 표면을 따라 움직이는 이런 민물의 움직임은 컨베이어벨트를 통해 태양에너지를 재분배하는 패턴을 변화시키고, 더 나아가 기후의 안정평형 장벽을 넘게 할 정도의 '밀어내기'를 통해 한 몫 톡톡히 하고 있다. 현재의 기후 시스템을 지탱하는 구조는 지구에 있는 물의 움직임이 갖는 미묘한 균형 위에서 완성되고 있다.

기후의 역사를 읽다보면 그 점을 잘 이해할 수 있다. 특히 빙하기라는 안정평형은 간빙기라는 안정평형보다 상당히 불안정하다. 그래서 빙하기에는 간빙기 때 볼 수 없는 단기간의 비선형적 기후변화가 여러 차례 발견된다. 이것은 스톰멜의 모델을 토대로 생각했을 때, 대륙빙하(혹은 융빙수)라는 '폭탄'을 안고 있기 때문이라고 생각할 수 있다. 우리가 사는 간빙기에는 안정적이고 선형적인 변화밖에 볼 수 없다. 이것은 기후가 '깊은 골짜기 밑바닥'에 떨어져 있던가, 아니면 대륙빙하라는 폭탄을 갖고 있지 않기 때문이라는 이유로 설명할 수 있을 것이다.

히스테리시스

기후 시스템처럼 선형성과 비선형성을 모두 갖추고 있으면서, 일시적인 힘으로 장기적인 상태에 영향을 미칠 때, 그 현상을 히스테

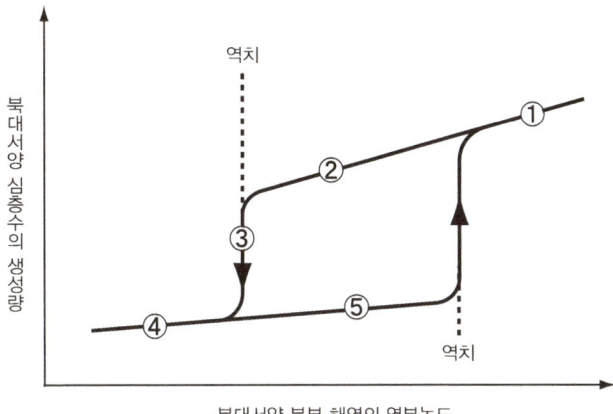

그림 13-2 북대서양 심층수 형성시 예상되는 히스테리시스 메커니즘. 세로축은 북대서양 심층수의 생성량으로, 북대서양 북부 해역의 표층수온으로 바꿔 읽을 수도 있다. 가로축은 북대서양 북부 해역의 해양표층수의 염분 농도로, 융빙수 유입량의 변동과 강수량의 변동 등에 따라 변화한다. Stocker and Marchal(2000)을 수정.

리시스hysteresis라고 한다. 그림 13-2는 스위스 베른 대학의 토마스 스토커 팀이 주장한 기후의 히스테리시스를 나타낸 것이다.[2] 심층수의 형성을 좌우하는 북대서양 북부 해양표층수의 염분 농도를 가로축으로 하고 북대서양 북부 해역의 표층수온이나 기온을 세로축으로 삼은 개념도다.

앞에서 설명한 영거 드라이아스기의 일시적 추위를 히스테리시스 개념에 적용해보자. 빙하기에서 간빙기로 기후가 이동하며 북반구 고위도 지역은 뵐링-알레뢰드기에 들어섰다. 이 시기에 북대서양 심층수는 현재처럼 활발하게 형성되기 시작한다. 기후는 간빙기의 안정평형에서 안정을 찾아가고 있었다(그림 13-2 ①). 이곳이 출발 지점이다. 그런데 아직 다 녹지 않고 남아있던 로렌타이드 빙상의 융

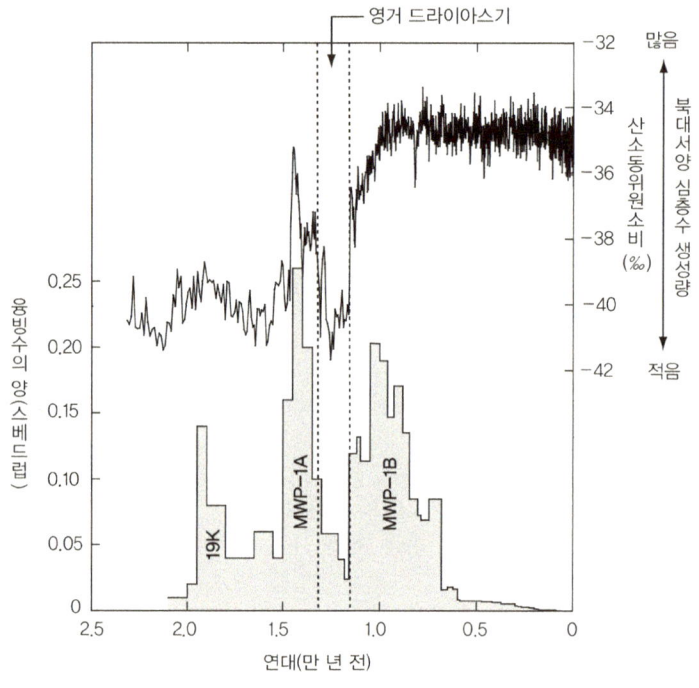

그림 13-3 그린란드에서 채취한 빙하코어(GISP2)의 산소동위원소비(위)와 융빙수량의 변동(아래). 영거 드라이아스기는 융빙수량이 크게 줄어드는 시대와도 일치한다. MWP란 융빙수펄스를 가리킨다. Stuiver *et al.*(1995)을 수정.

빙수가 북대서양의 북부 해역으로 흘러들면서 염분농도가 낮아진다 (같은 그림 ②). 융빙수의 유입이 점점 증가하면 어느 시점에서 수온 이 갑자기 떨어진다(같은 그림 ③). 다른 관점에서는 안정평형의 장벽 을 타넘어 한랭한 시대로 단숨에 '미끄러졌다'라고 표현할 수도 있다 (같은 그림 ④). 그러나 융빙수의 유입이 한풀 꺾이면, 북대서양 북부 지역의 염분농도는 다시 높아지면서(같은 그림 ⑤), 금세 다시 장벽을 타넘어 온난한 프리보레알기로 되돌아간다.

히스테리시스라는 개념을 도입하면 기후의 일시적 한랭화를 제대로 설명한 듯 보일 수 있다. 하지만 실제 지질기록을 이해하기란 결코 쉽지 않다. 그림 13-3에 주목해보자. 그린란드 빙하코어의 산소 동위원소비 기록과 해수면 변동으로 추정한 융빙수 양을 비교한 그림이다. 지질기록에 따르면 수십 미터의 해수면 상승이 일어난 융빙수펄스1A는 1만 4000년 전에 그 절정을 맞이했다. 그 무렵에는 초당 평균적으로 무려 25만 세제곱미터(0.25스베드럽)의 융빙수가 수백 년에 걸쳐 바다로 흘러들었다. 이에 비해 영거 드라이아스 이벤트의 한랭화는 융빙수펄스1A보다 약 1000년이 늦은 1만 2900년 전부터 시작되었다. 하지만 마나베 팀의 컴퓨터 시뮬레이션에서는 불과 0.1스베드럽의 융빙수가 북대서양 북부 해역으로 흘러들었을 뿐, 기후에 대한 영향은 거의 **시간차 없이** 나타나고 있다.* 즉 실제 기록에서 볼 수 있는 약 1000년의 시간차는 이론상 생기지 않은 것이다.

이 모순을 설명하기 위해 융빙수가 해양으로 흘러드는 경로의 중요성을 지적해 왔다. 앞에서 설명했듯이 융빙수펄스1A에 해당하는 1만 4000년 전에는 아가시 호가 무너져, 대량의 융빙수가 멕시코 만으로 유입된 시기와 일치한다. 다시 말해 당시 해수면을 대폭 상승시킨 융빙수는 기후에 민감하지 않은 멕시코 만으로 흘러들었다. 이렇게 된다면 기후변화는 일어나지 않는다. 따라서 급격한 기후변화를 설명하기 위해서는 바다로 흘러든 융빙수의 총 유량뿐만 아니라, 흘러들어간 장소도 자세히 알 필요가 있다. 영거 드라이아스 이벤트가 시작될 무렵, 바다로 흘러든 융빙수의 총 유량은 1만 4000년 전과 비교

---

* 마나베 슈쿠로는 뵐링기에서 올더 드라이아스기에 이르는 한랭화가 융빙수펄스1A의 영향이 아닐까 지적하고 있다(사적인 커뮤니케이션을 통해 확인한 내용).

해 상당히 줄어들었다. 그러나 그것이 전부 북대서양으로 곧바로 흘러들었다면 영거 드라이아스 이벤트를 일으킬만한 힘은 충분하다. 지질학자들은 실제로 이와 같은 일이 일어났는지 그 증거를 찾고 있다.

여기서 다시 한 번 그림 13-3에 주목하자. 영거 드라이아스기가 끝나고 급격하게 온난화한 1만 1500년 전은 융빙수펄스1B가 시작한 시기와 거의 일치한다. 이것도 기묘한 일이다. 이론상 융빙수가 유입했으면 반대로 한랭화가 되어야 맞는데……. 어쩌면 전문가도 미처 깨닫지 못한 다른 중요한 메커니즘이 어딘가 숨어있는 게 아닐까?

기후의 구조

기후 시스템을 구성하는 조각 하나하나에 대한 연구는 분명 진전을 거듭해왔지만, 기후학자들이 조립해가는 기후의 구조는 아직 빈틈투성이라고 할 수 있다. 따라서 빙하기에서 간빙기까지의 기후 변화에 일관된 해석을 하려면 앞으로도 많은 노력이 필요하다. 선형성과 비선형성을 함께 갖춘 히스테리시스도 연구 과정에 나타나는 작업가설에 지나지 않는다. 이 가설을 좀 더 확실한 이론으로 만들기 위해서는 지질학적 증거에 대한 보다 치밀한 검증과 정밀한 컴퓨터 시뮬레이션이 함께 구현되어야 한다.

화석 연료를 태우며 대기 중으로 이산화탄소를 방출하는 인류의 행동은 지구의 기후에 급작스런 '밀어내기'를 하는 것과 같다. 그 힘이 아직 작을 때에는 기후가 서서히 선형적으로 변화한다. 그리고 네거티브 피드백이 작용하기 때문에 갑작스럽게 기후가 점프하는 일은 생기지 않을 것이다. 즉, 이산화탄소 농도가 다소 상승하더라도 빙하기에서 간빙기로 넘어가는 정도의 대규모 기후 재편은 일어나지 않을 것이다. 하지만 이 '밀어내기'의 힘이 점점 커진다면 어떻게 될까? 그렇다면 기후 시스템이 이상반응을 보인다고 해도 전혀 뜻밖의 일이 아니다. 언젠가 장벽을 타넘어 또 다른 안정평형으로 쏜살같이 돌진하는 비선형성이 나타날 수도 있기 때문이다. 기후가 폭주를 감행하는 것이다. 이것이야말로 기후학자들이 현재 가장 두려워하는 것이다.

실제로 그린란드 인근의 해역에서는 지금도 수년 단위로 표층수의 염분 분포가 변하고 있고, 그에 따라 북대서양 심층수의 생성량도 변하고 있다.[3] 다행히 현재 상황은 기후를 크게 변동시킬 정도는 아니다. 그러나 심층수를 만들어내는 이 중요한 해역에서 장기적으로 염분농도가 변한다면, 컨베이어벨트의 속도와 패턴이 근본적으로 바뀌어버릴 수도 있다. 그렇게 되면 현재의 기후를 지탱하는 구조도 훌쩍 모습을 바꿀 가능성이 있는 것이다.

그렇기 때문에 현재 기후 시스템이 갖는 안정평형의 수, 안정평형을 구분짓는 장벽의 높이, 네거티브 피드백의 메커니즘과 그 세기를 안다는 것은 상당히 중요한 의미를 갖는다. 하지만 안타깝게도 현시점에서는 아무리 뛰어난 컴퓨터로 시뮬레이션을 해봐도 그 전모를 알기란 쉽지 않다.

과연 어느 누가 '지구의 기후 방정식에 빙하기와 간빙기 외의 답은 존재하지 않는다'라고 자신 있게 말할 수 있을까? 인류는 분명 위험한 불장난을 하고 있는 것이다.

에필로그

과학은 사회적 과정이지만, 그것은 한 인간의 생애보다 긴 스케일로 일어난다.
내가 죽으면 내 역할을 다른 누군가가 대신할 것이다.
당신이 죽어도 마찬가지다. 중요한 것은 완수해내는 것이다.
— 앨프리드 베게너

기후를 구성하는 시스템과 그것을 유지하거나 변화하게 만드는 메커니즘에 관한 연구는 과거 한 세기 이상 계속되어 왔다. 그리고 기초에서 응용까지 폭넓고 무수한 성과를 이루어냈다. 마지막으로 이 책의 프롤로그를 다시 한 번 읽어보기를 권한다. 과거 30년에 걸친 기후변화 연구의 성과를 실감할 수 있을 것이다. 동시에 기후를 단기적 관점이나 단편적으로 취급하게 되면서 기후변화라는 복잡한 현상의 진정성을 얼마나 왜곡시켰는지 이제 깨닫지 않았을까 생각한다.

　과학사 관점에서 보면 과거 반세기 동안 기후변화의 과학에는 적어도 두 번의 패러다임 전환[1]이 있었다. 첫 번째는 과거 빙하기와 간빙기라는 기후 상태를 만들어낸 중요한 요인 중 하나가 바로 천문학적 요소라는 점을 인정한 것. 두 번째는 기후변화가 수십 년이라는, 매우 짧은 시간 규모로도 일어날 수 있음을 인식하게 되었다는 점이다. 첫 번째 패러다임 전환은 1970년대 중반에, 두 번째 패러다임 전환은 1980년부터 1990년대 초반에 걸쳐 일어났다. 특히 후자는 우리 사회에 어두운 그림자를 드리우고 있는 지구온난화와도 깊은 관련이 있다. 이런 패러다임 전환에는 무엇보다 지질학자와 고기후학자들의 오랜 시간에 걸친 연구가 큰 역할을 하고 있다. 언뜻 보기에 관계가 없어 보이는 과거 기후변화의 연구가 미래의 기후변화를 예측하는 데 얼마나 중요한 것인가를 새삼 깨닫게 해주었다.

앞으로 온실기체는 얼마나 늘어날까? 그래서 지구는 얼마나 따뜻해질까?[2] 해수면은 얼마나 빠른 속도로 상승할까? 이런 문제는 지구 공통의 문제로 종합적인 대책이 요구된다. 따라서 연구자들과 국가는 자신들만의 생각으로 대응할 게 아니라, 국제적인 합의를 통해 대책을 강구해야 한다. 이런 이유로 1988년에 '기후변화에 관한 정부간 패널IPCC'이 설립되었다.

IPCC가 발족한 1988년은 '기후는 수십 년 만에도 바뀔 수 있다'라는 두 번째 패러다임 전환이 일어난 시기와 겹친다. '지구환경문제'라는 말이 다양한 매체에 등장하기 시작한 것도 이 무렵이다. 1992년에는 브라질의 리우데자네이루에서 '지구정상회의'를 개최하면서, 기후변화는 과학자의 연구주제라는 틀을 넘어 인류 전체의 문제라고 인식의 폭을 넓힐 수 있었다.

이 책에서는 굳이 언급하지 않았지만, 지구온난화 문제에는 인간의 감정적 측면도 작용하고 있음을 잊어서는 안 된다. '공유지의 비극'이라는 개념이 있다. 구성원 모두가 자유롭게 이용할 수 있는 공유자원을 마음대로 사용하다보면 결국에는 자원이 고갈돼 공동체 전체가 손실을 입게 된다는 것이다.[3] 이전에는 공유지의 비극이 특정 지역에 한정된 현상이었다. 그런데 시간이 흐르면서 그 규모가 점점 커지고 있다. 지구온난화는 대기라는 공유자산에 쓰레기를 갖다 버려서 발생한다. 1987년에 브뢰커가 발표한 논문의 한 구절과 딱 들어맞는다.[4]

> 과거 100년 동안 인류가 방출한 온실기체가 지구온난화를 초래하고 있다는, 우리가 아직 설명할 수 없는 사실은 그다지 중요하지 않다. 오히려 적외선을 흡수하는 기체를 대기에 내보냄으로써 기후에 러시안 룰렛*으로 장난을 치는 것 자체가 문제이다.

1987년에 이 논문이 발표되면서 지구온난화 관련 연구는 크게 발전했고, 인용한 브뢰커의 구절 중 앞부분도 이제 거의 증명이 되었다. 우리 생활의 중요한 기반인 지구환경을 갖고 장난치는 것 자체가 나쁘다는 의견도 당시나 지금이나 변함이 없다.

뭔가 일어날 가능성이 있다는 것을 가장 먼저 아는 것은 과학자다. 그렇다면 그런 일이 일어나지 않도록 경종을 울리는 것도 과학자의 사명이 아닐까. 가능성은 인식하면서 아무 것도 하지 않는다면 죄를 저지르는 것이나 다를 바 없다.

우리 인류, 특히 선진국은 우여곡절을 겪어 왔지만 20세기를 통해 풍요로운 사회로 발전했다. 그 배경에는 '안정적인 기후'라는 숨겨진 조건이 있었다는 것을 잊어서는 안 된다. 만일 기후가 변동하거나 해수면이 상승했다면, 그 대책에 막대한 에너지와 예산을 소비하여 오늘날과 같은 번영은 맞이하지 못했을 게 분명하다. 올해도 작년에도 대체로 같은 양의 비가 온다는 것, 3년 전과 기온이 거의 같다는 것, 그리고 해수면의 높이가 10년 전과 다를 바 없다는 것. 우리는 그렇게 지극히 당연한 일에 더욱 감사해야 한다.

---

* 회전식 탄창 권총에 한 발의 실탄을 장전하고, 상대와 번갈아가며 자신의 머리에 총을 겨눠 방아쇠를 당기는 게임으로, 패배는 곧 죽음이다. 러시아에서 시작했다고 하여 러시안 룰렛이라는 이름이 붙었다. 베트남 전쟁을 다룬 영화 〈디어 헌터〉에 등장하여 유명해졌다.

빙하를 이용한 한국의 기후변화 연구

홍성민 교수 | 인하대학교 해양과학과
프랑스 그르노블 조제프 푸리에 대학 빙하학 박사

왜 제 4 기 의 기 후 변 화 인 가

이 책에서는 해저퇴적물과 빙하코어를 통해 밝혀낸 과학적인 사실들
을 근거로 과거의 기후변화를 추적하여 그 원인과 메커니즘을 알기
쉽게 설명하고 있다. 궁극적으로는 20세기 말 이후 인류 최대의 현안
으로 부각된 '지구온난화' 현상의 실체와 미래의 기후 전망에 대한
안목까지 독자들에게 심어준다.

　약 46억 년 전에 지구가 탄생한 이후 오늘날까지 기후는 끊임없
이 변해왔다. 고생대와 중생대의 기후시스템은 현생과 완전히 달랐
다. 오늘날과 비슷한 기후시스템이 작동한 시기는 약 260만 년 전부
터 시작된 제4기 플라이스토세이다. 바로 그 시기에 오늘날과 유사
한 대륙과 해양의 모습이 만들어졌고, 마침내 지금의 해양 순환 시스
템이 완성되었기 때문이다. 이 책에서 주로 제4기 이후의 기후변화를

다루고 있는 것은 바로 그런 이유에서다.

한 국 빙 하 연 구 의 중 심 , 극 지 연 구 소

 필자(감수자)가 우리나라에 빙하연구를 처음으로 도입한 1996년 이전에는 빙하라는 단어조차 낯설었다. 빙하연구는 선진국에서나 할 수 있는 과학이라고 여기는 것이 당시 우리 과학계의 분위기였다. 대학원에서 해양지질학으로 석사학위를 받고 한국해양연구소(현재 한국해양과학기술원)의 극지연구실에서 위촉연구원으로 근무를 시작한 1990년에 필자는 처음으로 남극을 접했다. 극지연구실은 1988년 2월에 건설된 우리나라의 남극세종과학기지를 관할하기 위해 만들어진 신생조직이었고, 현재 한국해양과학기술원 부설 극지연구소의 전신이다. 지금이야 남극과 세종기지에 대해서 모르는 사람들이 거의 없을 테지만, 당시만 해도 남극이든 세종기지든 일반인에게는 무척 생소한 단어들이었다. 우연찮게 맺은 남극과의 인연이 지금까지도 빙하연구를 통해 이어져 오고 있다.

 남극 빙하에 관심을 갖게 된 계기는 세종기지 앞바다의 해저퇴적물 시료를 이용하여 과거의 해양환경 변화에 관한 논문을 쓰면서였다.[1] 해저코어에는 기후변화에 따라 빙하가 전진과 후퇴를 반복한 흔적이 나타났고, 그 흔적을 설명하고자 기후변화 자료를 참고한 것이 바로 본문 10장에서 나오는 남극 보스토크 3G 빙하코어 기록이었다(그림 10-3 참조). 보스토크 3G 빙하코어에 관한 논문을 읽으면서 빙하코어 연구가 있다는 것을 처음으로 알게 되었고, 선진 과학이라고 생각하여 빙하연구에 관심과 흥미만 갖고 있던 차에 빙하학을 공부

할 수 있는 기회가 찾아왔다. 그래서 1991년 말에 책의 본문(263페이지)에서도 소개되고 있는 프랑스 남동부 알프스 끝자락에 위치한 그르노블의 빙하 및 환경지구물리 연구소로 유학길에 올랐다. 박사논문의 시료는 바로 그린란드의 GRIP 빙하코어였다. 공부를 마치고 1996년에 귀국하여 다시 극지연구소에서 근무를 하게 되었고, 그 때부터 우리나라의 빙하연구가 사실상 본격적으로 시작되었다고 할 수 있다. 그 이후 우리나라의 빙하연구 수준도 발전을 거듭하여 이제는 우리의 능력을 국제적으로 인정받고 있다. 지금까지 국제학술지에 60여 편의 논문이 발표되었으며 여기서는 대표적인 연구 결과 두 가지를 소개하고자 한다.

그린란드 빙하코어에서 우주 먼지 측정

먼저 그린란드 GRIP 빙하코어에서 우주 먼지를 찾은 연구다. 이 책에서는 제4기 후반부에 일정한 리듬을 갖고 나타나는 급격한 기후변동의 특징과 원인들을 주로 다루고 있다. 앞서 말한 대로 지구의 기후는 태초부터 지금까지 계속 변해왔기 때문에 각 시대별로 특징적인 기후 형태를 보이고 있다. 그러나 오늘날과 유사한 기후시스템이 완성된 약 260만 년 전 이후의 제4기 지질시대에도 기후변화의 형태가 늘 같았던 것은 아니다. 해저퇴적물에서 복원한 제4기의 기후변화 형태를 들여다보면 빙하기와 간빙기가 반복하는 패턴을 보이고는 있지만, 약 100만 년 전 이전과 이후의 패턴이 분명히 다르게 나타나고 있다. 다시 말해 약 100만 년 전 이전에는 빙하기와 간빙기가 약 4만 1000년의 주기를 가지고 반복적으로 나타나지만, 그 이후부터

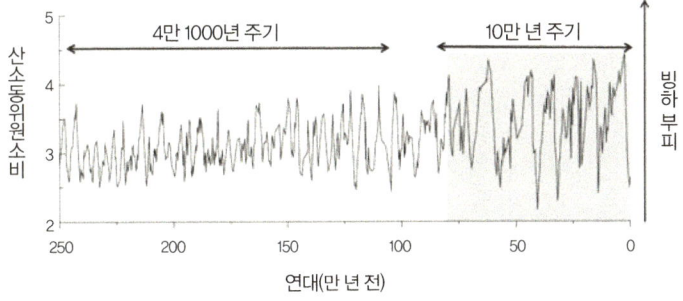

그림 A-1 전 세계 해저코어퇴적물로부터 복원한 과거 250만 년 동안의 저서 유공충의 산소동위원소비의 변화. 유공충의 산소동위원소비는 해수의 산소동위원소비에 따라 변하며, 해수의 산소동위원소비는 빙하의 부피에 따라 변하기 때문에 유공충의 산소동위원소비 변화는 기후변화를 나타낸다. 이 기록은 약 100만 년 전 이전은 4만 1000년의 기후 주기를 보이고, 약 80만 년 전 이후부터는 뚜렷한 10만 년의 기후 주기를 보여주고 있다. Lisiecki & Raymo (2005)의 그림을 수정.

주기가 변하기 시작해, 80만 년 전부터 현재까지는 10만 년의 주기로 빙하기와 간빙기가 반복되고 있다(그림 A-1 참조). 기후변화의 리듬 주기가 변하기 시작한 약 100만 년 전을 중기 플라이토세 기후전환기Mid-Pleistocene transition라고 한다.

그렇다면 왜 빙하기와 간빙기의 주기가 4만 1000년에서 10만 년으로 바뀌었을까? 이것은 아직도 기후학의 난제로 기후를 연구하는 과학자들이 풀어야 할 수수께끼로 남아 있다. 빙하기와 간빙기의 반복되는 주기성은 책에서도 언급하는 것처럼, 지구 궤도 요소의 변동으로 태양에서 지구로 들어오는 복사에너지가 변화한다는 밀란코비치 효과로 설명한다. 4만 1000년 기후 주기는 지구 자전축의 기울기 주기와 같고, 10만 년 주기는 공전궤도의 이심률 주기와 같다. 그렇다면 약 80만 년 전부터 빙하기와 간빙기의 주기가 4만 1000년에서 10만 년으로 바뀌었다는 것은 이심률의 변화가 기후변화를 주도했다는 것을 의미할까? 결론은 '아니다'이다. 왜냐하면 복사에너지의 유입량에 가장 영향을 많이 주는 것은 자전축 기울기의 변화고 이심률의 변화는 영향이 가장 미미하기 때문이다. 따라서 10만 년의 기후변화 주기가 나타나는 것은 다른 피드백 효과가 겹쳐져서 이심률 변화의 영향이 증폭되었거나 밀란코비치 효과와는 전혀 다른 별개의 원인이 있다고 봐야 한다.

밀란코비치 효과를 대신하는 가설을 제시한 사람은 캘리포니아대학 버클리 캠퍼스의 물리학과 교수인 리차드 뮐러Richard A. Muller이다. 뮐러는 지구 궤도 요소의 변동성만으로는 설명할 수 없는 중기 플라이토세 기후전환기의 원인이 10만 년 주기로 변하는 지구의 공전궤도면의 기울기 때문이라는 가설을 담은 논문을 1995년에 《네이처》, 1997년에는 《사이언스》에 게재했다.[2,3] 지구와 태양 간의 거리, 그리고 지구 자전축의 기울기 변화를 이용해 지구의 일사량 변화를 설명한 2차원적인 밀란코비치 효과는 충분히 이해가 된다. 하지만 지구 공전궤도면의 기울기가 변해도 자구와 태양 간의 거리가 변하는 것은 아니기 때문에 지구로 들어오는 태양의 복사에너지에는 영향을 주지 않는다. 뮐러는 천문학적인 효과Astronomical forcing를 끼워 넣은 3차원적인 개념의 가설을 제시하면서 지구 공전궤도면의 기울기가 변하면서 우주 먼지를 포함한 외계 기원 물질들의 지구로 들어오는 양이 변했고, 그것이 10만 년 주기의 기후변화를 가져왔다고 추정했다. 태양계에는 목성의 공전 궤도면과 일치하는 불변 평면이 있다. 지구의 공전 궤도면은 바로 이 불변 평면에서 조금씩 위 아래로 진동을 하는데 그 주기가 10만 년이다. 그리고 태양계를 떠도는 우주 먼지와 파편들은 태양계의 불변 평면에 따라 띠 형태로 분포하고 있어서 지구 공전궤도면의 기울기가 우주 먼지 띠와 가까워지면 지구로 들어오는 우주 먼지도 많아진다. 우주 먼지는 어떻게 지구를 냉각시키는 효과를 가질까? 지구로 들어오는 우주 먼지는 크기가 대부분 0.1마이크로미터 이하다. 이 작은 우주 먼지들은 대기의 상층부에서 태양 에너지를 반사하고, 또한 구름의 핵으로도 작용하므로 구름 형성이 많아져서 태양 에너지의 반사율이 커지기 때문에 지구가 냉각된다는 것이다. 그리고 대략 100만 년 전부터 기후 주기가 10만 년으로 서서히 변하기 시작한 것은 아마도 그 당시에 우주 먼지의 공급처인 화성과 목성 사이의 소행성대에서 소행성들의 잦은 충돌로 우주 먼지와 작은 파편들의 공급량이 많아졌고, 그래서 공전 궤도의 주기와 맞아 떨어지는 기후변화 주기가 생겼을 것으로 뮬러는 생각했다.

뮬러는 자신의 가설은 해저퇴적물이나 빙하에서 우주 먼지의 흔적을 찾아보면 증명될 수 있다고 말했다. 우리나라와 프랑스, 이탈리아의 연구진들로 구성된 국제연구팀은 바로 우주 먼지의 흔적을 그린란드 GRIP 빙하코어에서 찾아 나섰다. 우주 먼지 입자의 크기는 너무 작고 그 양도 매우 적기 때문에 우주 먼지 입자를 직접 찾는 것이 아니라 외계물질 추적자 원소라고 불리는 이리듐과 백금 성분을 이용했다. 다시 GRIP 빙하코어에서 빙하기와 홀로세 간빙기에 걸쳐 나타나는 이리듐과 백금 농도를 분석한 것이다. 이들 원소들의 농도는 천억 분의 1의 농도보다도 1만 배 정도 낮기 때문에 고도의 분석 기술을 필요로 한다. 우리 연구팀은 당시 어느 연구팀도 분석하지 못하던 이리듐과 백금을 최초로 분석하는데 성공하였다. 하지만 뮬러의 가설을 입증하는 데는 실패했다. 빙하기에는 지각에서 방출된 먼지의 양이 엄청나게 증가했고 이런 지각 먼지에 극미량으로 포함되어 있는 이리듐과 백금이 빙하기와 간빙기의 우주 먼지 유입량의 차이를 알아내는 것을 방해했기 때문이다. 대신에 홀로세의 빙하에 들어있는 이리듐과 백금은 대부분 외계물질에서 기원한 것으로 나타났고, 이를 근거로 추산해보니 오늘날 지구로 유입되는 외계물질의 양이 연간 1400톤에 이른다는 사실을 밝혀냈다. 이 연구결과는 2004년에《네이처》에 발표되어, 해당 호의 표지를 장식했다. [4]

다음으로 우리 연구팀은 남극의 빙하코어에 주목했다. 남극은 지구상에서 육지와 가장 멀리 떨어져 있고, 남극대륙을 감싸면서 시계방향으로 계속 돌고 있는 대기의 흐름에 의해 육지와 가까운 그린란드보다 지각 먼지의 운반 조건이 한층 열악하다. 따라서 남극의 빙하코어에는 아주 적은 양의 먼지만 들어있다. 우리는 남극에서 시추한 돔C와 보스토크 빙하코어(그림 10-1 참조)에서 24만 년 전부터 홀로세까지 두 번의 빙하기와 간빙기 주기에 해당하는 시료를 분석했다. 연구는 성공적이었다. 이리듐과 백금의 농도가 기후변화에 따라 뚜렷하게 변하는 추세가 나타났기 때문이다. 그런데 당초에 예상한 결과와는 정반대의 추세가 나왔다(그림 A-2 참조). 뮐러의 가설이 맞다면 빙하기에 이리듐과 백금의 농도가 증가하고 간빙기에 감소해야하지만 오히려 빙하기에 농도가 낮고 간빙기에 높아졌다. 게다가 간빙기에 이리듐과 백금의 농도가 증가한 것은 외계물질 때문이 아니라 지구의 화산활동 때문이었다. 뮐러의 가설이 1995년에 처음으로 제시된 지 10여 년 만에 우리 연구팀의 연구를 통해 가설은 사실이 아닌 것으로 밝혀진 것이다. [5] 이후 뮐러의 가설은 거의 인정받지 못하고 있으며 기후학자들은 다른 원인을 찾기 위한 노력을 계속하고 있다.

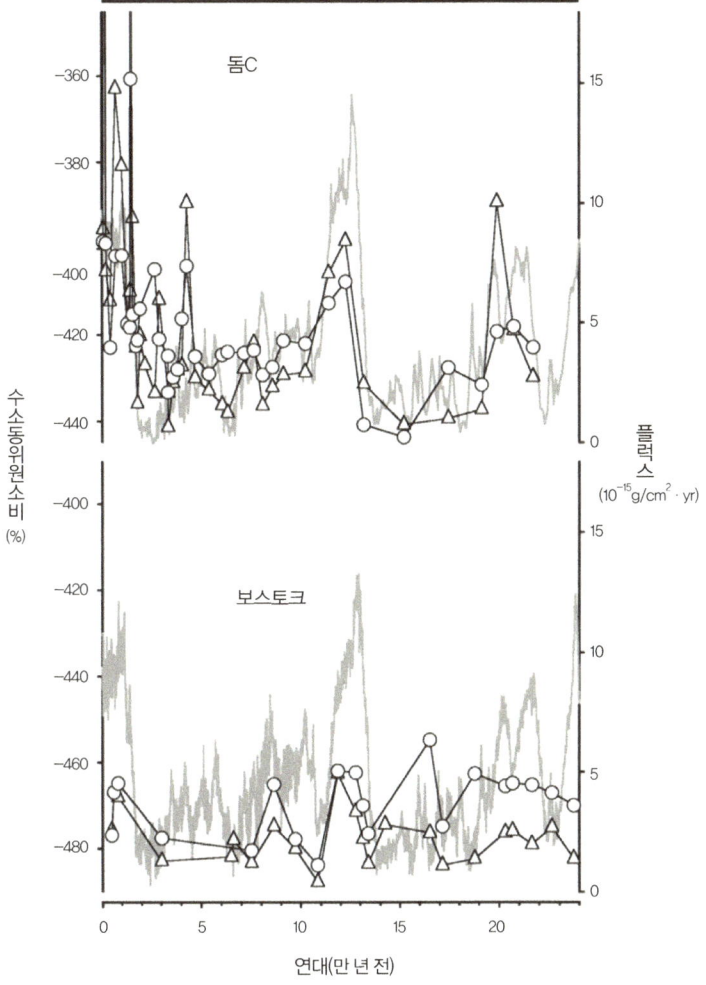

그림 A-2 남극 돔C와 보스토크 빙하코어에서 과거 24만 년 동안 기후변화에 따른 이리듐(삼각형) 과 백금(원형)의 플럭스 변화. 플럭스는 농도와 적설량으로 계산하며 1년 동안 대기에서 단위면적 (cm²) 당 표층으로 떨어진 이리듐과 백금의 양을 나타낸다. 얇은 실선은 수소동위원소비의 기록이 며 δ값이 낮을 때는 빙하기를, 높을 때는 간빙기를 의미한다. Gabrielli *et al.* (2006)의 그림을 수정.

그린란드의 님 빙하코어

다음은 그린란드의 님NEEM 빙하코어를 소개해보자. 이 책의 본문에서는 North GRIP 빙하코어에서 지난 간빙기(임Eem 간빙기라고 부르며 13만 년 전부터 11만 5천년까지를 말함)의 기록이 복원되었다고 기술되어 있으나(254페이지 참조), 사실 12만 3천 년 전까지만 복원되었기 때문에 임 간빙기 전체를 복원하지는 못했다. 임 간빙기는 현재의 홀로세 간빙기와 가장 가까운 이전의 간빙기이며, 홀로세보다 섭씨 5도 정도 더 따뜻해서 해수면도 지금보다 4-8미터 정도 높았던 시기다. 따라서 기후학자들은 임 간빙기의 기후 상태와 그에 따른 환경변화는, 지구온난화가 지속될 경우 예상되는 미래의 기후 상태를 추정할 수 있는 가장 적합한 모델로 지목하고 있다. 완전한 임 간빙기의 기후 기록을 복원하기 위해서 우리나라를 포함한 14개국이 모여서 North GRIP 빙하코어에 이어 또 하나의 그린란드 빙하코어를 시추하는 님NEEM, North Greenland Eemian Ice Drilling 프로젝트를 진행했다(그림 9-2 참조). 2008년부터 2012년까지 진행된 님 프로젝트는 바다까지 총 길이 2540미터의 빙하코어 시추에 성공했다. 님 프로젝트는 우리나라가 처음으로 참여한 국제빙하코어 시추프로젝트로, 우리나라의 빙하연구 능력을 국제적으로 인정받았다고 볼 수 있다.

님 빙하코어에서는 온전한 임 간빙기의 기록이 나올 것으로 기대했다. 하지만 깊이 약 2200미터 아래쪽에 있는 300미터 정도의 빙하 하부층이 심한 변형을 받아서 어떤 경우는 위와 아래의 기록이 뒤집혀 있는 경우도 있었다. 그래도 님 프로젝트에 참여한 과학자들은 빙하 기록들을 꼼꼼히 순서대로 맞춰 나갔고 마침내 2013년 1월에 님 빙하코어 기록을《네이처》에 발표했다.[6] 님 빙하코어 기록은 우리에게 기쁜 소식과 나쁜 소식을 동시에 전하고 있다. 앞서 말한 것처럼 임 간빙기의 평균 기온은 홀로세 평균 기온보다 섭씨 5도 정도 높았으며 해수면은 오늘날보다 4-8미터가 높았는데 대부분이 그린란드의 빙상이 붕괴되어 상승한 것으로 추정해왔다. 현재의 지구온난화가 지속될 경우의 미래 기후를 전망한 시나리오에서도 2100년경에는 지구의 평균 기온이 최대 섭씨 4도 이상 오를 것으로 예측하고 있다. 단순하게 기온만 비교하면 지구온난화로 인해 2100년경이면 임 간빙기 때와 비슷한 기후상태가 되고, 그로 인해 그린란드 빙상도 급격하게 붕괴되어 해수면도 수 미터가 상승할 수 있다는 추측이 가능하다. 다행히도 님 빙하코어의 기록은 그린란드 빙상의 급격한 붕괴가 없었다는 것을 보여주고 있다. 우리에게는 반가운 소식이라고 할 수 있다. 그렇다면 임 간빙기에 4-8미터까지 상승하기 위해서는 다른 빙상이 붕괴되어 빙하가 바다로 유출되어야 하는데 바로 서남극의 빙상을 지목하고 있다. 즉, 우리가 지금까지 생각했던 것보다 서남극의 빙상이 기온 상승에 매우 취약하다는 것을 의미하므로 이것은 달갑지 않은 소식이라고 할 수 있을 것이다.

이 책에서도 지적하고 있지만 기후시스템은 워낙 복잡해 아직까지 그 실체를 다 파악하지 못하고 있다. 그래서 실체가 전부 드러나기까지는 미래의 기후를 예측한다는 것 또한 불완전할 수밖에 없다. 2014년 초에는 우리나라의 두 번째 남극과학기지인 장보고기지가 완공된다. 장보고기지는 섬에 건설된 세종기지와 달리 남극대륙에 건설된다. 바로 한반도의 62배 크기인 남극대륙에 진출하는 거점이 마련

되는 것이다. 광활한 남극대륙의 빙상 위에서 우리나라가 독자적으로 빙하코어를 시추해서 고기후의 난제들을 풀 수 있는 실마리를 찾게 되는 날을 기대해본다.

참고문헌

(1) Hong S, Park BK, Yoon HI, Kim Y, Oh JK (1991) Depositional environment in and paleoglacial setting around Marian Cove, King George Island, Antarctica. *Korean Journal of Polar Research*, 2, 73-85.

(2) Muller RA, MacDonald GJ (1995) Glacial cycles and orbital inclination. *Nature*, 377, 107-108.

(3) Muller RA, MacDonald GJ (1997) Glacial cycles and astronomical forcing. *Science*, 277, 215-277.

(4) Gabrielli P, Barbante C. Plane JMC, Varga A, Hong S, Cozzi G, Gaspari V, Planchon FAM, Cairns W, Ferrari C, Crutzen P, Cescon P, Boutron CF (2004) Meteoric smoke fallout over the Holocene epoch revealed by iridium and platinum in Greenland ice. *Nature*, 432, 1011-1014.

(5) Gabrielli P, Plane JMC, Boutron CF, Hong S, Cozzi G, Cescon P, Ferrari F, Crutzen PJ, Petit JR, Lipenkov VY, Barbante C (2006) A climatic control on the accretion of meteoric and super-chondritic iridium-platinum to the Antarctic ice cap. *Earth and Planetary Science Letters*, 205, 459-469.

(6) NEEM community members (2013) Eemian interglacial reconstructed from a Greenland folded ice core. *Nature*, 493, 489-494.

그림출전

Lisiecki LE, Raymo ME (2005) A Pliocene-Pleistocene stack of 57 globally distributed benthic $\delta^{18}O$ records. *Paleoceanography*, 20, doi:10.1029/2004 PA001071

|주석|

프롤로그

(1) "The Cooling World," *Newsweek*, April 28, 1975.

(2) "Another Ice Age?," *Time*, June 24, 1974. 여기에서는 아래의 기사도 참고했다. Benoit G (1997) Hot and cold running alarmism. *The New American*, 13(25), December 8.

(3) Intergovernmental Panel on Climate Change. 1988년에 국제연합환경계획 (UNEP)과 세계기상기구(WMO)가 설립한 정부간 협의기구. 기후변화에 관한 과학적·기술적 의견과 사회적 영향을 평가하여 각국 정부에 조언하는 조직이다. 지금까지 1990년, 1995년, 2001년, 2007년, 2014년, 2023년에 한 번씩 총 6회의 보고서를 발표했다. 2007년에 발표된 제4차보고서(AR4)부터 일본의 해양연구개발기구, 국립환경연구소, 도쿄대학 기후시스템 연구센터에서 공동 개발한 기후 모델이 광범위하게 활용되었다. 松野太郎 (2007) 地球溫暖化と気候変化予測-IPCC 第4次報告-. *Japan Geoscience Letter*, **3**(2), 1-3. IPCC는 미국의 앨 고어 전 부통령과 함께 2007년 노벨 평화상을 수상했다.

(4) Broecker WS (1975) Climate change: Are we on the brink of a pronounced global warming? *Science*, **189**, 460-464.

제1장 바다에 집중하라!

(1) 세계에서 가장 깊은 해연. 북위 11도 22분, 동경 142도 20-30분 부근이다. 이 해연은 1951년에 영국의 챌린저 8세 호가 발견하여 그 이름을 붙였다. 그리고 그 6년 뒤에는 소련(현 러시아)의 비티아스 호에 의해 더 깊은 1만 1000미터를 넘는 곳이 보고되었다. 그러나 그 이후로 이 1만 1000미터를 넘는 곳은 발견되지 않았다. 일본 해상보안청의 다쿠요 호와 미국 토머스 워싱턴 호의 측량결과, 현재 공

식 인정을 받은 첼린저 심연의 가장 깊은 곳 수심은 1만 920미터인 것으로 확인
됐다.

(2) 최근 연구에 의하면 매우 적은 양의 빛이 이 영역에 도달하는 것으로 알려져 있
다. 그래서 수심 200미터에서 1000미터 사이를 '트와일라잇 존(twilight zone)'
이라고 부르기도 한다.

(3) 1988년에 공개된 프랑스 영화. 잠수 세계챔피언을 두고 겨루는 두 주인공, 자크
와 엔조 그리고 한 여자와의 사랑 이야기를 그린 작품. 당시 잠수 세계 신기록을
가진 실제 다이버 자크 마욜(1927-2001)이 모델이다. 마욜은 소년 시절에 일본
사가 현의 가라쓰 지역에 살았으며 그곳에서 잠수를 배웠다고 한다.

(4) 퇴적물의 표층은 해저에 사는 생물이 뒤섞어버리는 경우가 많다. 대부분 깊이
5-10센티미터 정도가 평균화되어 기록된다. 이렇게 평균화된 부분을 생물(bio)
과 교란(perturbation)을 합쳐 '생물교란(bioturbation)'이라 부른다.

(5) 일본에서는 해양연구개발기구와 도쿄대학 해양연구소에서 이와 같은 연구가 행
해지고 있다.

제2장 암호의 해독

(1) Urey H (1947) The thermodynamic properties of isotopic substances.
Journal of Chemical Society, 1947, 562-581.

(2) Emiliani C (1982) A new global geology. In *The Oceanic Lithosphere*, *The
Sea vol 7*, C Emiliani ed., John Wiley & Sons, pp.1687-1728. 에밀리아니가
이 논문집의 편집자로서 자신의 입장을 이야기한 에세이. 에밀리아니는 해럴
드 유리 그룹에서 유공충의 산소동위소비 측정을 시작한 경위와 당시 연구실
의 분위기 등을 회상하며 설명하고 있다. 이 책에서 기술한 내용은 주로 이 문헌
을 참고했다. 또한 1998년 12월에 있었던, 하먼 크레이그의 인터뷰도 참고 했
다. Sturchio N (1999) A conversation with Harmon Craig. *The Geochemical
News*, 98 13-21.

(5) 에밀리아니는 연구테마를 정하자, 우선 캘리포니아의 산페드로를 찾았다. 그
리고 그곳에 분포하는 로미타 이회토(Lomita marl)라는 제4기의 석회암(탄
산칼슘으로 이루어진 암석)을 채취하여, 그 속에 든 유공충의 산소동위소비
를 측정해 빙하기와 간빙기의 수온 차가 약 7℃라는 사실을 알아냈다. 이 결과는

Emiliani C, Epstein S (1953) Temperature variations in the lower Pleistocene of Southern California. *Journal of Geology*, **61**, 171-181. 안타깝게도 이 연구에 쓰인 퇴적물은 그 정확한 연대를 알 수 없기 때문에 현재는 거의 주목받지 못하고 있다. 그러나 에밀리아니에게 이 연구는 뒤이은 해저코어 분석에 중요한 바탕이 되었다.

(4) McCrea JM (1950) On the isotopic chemistry of carbonates and a paleotemperature scale. *Journal of Chemical Physics*, **18**, 849-857. Epstein S, Buchsbaum R, Lowenstam HA, Urey HC (1953) Revised carbonate-water isotopic temperature scale. *Bulletin of the Geological Society of America*, **64**, 1315-1326. 산소 동위원소 온도계는 다음의 해설과 교과서에서 자세히 설명하고 있다. 堀部純男, 大場忠道 (1972) アラレ石水および方解石. 一水系の温度スケール. *化石*, **23**, 69-79. 酒井均, 松久幸敬 (1996) 安定同位体地球化学. 東京大学出版会.

(5) McKinney CR, McCrea JM, Epstein S, Allen HA, Urey HC (1950) Improvements in mass spectrometers for the measurements of small differences in isotope abundance ratios. *Review of Scientific Instruments*, **21**, 724-730.

(6) Majoube M (1971) Fractionment en oxygene-18 et en deuterium entre l'eau at sa vapeur. *Journal of Chimie Physique*, **10**, 1423-1436. Kakiuchi M, Matsuo S (1979) Direct measurements of D/H and $^{18}O/^{16}O$ fractionation factors between vapor and liquid water in the temperature range from 10 to 40℃. *Geochemical Journal*, **13**, 307-311.

(7) Emiliani C (1955) Pleistocene temperature. *Journal of Geology*, **63**, 538-578.

(8) Shackleton NJ (2005) 아사히글라스재단의 블루 플래닛상(Blue Planet Prize) 수상기념 강연.

(9) Shackleton NJ (1965) The high-precision isotopic analysis of oxygen and carbon in carbon dioxide. *Journal of Scientific Instruments*, **42**, 689-692.

(10) Nomaki H, Ogawa NO, Kitazato H, Ohkouchi N (2008) Benthic foraminifera as trophic links between phytodetritus and benthic metazoans: carbon and nitrogen isotopic evidence. *Marine Ecology Progress Series*,

357, 153-164.

(11) Shackleton NJ (1967) Oxygen isotope analyses and Pleistocene temperatures re-assessed. *Nature*, **215**, 15-17.

(12) 현재 해저퇴적물 속에 든 간극수(pore water, 마지막 빙하기 심층수의 화석이라고 할 수 있다)의 산소동위원소비를 바탕으로 빙하기와 간빙기의 산소동위원소비 차이를 약 1.0-1.1‰로 추정하고 있다. Schrag D, Adkins JF, McIntyre K, Alexander JL, Hodell DA, Charles CD, McManus JF (2002) The oxygen isotopic composition of seawater during the Last Glacial Maximum. *Quaternary Science Reviews*, **21**, 331-342. 이 주장이 맞다면 빙하시대의 심층수는 거의 결빙온도(-1.9℃)까지 내려갔다고 할 수 있다.

(13) 환경 요인 중 수온과 염분은 해양 생물에 거의 절대적이다. 미국 브라운 대학의 임브리와 킵은 퇴적물 안에 든 유공충 등의 미화석(microfossil) 군집에 다변량해석이라는 수학적 기법을 응용하여, 미화석의 군집 조성으로 수온을 추정하는 변환함수를 개발했다. Imbrie J, Kipp N (1971) A new paleontological method for quantitative paleoclimatology: application to a late Pleistocene Caribbean core. In *The Cenozoic Glacial Age*, KK Turekian ed., Yale University Press, pp.77-181. 이 연구는 CLIMAP이라는 제4기 기후변화를 연구하는 대형 연구 프로젝트로 발전하여 세계 각지에서 엄청난 양의 심해저코어 분석을 진행했다. 이 프로젝트에는 새클턴을 시작으로 도호쿠 대학의 사이토 도코마사시와 홋카이도 대학의 오카다 히사타케 등도 참여했다. 최초의 성과는 다음 논문으로 발표됐다. CLIMAP Project Members (1976) The surface of ice age Earth. *Science*, **191**, 1131-1144. 이 논문에 따르면 마지막 빙하기에는 주로 고위도 지역에서 표층수온이 크게 떨어졌는데, 특히 북대서양 북부 해역에서 두드러졌다. 그에 비해 저위도 해역에서는 수온이 그다지 떨어지지 않았다. 카리브 해에서도 빙하기와 간빙기의 표층수온 차이는 여름과 겨울 모두 2℃에 불과했다. 이 성과로 새클턴과 에밀리아니의 논쟁은 새클턴의 승리로 끝이 나게 되었다. 빙하기-간빙기 사이의 산소동위원소비 변화는 대부분이 대륙빙하의 양적 변화가 원인이었다. 그간의 연구 경위와 성과에 관해서는 다음 논문에 자세히 나와 있다. 斉藤常正 (1977) 大西洋地域の第四紀気候-CLIMAP計画の成果を中心にして. *科学*, **47**, 592-601. 岡田尚武 (1977) 氷河時代の

環境復元-CLIMAP計画. *科学*, **47**, 602-606.

(14) Emiliani C, Eriscon DB (1991) The glacial/interglacial temperature range of the surface water of the oceans at low latitudes. In *Stable Isotope Geochemistry: A Tribute to Samuel Epstein*. HP Taylors Jr, JR O'Neil, IR Kaplan eds., The Geochemical Society, Special Publication No.3, pp. 223-228.

(15) 빙하기의 열대지역 수온이 에밀리아니의 주장대로 크게 낮았다는 결과가 1990년대 중반 보고된 적이 있다. Guilderson TP, Fairbanks RG, Rubenstone JL (1994) Tropical temperature variations since 20,000 years ago: Modulating interhemispheric climate change. *Science*, **263**, 663-665 이에 대해 저자가 포함된 그룹은 알케논이라는 유기분자를 이용하여 고수온을 복원하여 CLIMAP을 지지하는 결과를 얻었다. Ohkouchi N, Nakamura T, Taira A (1994) Small change in the sea surface temperature during the last 20,000 years: Molecular evidence from the western tropical Pacific. *Geophysical Research Letters*, **20**, 2207-2210. 이후에 Guilderson의 수온 복원 방법 자체에 문제가 있다는 것이 확실해지면서 그 결과는 기각되었다. 다음에 당시 학계의 상황이 나와 있다. Anderson DM, Webb RS (1995) Ice-age tropics revisited. *Nature*, **367**, 23-24.

제3장 잃어버린 거대한 대륙빙하를 찾아

(1) 상부 맨틀의 점성계수는 1020-1021 Pa·s로 추정하고 있다. Nakada M, Lambeck K (1988) The melting history of the late Pleistocene Antarctic ice sheet, *Nature*, **333**, 36-40.

(2) 일반적인 이야기로, 절대적이지는 않다. 차가운 심해를 선호하며, 소규모 암초를 만들어 서식하는 심해산호라는 것도 있다.

(3) Fairbanks RG (1989) A 17,000-year glacio-eustactic sea level record: influence of glacial melting dates on the Younger Dryas event and deep ocean circulation. *Nature*, **342**, 637-642.

(4) Yokoyama Y, Lambeck K, DeDeckker P, Johnston P, Fifield LK (2000) Timing of the Last Glacial Maximum from observed sea-level minima.

Nature, **406**, 713-716

(5) Lambeck K, Chappell J (2001) Sea level change through the last glacial cycle. *Science*, **292**, 679-685.

(6) Weaver AJ, Saneko O, Clark PU, Mitrovica JX, (2003) Meltwater pulse 1A from Antarctica as a trigger of the Bølling-Allerød warm interval. *Science*, **299**, 1709-1713.

(7) Ryan WBF, Pitman WC (1998) *Noah's Flood: The New Scientific Discoveries about the Event that Changed History*. Simon & Schuster, New York.

제4장 주기변동의 수수께끼

(1) Berger A, Loutre MF (1991) Insolation values for the climate of the last 10 million years. *Quaternary Science Reviews*, **10**, 297-317.

(2) Milankovitch M (1920) *Théorie Mathématique des Phénomenes Thermiques produits par la Radiation Solaire* (*Mathematical theory of thermal phenomenon caused by solar radiation*). Gauthier-Villars, Paris.

(3) Milankovitch M (1941) *Kanon der Erdbestrahlungen und seine Anwendung auf das Eiszeitenproblem* (*Canon of Insolation and the Ice Age Problem*). Belgrade Translated by Israel Program for Scientific Translations, Jerusalem, 1969.

(4) 다음 논문에서 밀란코비치 이론을 잘 요약하고 있다. Berger A (1998) Milankovitch theory and climate. *Reviews of Geophysics*, **26**, 624-657. 増田耕一 (1993) 氷期 · 間氷期サイクルと地球の軌道要素. 気象研究ノート, **177**, 223-248. 増田耕一, 阿部彩子 (1996) 第四紀の気候変動. 岩波講座「地球惑星科学」11券『気候変動論』pp. 103-156.

(5) 빙하시대를 바라보는 관점의 변화 과정, 밀란코비치와 크롤의 연구 성과와 인생사 등은 존 임브리와 그의 딸 캐서린 임브리가 다음 책에서 자세히 설명하고 있다. Imbrie J, Imbrie KP (1979) *Ice Ages, Solving the Mystery*. Enslow Publishers. 오래된 책이지만 기후변화 연구에 뜻을 가진 사람은 꼭 읽어보기를 권한다.

(6) Oerlemans J (1991) The role of ice sheets in the Pleistocene climate. *Norsk*

Geologisk Tidsskrift, **71**, 155–161.

(7) Köppen WP, Wegener AL (1924) *Die Klimate der Geologischen Vorzeit* (*The climates of the geological past*). Berlin.

(8) 그러나 일부 연구자들은 밀란코비치 이론을 지지하고 있었다. 다음 연구는 모두 퇴적연대의 추정 오차, 정밀도가 떨어지는 데이터, 짧은 기록 등의 문제로 결정타가 되지는 못했으나, 이후 밀란코비치 이론이 복권할 수 있는 토대를 만들었다. Broecker TS, Thurber DL, Goddard J, Ku T, Matthews RK, Mesolella KJ (1968) Milankovitch hypothesis supported by precise dating of coral reefs and deep-sea sediments. *Science*, **159**, 1–4. Mesolella KJ, Matthews RK, Broecker WS, Thurber DL (1969) The astronomical theory of climatic change: Barbados data. *Journal of Geology*, **77**, 250–274. Broecker WS, van Donk J (1970) Insolation changes, ice volumes, and the O^{18} record in deep-sea cores. *Reviews of Geophysics and Space Physics*, **8**, 169–198. Chappell J (1973) Astronomical theory of climatic change: status and problem. *Quaternary Research*, **3**, 221–236.

(9) Hays JD, Imbrie J, Shackleton NJ (1976) Variation in the Earth's orbit: pacemaker of the ice ages. *Science*, **194**, 1121–1132.

(10) Imbrie J (1985) A theoretical framework for the Pleistocene ice ages. *Journal of Geological Society of London*, **141**, 417–432.

(11) Imbrie J, Hays JD, Martinson DG, McIntyre A, Mix AC, Morley JJ, Pisias NG, Prell WL, Shackleton NJ (1984) The orbital theory of Pleistocene climate: support from a revised chronology of the marine ^{18}O record. In *Milankovitch and Climate*, A Berger, J Imbrie, J Hays, G Kukla, B Saltzman eds., Reidel, pp. 269–306. 이 논문을 더욱이 발전시킨 것이 다음 논문이다. Martinson DG, Pisias NG, Hays JD, Imbrie J, Moore TC, Shackleton NJ (1987) Age dating and the orbital theory of the ice ages: Development of a high-resolution 0 to 300,000-year chronostratigraphy. *Quaternary Research*, **27**, 1–29.

(12) Henderson GM, Slowey NC (2000) Evidence from U–Th dating against Northern Hemisphere forcing of the penultimate deglaciation. *Nature*, **404**,

61-66. Slowely NC, Henderson GM, Curry WB (1966) Direct U-Th dating of marine sediments from the two most recent interglacial periods. *Nature*, **383**, 242-244.

(13) Winograd IJ, Coplen TB, Landwehr JM, Riggs AC, Ludwig KR, Szabo BJ, Kolesar PT, Revesz KM (1992) Continuous 500,000-year climate record from vein calcite in Devils Hole, Nevada. *Science*, **258**, 255-260.

(14) Kawamura K, Parrenin F, Lisiecki L, Uemura R, Vimeux F, Severinghaus JP, Hutterli MA, Nakazawa T, Aoki S, Jouzel J, Raymo Me, Matsumoto K, Nakata H, Motoyama H, Fujita S, Goto-Azuma K, Fujii Y, Watanabe O (2007) Northern Hemisphere forcing of climatic cycles in Antarctica over the past 360,000 years. *Nature*, **448**, 912-917.

(15) Imbrie J, Imbire JZ (1980) Modelling the climatic response to orbital variations. *Science*, **207**, 943-953.

(16) Abe-Ouchi A (1993) Ice sheet response to climatic changes a modelling approach. *Zürcher Geographische Schriften*, No. 54, 134p.

(17) Shackleton NJ (2000) The 100,000-year ice-age cycle identified and found to lag temperature, carbon dioxide, and orbital eccentricity, *Science*, **289**, 1897-1902.

(18) Hyubers P, Wunsch C (2005) Obliquity pacing of the late Pleistocene glacial terminations. *Nature*, **434**, 491-494

(19) 일본의 해양연구개발기구에 설치된 슈퍼컴퓨터. 2002년 운용 개시 후 2004년 가을까지 세계 최고 속도를 자랑했다. 2007년에 발표된 IPCC의 제4차 보고서에서 지구온난화의 시뮬레이션에 크게 공헌했다.

(20) Abe-Ouchi A, Segawa T, Saito F (2007) Climatic conditions for modelling the Northern Hemisphere ice sheets throught the ice age cycle. *Climate of the Past*, **3**, 423-438

제5장 기후의 성립

(1) 다음 문헌에서 지구표면의 에너지밸런스를 자세히 해설하고 있다. 安部彩子, 増田耕一 (1993) 氷床と気候感度：モデルによる研究のレビュー. 気象研究ノ

ート, **177**, 183-222. 余田成男(1996) 気候および気候変動の數理モデル. 岩波講座「地球惑星科学」11券『気候変動論』pp. 221-266. 田近英一 (1996) 気候システム. 岩波講座「地球惑星科学」2券『地球システム科学』pp. 99-143.

제6장 악역의 등장

(1) Manabe S, Wetherald RT (1967) Thermal equilibrium of the atmosphere with a given distribution of relative humidity. *Journal of the Atmospheric Sciences*, **24**, 241-259. 이산화탄소가 흡수하는 파장 15마이크로미터의 적외선은 대기 중의 이산화탄소나 수증기에 의해 이미 대부분 흡수된 상태이다. 따라서 장차 이산화탄소가 증가한다고 해도 대기의 적외선 흡수효과에는 변함이 없지 않을까라는 논의는 예전부터 있어 왔다. 이에 관한 이론과 논의의 경과는 다음 문헌에 자세히 나와 있다. 田近英一 (1996) 気候システム. 岩波講座「地球惑星科学」2券『地球システム科学』pp. 99-143. Weart SR (2003) *The Discovery of Global Warming*. Harvard University Press. (스펜서 위어트,《지구 온난화를 둘러싼 대논쟁》(동녘, 2012)).

(2) Arrhenius S (1903) The propagation of life in space. *Die Umschau*, **7**, 481-485. 이후에 이 주장은 영국의 천문학자 프레드 호일(Fred Hoyle)과 DNA구조를 발견한 분자생물학자 프랜시스 크릭(Francis Crick)이 이어갔다. 그러나 현시점에서는 많은 연구자의 지지를 받고 있지는 않다.

(3) Arrhenius S (1896) On the influence of carbonic acid in the air upon the temperature fo the ground. *Philosophical Magazine and Journal of Science*, **41**, 237-276.

(4) Slocum G (1955) Has the amount of carbon dioxide in the atmosphere changed significantly since the beginning of the twentieth century? *Monthly Weather Review*, **83**, 225-231

(5) Keeling CD (1960) The concentration and isotopic abundance of carbon dioxide in the atmosphere. *Tellus*, **12**, 200-203. ppm이란 상대농도 단위로 백만분의 일을 뜻한다. 즉 314ppm은 0.0314퍼센트이다. 이산화탄소와 같은 기체는 부피비를 쓰는 경우가 많아 ppmv라고도 쓰인다.(v는 volume).

(6) Revelle R, Suess H (1957) Carbon dioxide exchange between atmosphere

and ocean, and the question of an increase of atmospheric CO_2 during the past decades, *Tellus*, **9**, 18-27.

(7) 田中正之 (1990) 二酸化炭素濃度の変動.『地球環境の危機-研究の現状と課題』內嶋善兵衛編, 岩波書店, pp. 3-10.

(8) 지구온난화 현상 연구의 역사를 알고 싶다면 아래 두 자료가 참고가 될 것이다. Weart SR (1997) Global warming, Cold War, and the evolution of research plans. *Historical Studies in the Physical and Biological Sciences*, **27**, 319-356. Weart SR (2003) *The Discovery of Global Warming*. Harvard University Press.(스펜서 위어트, 《지구 온난화를 둘러싼 대논쟁》(동녘, 2012)). 아래 웹사이트에서 더욱 풍부한 정보를 접할 수 있다. http://www.aip.org/history/climate/index.html

제7장 방사성탄소의 빛과 그림자

(1) 1939년 10월에 알베르트 아인슈타인의 서명이 담긴 편지가 당시 미국 대통령 프랭클린 루스벨트에게 도착했다. 연쇄 핵반응으로 만들어지는 엄청난 에너지가 잠재적인 무기가 될 수 있는데, 독일에서 그것을 연구하고 있다는 내용이었다. 루스벨트는 이 편지를 읽고 원자폭탄의 개발을 결심했다고 한다. 실제로 당시 독일은 핵무기 제조를 계획하고 있었다.

(2) 맨해튼 계획에 참가한 지구과학 분야 연구자에는 백악기와 고(古)제3기의 경계시점(6500만 년 전)의 운석충돌설을 제창한 루이스 앨버레즈(Luis Walter Alvarez)가 있다. 앨버레즈는 히로시마에 원자폭탄이 투하될 때, 원자폭탄을 실은 에놀라 게이의 뒤를 따른 B29폭격기에 탑승한 유일한 과학자이기도 하다. 앨버레즈는 버클리의 필립 에이빌슨과 공동으로 연구하기도 했으며, 이후에 노벨물리학상을 수상했다. 한편, 히로시마와 나가사키에 사용한 두 개의 원자폭탄 외에도, 그 전에 다른 한 개의 실험용 원자폭탄이 있었다. 이것은 1945년 7월 16일에 뉴멕시코 주 앨라모고르도에서 실시한 세계 최초의 핵실험에 쓰였다.

(3) 이 고감도 가이거 계수기의 프로토타입은 리비의 학위논문 연구 과정에서 제작되었다.

(4) Arnold JR, Libby WF (1949) Age determinations by radiocarbon content: Checks with samples of known age. *Science*, **110**, 678-680.

(5) Godwin H (1962) Half-life of radiocarbon, *Nature*, **195**, 984.

(6) Flint RF (1971) *Glacial and Quaternary Geology*. John Wiley & Sons.

(7) Libby WF (1952) *Radiocarbon Dating*. University of Chicago Press.

(8) Pearson A, McNicohl AP, Schneider RJ, von Reden KF (1998) Microscale AMS ^{14}C measurement at NOSAMS. *Radiocarbon*, **40**, 61–76.

(9) Bard E (1998) Geochemical and geophysical implications of the radiocarbon calibration. *Geochimica et Cosmochimica Acta*, **62**, 2025–2038.

(10) DeVries H (1958) Variation in concentration of radiocarbon with time and location in earth. Koninklijke *Nederlandse Akademie van Wetenschappen*, *Proc., Ser. B*, **61**, 94.

(11) Suess H (1965) Secular variations in the cosmic ray-produced carbon-14 in the atmosphere and their interpretations. *Journal of Geophysical Research*, **70**, 5937–5952. Stuiver MH (1971) Evidence for the variation of atmospheric ^{14}C content in the late Quaternary. In *The Cenozoic Glacial Ages*, KK Turekian ed., Yale University Press, pp. 57–70.

(12) Bennett CL, Beukens RP, Clover MR, Gove HE, Libbert RB, Litherland AE, Purser KH, Sondheim WE (1977) Radiocarbon dating using electrostatic accelerators: Negative ions provide the key. *Science*, **198**, 508–510. Nelson DE, Korteling RG, Stott WR (1977) Carbon-14: Direct detection at natural concentrations. Science, 198, 507–508.

(13) 워싱턴 대학의 CALIB(http://calib.org/calib/)와 옥스퍼드 대학의 OxCal(http://c14.arch.ox.ac.uk/) 두 종류가 있는데, 모두 무료로 사용할 수 있다.

(14) Ruben S, Kamen MD (1940) Radioactive carbon of long half-life. *Physical Reviews*, **57**, 549.

(15) Chicago Tribune 1951년7월7일자.

(16) 칼슘이온을 세포막 안으로 넣거나 바깥으로 배출하여, 세포 내 칼슘농도를 조절하는 구조. 참고로 2003년 노벨화학상은 물통로(water channels)와, 칼륨 등의 이온이 전달되는 이온통로의 구조를 해명한 연구자가 수상했다.

(17) Kamen MD (1985) *Radiant Science, Dark Politics: A Memoir of the Nuclear*

Age. University of California Press.

제8장 기후변화의 스위치

(1) Orsi AH, Johnson GC, Bullister JL (1999) Circulation, mixing, and production of Antarctic Bottom Water. *Progress in Oceanography*, **43**, 55–109.

(2) Stommel H (1948) The westward intensification of wind-driven ocean currents. *Transaction of American Geophysical Union*, **29**, 202–206.

(3) Stommel H (1958) The abyssal circulation. *Deep Sea Research*, **5**, 80–82.

(4) Broecker WS (1957) Application of radiocarbon to oceanography and climate chronology. Ph.D. thesis, Columbia University.

(5) Broecker WS, Peteet DM, Rind D (1985) Does the ocean-atmosphere system have more than one stable mode of operation? *Nature*, **315**, 21–26.

(6) Lynch-Stieglitz J, Adkins J, Curry WB, Dokken T, Hall IR, Herguera JC, Hirschi JJM, Ivanova EV, Kissel C, Marchal O, Marchitto TM, McCave IN, McManus JF, Mulitza S, Ninnemann U, Peeters F, Yu EF, Zahm R (2007) Atlantic meridional overturning circulation during the last glacial maximum. *Science*, **316**, 66–69.

(7) Ohkouchi N, Kawahata H, Murayama M, Okada M, Nakamura T, Taira A (1994) Was deep water formed during the Late Quaternary? Cadmium evidence from the northwest Pacific. Earth and Planetary *Science Letters*, **124**, 185–194.

(8) Manabe S, Stouffer RJ (1988) Two stable equilibria of a coupled ocean-atmosphere model. *Journal of Climate*, **1**, 841–866.

(9) Broecker WS (1997) Thermohaline circulation, the Achilles heel of our climate system: Will man-made CO_2 upset the current balance? *Science*, **278**, 1582–1588.

(10) Stommel H (1961) Thermohaline convection with two stable regimes of flow, *Tellus*, **13**. 224–230.

제9장 또 한 번의 탐험

(1) 이에 대한 물리적 설명은 다음 논문을 참조. Dansgaard W (1964) Stable isotopes in precipitation. *Tellus*, **16**, 436-468. 그림 9-1에 나타난 관계는 지역마다 다르므로 그린란드에 해당되는 식을 다른 지역에서 얻은 샘플에는 적용할 수 없다.

(2) Dansgaard W (1954) The O^{18} abundance in fresh water. *Geochemica et Cosmochimica Acta*, **6**, 241-260.

(3) Dasagaard W (2004) *Frozen Annals: Greenland Ice Cap Research*. Narayana Press. 단스고르의 회상록으로 그린란드에서 채취한 빙하코어 연구에 관한 내용뿐 아니라 대륙빙하 굴착에 관한 많은 일화를 소개하고 있다.

(4) Hansen BL, Langway CC Jr. (1966) Deep core drilling in ice and core analysis at Camp Century, Greenland. 1961-1966. *Antarctic Journal*, **1**, 207-208.

(5) Dansgaard W, Johnsen SJ, Moller J, Langway CC Jr. (1969) One thousand centuries of climatic record from Camp Century on the Greenland ice sheet. *Science*, **166**, 377-381.

(6) Dansgaard W, Johnsen SJ (1969) A flow model and a time scale for the ice core from Camp Century, Greenland. *Journal of Glaciology*, **8**, 215-223. Dansgaard W, Johnsen SJ, Clausen HB, Langway CC Jr. (1971) Climatic record revealed by the Camp Century ice core. In *The Cenozoic Glacial Ages*, KK Turekian ed., Yale University Press, pp. 37-56.

(7) Houtermans FG, Oeschger H (1955) Proportional counter for the measurement of weak activities of soft rays (in Germany). *Helvetica Physica Acta*, **28**, 464-466.

(8) Dansgaard W, Clausen HB, Gundestrup N, Hammer CU, Johnsen SF, Kristinsdottir PM, Reeh N (1982) A new Greenland deep ice core. *Science*, **218**, 1273-1277.

(9) 굴착작업의 상황 다음 책에서 자세하게 묘사하고 있다. Alley RB (2000) *The Two-mile Time Machine: Ice Cores, Abrupt Climate Change, and Our Future*. Princeton University Press.

(10) Grootes PM, Stuiver M, White JWC, Johnsen S, Jouzel J (1993) Comparison

of oxygen isotope records from the GISP2 and GRIP Greenland ice cores, *Nature*, **366**, 552–554.

(11) Boulton GS (1993) Two cores are better than one. *Nature*, **366**, 507–508.

(12) North Greenland Ice Core Project Members (2004) High-resolution record of Northern Hemisphere climate extending into the last interglacial period. *Nature*, **431**, 147–151.

제10장 지구 최후의 비경으로

(1) Lorius C, Jouzel J, Ritz C, Merlivat L, Barkov NI, Korotkevich YS, Kotlyakov VM (1985) A 150,000-year climatic record from Antarctic ice. *Nature*, **316**, 591–596.

(2) Jouzel J, Lorius C, Petit JR, Genthon C, Barkov NI, Kotlyakov VM, Petrov VM (1987) Vostok ice core: a continuous isotope temperature record over the last climatic cycle (160,000 years). *Nature*, **329**, 403–408.

(3) Craig H (1961) Isotopic variations in meteoric waters. *Science*, **133**, 1702–1708.

(4) 樋口敬二, 渡辺興亜, 加藤喜久雄 (1977) 氷床コアからみた氷河時代. *科学*, 47, 630–636.

(5) Neftel A, Oeschger H, Schwander J, Stauffer B, Zumbrunn R (1982) Ice core sample measurements give atmospheric CO_2 content during the past 40,000 yr. Nature, 295, 220–223.

(6) Barnola JM, Raynaud D, Korotkevich YS, Lorius C (1987) Vostok ice core provides 160,000-year record of atmospheric CO_2, *Nature*, **329**, 408–414.

(7) Chappellaz J, Barnola JM, Raynaud D, Korotkevich YS, Lorius C (1990) Ice-core record of atmospheric methane over the past 160,000 years. *Nature*, **345**, 127–131.

(8) Oeschger H. Stauffer B, Finkel R. Langway CC Jr. (1985) Variations of the CO_2, concentration of occluded air and of anions and dust in polar ice cores. In *Carbon Cycle and Atmospheric CO2: Natural Variations Archean to Present. Geophys. Monogr. Series.* **32**, 132–142.

(9) Bender M, Floch G, Chappellaz J, Suwa M, Barnola JM, Blunir T, Dreyfus G, Jouzel J, Parrenin F (2006) Gas age-ice age differences and the chronology of the Vostok ice core. 0-100 ka, *Journal of Geophysical Research*, 111, doi: 10.1029/2005JD006488.

(10) Broecker WS (1982) Glacial to interglacial changes in ocean chemistry. *Progress in Oceanography*, **11**, 151-197. Martin JH (990) Glacial-interglacial CO_2 change: The iron hypothesis. *Paleoceanography*, **5**, 1-13.

(11) Boyle EA (1988) Vertical oceanic nutrient fractionation and glacial/interglacial CO_2 cycles. *Nature*, **331**, 55-56. Broecker WS, Peng TH (1989) The cause of the glacial to interglacial atmospheric CO_2 change: A polar alkalinity hypothesis. *Global Biogeochemical Cycles*, **3**, 215-239.

(12) Archer D, Maier-Reimer E (1994) Effect of deep-sea sedimentary calcite preservation on atmospheric CO_2 concentration. *Nature*, **367**, 260-263.

(13) Oba T, Pedersen TF (1999) Paleoclimatic significance of eolian carbonates supplied to the Japan Sea during the last glacial maximum. *Paleoceanography*, **14**, 34-41.

(14) Matsumoto K Sarmiento J (2003) A corollary to the silicic acid leakage hypothesis. *Paleoceanography*, **23**, doi: 10.1029/2007PA001515.

(15) Betzer PR, Carder KL, Duce RA, Merrill JT, Tindale NW, Uernatsu M, Costello DK, Young RW, Feely RA, Breland JA, Bernstein RE, Greco AM (1988) Long-range transport of giant mineral aerosol particles. *Nature*, **336**, 568-571.

(16) Petit JR, Jouzel J, Raynaud D, Barkov NI, Barnola JM, Basile I, Bender M, Chappellaz J, Davis M, Delaygue G, Delmotte M, Kotlyakov VM, Legrand M, Lipenkov VY, Lorius C, Pepin L, Ritz C, Saltzman E, Stievenard M (1999) Climate and atmospheric history of the past 420,000 years from the Vostok ice core, Antarctica. *Nature*, **399**, 429-436. Mayewski PA, Meeker LD, Twickler MS, Whitlow ST, Yang Q, Lyons WB, Prentice M (1997) Major features and forcing of high-latitude northern hemisphere atmospheric circulation using a 110,000-year-long glaciochemical series. *Journal of Geophysical Research*, **102**, 26345-26366.

(17) Biscaye PE, Grousset FE, Revel M, van der Gaast S, Zielinski GA, Vaars A, Kukula G (1997) Asian provenance of glacial dust(stage 2) in the Greenland Ice Sheet Project 2 Ice Core, Summit, Greenland. *Journal of Geophysical Research*, 102, 26765-26781.

(18) Basil I, Grousset FE, Revel M, Pelit JR, Biscaye PE, Barkov NI (1997) Patagonian origin of glacial dust deposited in East Antarctica(Vostok and Dome C) during glacial stages 2, 4 and 6. *Earth and Planetary Science Letters*, **146**, 573-589.

(19) Fischer H, Siggaard-Andersen ML, Rothlisberger R, Wolff E (2007) Glacial/interglacial changes in mineral dust and sea-salt records in polar ice cores: Sources, transport, and deposition. *Reviews of Geophysics*, **45**, 2005RG000192.

(20) Kapitsa AP, Ridley JK, Robin GQ, Siegert MJ, Zotikov IA (1996) A large deep freshwater lake beneath the ice of central East Antarctica. *Nature*, **381**, 684-686.

(21) '우주에 생명체가 존재할까' 라는 의문 외에 초기 지구의 생명체 탄생과 이후 생명권의 성립에 이르기까지 다양한 주제를 다루는 학문분야이다.

(22) EPICA Community Members (2004) Eight glacial cycles from an Antarctic ice core. *Nature*, **429**, 623-628.

(23) 현재까지의 성과는 다음 논문을 참조. Watanabe O, Jouzel J. Johnsen S, Parrenin F, Shoji H, Yoshida N (2003) Homogeneous climatic variability across East Antarctica over the past three glacial cycles. *Nature*, **422**, 509-512. 藤井理行 (2005) 極域アイスコアに記録された地球環境変動. *地学雑誌* **114**. 445-459. Kawamura K. Parrenin F. Lisiecki L. Uemura R, Vimeux F, Severinghaus JP, Hutterli MA, Nakazawa T, Aoki S, Jouzel J, Raymo ME, Matsumoto K, Nakata II, Motoyama H, Fujita S, Goto-Azuma K, Fujii Y, Watanabe O (2007) Northern Hemisphere forcing of climatic cycles in Antarctica over the past 360,000 years. *Nature*, **448**, 912-917.

(24) Thompson LG, Mosley-Thompson E, Davis ME, Henderson KA, Brecher HH, Zagorodnov VS, MAshiotta TA, Lin P-N, Mikhalenko VN, Hardy DR,

Beer J (2002) Kilimanjaro ice core records: Evidence of Holocene climate change in tropical Africa, *Science*, **298**, 589-593.

제11장 기후가 바뀌는 데에는 수십 년이면 충분하다

(1) Nakagawa T, Kitagawa H, Yasuda Y, Tarasov PE, Nishida K, Gotanda K, Sawai Y, Yangtze River Civilization Program Members (2003) Asynchronous climate changes in the North Atlantic and Japan during the last termination. *Science*, **299**, 688-691. Kudrass HR, Erlenkuser H, Vollbrecht R, Weiss W (1991) Global nature of the Younger Dryas cooling event inferred from oxygen isotope data from Sulu Sea cores, *Nature*, **349**, 406-409.

(2) Alley RB (2000) The Younger Dryas cold interval as viewed from central Greenland. *Quaternary*, **19**, 213-226.

(3) Hughen KA, Overpeck JT, Peterson LC, Trumbore S (1996) Rapid climate changes in the tropical Atlantic region during the last deglaciation. *Nature*, **380**, 51-54.

(4) Turney *et al.* (2006) Climatic variability in the southwest Pacific during the Last Termination(20-10 kyr BP). *Quaternary Science Reviews*, **25**, 886-903.

(5) Broecker WS, Denton GH (1988) The role of ocean-atmosphere reorganization in glacial cycles. *Geochimica et Cosmochimica Acta*, **53**, 2465-2501.

(6) 아가시 호의 유량은 8400년 전에는 16만 세제곱킬로미터에 달했다고 추측하고 있다. Leverington DW, Mann JD, Teller JT (2002) Changes in the bathymetry and volume of glacial Lake Agassiz between 9200 and 7700 ^{14}C yr BP. *Quaternary Research*, **57**, 244-252. 이 호수의 빙하량은 마지막 빙하기 이후에 융해한 대륙빙하량 4800만 세제곱킬로미터의 0.3퍼센트에 불과해 전부 바다로 빠져나갔다 해도 해수면은 40센티미터 밖에 상승하지 않는다.

(7) Teller JT, Leverington DW, Mann JD (2002) Freshwater outbursts to the oceans from glacial Lake Agassiz and their role in climate changes during the last deglaciation. *Quaternary Science Reviews*, **21**, 879-887.

(8) Kennet JP, Shackleton NJ (1975) Laurentide ice sheet meltwater recorded in

Gulf of Mexico deep-sea cores. *Science*, **188**, 147-150. 이하의 연구에서는 이 홍수사건의 정확한 연대를 표시하고 있다. Flower BP, Hastings DW, Hill HW, Quinn TM (2004) Phasing of deglacial warming and Laurentide ice sheet meltwater in the Gulf of Mexico. *Geology*, **32**, 597-600.

(9) Clark PU, Alley RB, Keigwin LD, Licciardi JM, Johnsen SJ, Wang H (1996) Origin of the first meltwater pulse following the last glacial maximum. *Paleoceanography*, **11**, 563-577.

(10) Manabe S, Stouffer RJ (1997) Coupled ocean-atmosphere model response to fresh water input: Comparison to Younger Dryas event. *Paleoceanography*, **12**, 321-336(Correction: 12, 728)

(11) Lang C, Leuenberger M, Schwander J, Johnsen S (1999) 16℃ rapid temperature variation in central Greenland 70,000 years ago. *Science*, **286**, 934-937. 대륙빙하 코어의 구멍 속 온도를 측정한 결과, 산소동위원소비의 차이를 근거로 계산한 그린란드의 빙하기/간빙기 기온차이는 과소평가되었다고 한다. Cuffey KM, Clow GD, Alley RB, Stuiver M, Waddington ED, Saltus RW (1995) Large Arctic temperature change at the Wisconsin-Holocene glacial transition. *Science*, **270**, 455-458. 그들의 결과에 따르면 산소동위원소비 1‰의 증가는 기온 3℃ 상승에 해당하며, 이것은 그림 9-1에 나타낸 관계에서 구한 값의 2배나 된다.

(12) Wang YJ, Chen H, Edwards RL, An ZS, Wu JY, Shen CC, Dorale JA (2001) A high-resoultion absolute-dated late Pleistocene monsoon record from Hulu Cave, China. *Science*, **294**, 2345-2348.

(13) Altabet MA, Higginson MJ, Murray DW (2002) The effect of millennial-scale changes in Arabian Sea denitrification on atmospheric CO_2. *Nature*, **415**, 159-162.

(14) Tada R, Irino T, Koizumi I (1999) Land-ocean linkages over orbital and millennial timescales recorded in late Quaternary sediments of the Japan Sea. *Paleoceanography*, **14**, 236-247. 저자들은 최근 연구를 통해 동해의 퇴적물 색과 유기물 농도는 단스고르-외슈거 이벤트와 거의 같은 시기에 크게 변동하고 있다는 사실을 확실하게 밝혔다.

(15) Sakamoto T, Ikehara M, Uchida M, Aoki K, Shibata Y, Kanamatsu T, Harada

N, Iijima K, Katsuki K, Asahi H, Takahashi K, Sakai H, Kawahata H (2006) Millennial-scale variations of sea-ice expansion in the southwestern part of the Okhotsk Sea during 120 kyr: Age model, ice-rafted debris in IMAGES Core MD01-2412. *Global and Planetary Change*, **53**, 58-77.

(16) Voelker AHL, workshop participants (2002) Global distribution of centennial-scale records for Marine Isotope Stage(MIS): a database. *Quaternary Science Reviews*, **21**, 1185-1212.

(17) Ganoporski A, Rahmstorf S (2001) Rapid change of glacial climate simulated in a coupled climate model. *Nature*, **409**, 153-158. 이 의견에도 반론은 있다. MIT의 칼 원쉬(Carl Wunsch)는 다음 논문에서 단스고르-외슈거 이벤트를 컨베이어벨트의 온오프로 설명할 이론적 근거가 부족하다고 지적하고 있다. Wunsch C (2006) Abrupt climate change: An alternative view. *Quaternary Research*, **65**, 191-205. 지금까지 얻은 지질학적 데이터를 수학적으로 엄밀하게 체크한 원쉬는 그것이 바다에서 일어난 일이 아니라, 대기 특히 로렌타이드 빙상 근처 대기 순환의 변동을 나타내고 있으며, 바다의 컨베이어벨트가 멈춘 일이 계기는 아니었다고 주장한다.

(18) Blunier T, Chappellaz J, Schwander J, Dallenbach A, Stauffer B, Stocker TF, Raynaud D, Jouzel J, Clausen HB, Hammer CU, Johnsen SJ (1998) Asynchrony of Antarctic and Greenland climate change during the last glacial period. *Nature*, **394**, 739-743. Blunier T, Brook EJ (2001) Timing of millennial-sclae climate change in Antarctica and Greenland during the last glacial period. *Science*, **291**, 109-112. 모든 결과는 빙하코어 기포에 존재한 메탄 농도를 연대순으로 파악하고 있다.

(19) Stocker TF, Johnsen SJ (2003) A Minimum thermodynamics model for the bipolar seesaw. *Paleoceanography*, **18**, doi: 10.1029/2003PA000920.

(20) Heinrich H (1988) Origin and consequences of cyclic ice rafting in the northeast Atlantic Ocean during the past 130,000 years. *Quaternary Research*, **29**, 142-152.

(21) Broecker WS, Bond G, Klas M, Clark E, McManus J (1992) Origin of the north Atlantic's Heinrich events. *Climate Dynamics*, **6**, 265-273.

(22) Bond G, Heinrich H, Broecker WS, Labeyrie L, McManus J, Andrews J, Huon S, Jantchik R, Clasen J, Simet C, Tedesco K, Klas M, Bonani G, Ivy S (1992) Evidence for massive discharges of icebergs into the North Atlantic ocean during the last glacial period. *Nature*, **360**, 245-249. Bond G, Broecker WS, Johnson S, McManus J, Labeyrie L, Jouzel J, Bonani G (1993) Correlations between climate records from North Atlantic sediments and Greenland ice. *Nature*, **365**, 143-147.

(23) Hemming SR (2004) Heinrich Events: Massive late Pleistocene detritus layers of the North Atlantic and their global climate imprint. *Reviews of Geophysics*, **42**, 2003RG000128.

(24) 이 추정은 독립적으로 실행된 다음 결과와도 일치한다. Yokoyama Y, Esat TM, Lambeck K (2001) Coupled climate and sea-level changes deduced from Huon Peninsula coral terraces of the last ice age. *Earth and Planetary Science Letters*, **193**, 579-587.

(25) 하인리히 이벤트 때에는 로렌타이드 빙상뿐만 아니라 북유럽 빙상과 아이슬란드 기원의 빙산운반암설도 관찰되고 있다는 보고도 있다. Jullien E, Grousset FE, Hemming SR, Peck VL, Hall IR, Jeantet C, Billy I (2006) Contrasting conditions preceding MIS3 and MIS2 Heinrich events. *Global and Planetary Change*, **54**, 225-238. 이것이 맞다면 대륙빙하에 내재된 요인만으로는 설명이 불가능하며, 북대서양 북부 해역을 둘러싼 광범위한 지역에 영향을 미쳤던 온난화라는 외부요인도 함께 생각해야 한다.

(26) Ruddiman WF (1977) Late Quaternary deposition of ice-rafted sand in the subpolar North Atlantic(lat 40°to 65°N). *Geological Society of American Bulletin*, 88, 1813-1827.

(27) Rahmstorf S (2002) Ocean circulation and climate during the past 120,000 years. *Nature*, **419**, 207-214.

(28) Grootes PM, Stuiver M (1997) Oxygen 18/16 variability in Greenland snow and ice with 10^3-to 100^5-year time resolution. *Journal of Geophysical Research*, **102**, 26455-26470.

(29) Alley RB, Anadakrishnan S, Jung P (2001) Stochastic resonance in the North

Atlantic. *Paleoceanography*, **16**, 190–198.

(30) Benzi R, Parisi A, Sutera A, Vulpiani A (1982) Stochastic resonance in climatic change. *Tellus*, **34**, 10–16.

제12장 기후변화의 연대기

(1) Fleming K, Johnston P, Zwartz D, Yokoyama Y, Lambeck K, Chappell J (1998) Refining the eustatic sea-level curve since the Last Glacial Maximum using far-and intermediate-field sites. *Earth and Planetary Science Letters*, **163**, 327–342.

(2) Rowley RJ, Kostelnick JC, Braaten D, Li X, Meisel J (2007) Risk of rising sea level to population and land area. *EOS*, **88**, 105–107.

(3) Thomas ER, Wolff EW, Mulvaney R, Steffensen JP, Johnston SJ, Arrowsmith C, White JWC, Vaughn B, Popp T (2007) The 8.2 ka event from Greenland ice cores. *Quaternary Science Reviews*, **26**, 70–81.

(4) Rohling EJ, Palike H (2005) Centennial-scale climate cooling with a sudden cold event around 8,200 years ago. *Nature*, **434**, 975–979.

(5) Gasse F (2000) Hydrological changes in the African tropics since the Last Glacial Maximum. *Quaternary Science Reviews*, **19**, 189–211.

(6) 다음 논문에서 ^{14}C연대 측정으로 아가시 호와 그 동쪽에 위치한 빙상호수 오지브웨이 호가 8400년 전에 무너졌다는 사실을 자세하게 밝히고 있다. Barber DC, Dyke A, Hillaire-Mercel C, Jennings AE, Andrews JT, Kerwin MW, Bilodeau G, McNeely R, Southon J, Morehead MS, Gagnon JM (1999) Forcing of the cold event of 8,2000 years age by catastrophic drainage of Laurentide lakes, *Nature*, **400**, 344–348. 그에 따르면 20만 세제곱킬로미터의 융빙수가 10–100년 동안 허드슨 만으로 방출되었다고 한다. 평균유량은 0.05–0.5스베드럽으로 북대서양 심층수를 크게 약화시킬만한 양이다.

(7) Hughes MK, Diaz HF (1994) Was there a 'Medieval Warm Period' and if so, where and when? *Climate Change*, **26**, 109–142. Crowley TJ, Lowery TS (2000) How warm was the Medieval Warm Period. *Ambio*, **29**, 51–54.

(8) IPCC (2014), Climate Change 2013: The physical science basis. Contribution

of Working Group I to the Fifth Assessment Report of the IPCC. TF Stocker *et al*. eds., Cambridge University Press, pp.433-497. 각각의 인용문헌은 해당 문헌을 참조하였다.

(9) Thompson LG, Mosley-Thompson E, Dansgaard W, Grootes PM (1986) The Little Ice Age as recorded in the stratigraphy of the tropical Quelccaya Ice Cap. *Science*, **234**, 361-364.

(10) Lamb HH (1995) Climate, *History and the Modern World*. Methuen, London.

(11) 태양활동의 변화가 최근 온난화의 원인이라는 주장도 나오고 있다. Kanipe J (2006) A cosmic connection. *Nature*, **443**, 141-143. 그러나 현재까지의 관측 결과로 보면, 적어도 17세기 이후에 일어난 기후변화를 설명하기에는 태양광도의 변화가 너무 작고, 또한 그에 따라 간접적으로 일어나는 기후에 대한 영향도 현시점에서는 평가가 쉽지 않다. 예를 들어 Foukal P, Frohlich C, Spruit H, Wigley TML (2006) Variations in solar luminosity and their effect on the Earth's climate. *Nature*, **443**, 161-166.

(12) 増田耕一(1992) 小氷期の原因を考える. *月刊地理*, **37**. 56-65. Was a change in thermohaline circulation responsible for the Little Ice Age? *Proceedings of the National Academy of Science*, **97**, 1339-1342.

(13) Stommel H, Stommel E (1983) *Volcano weather: the story of 1816, the year without a summer*. Seven Seas Press.

(14) Hammer CU (1977) Past volcanism revealed by Greenland ice sheet impurities. *Nature*, **270**, 482-486.

(15) Oerlemans J (2005) Extracting a climate signal from 169 glacier records. *Science*, **308**, 675-677.

(16) Broecker WS, Sutherland S, Peng TH (1999) A possible 20th-century slowdown of Southern Ocean deep water formation. *Science*, **286**, 1132-1135. Broecker WS (2000) Was a change in thermohaline circulation responsible for the Little Ice Age? *Proceedings of the National Academy of Science*, **97**, 1339-1342.

(17) EPICA Community Members (2004) Eight glacial cycles from an Antarctic

ice core. *Nature*, **429**, 623-628. Broecker WS, Stocker TF (2006) The Holocene CO₂ rise: Anthropogenic of natural? *EOS*, **87**, 27. 이들 연구에 대해서는 아래와 같은 반론도 있다. Crucifix M, Berger A (2006) How long will oir interglacial be? *EOS*, **87**, 352-353. 두 사람의 의견 차이는 기본적으로 사용하는 연대 척도의 차이로 보고 있다.

제13장 기후변화의 구조

(1) Committee on Abrupt Climate Change (2002) *Abrupt Climate Change*: *Inevitable Surprises*, National Academy Press. Bard E (2002) Climate Shock: Abrupt Changes Over Millennial Time Scales. *Physics Today* December, 32-38.

(2) Stocker TF (2000) Past and future reorganization in the climate system. *Quaternary Science Reviews*, **19**, 301-319. Stocker TF, Marchal O (2000) Abrupt climate change in the computer: is it real? *Proceedings of the National Academy of Science*, **97**, 1362-1365.

(3) Dickson FR, Meincke J, Malmberg SA, Lee AJ (1988) The "Great Salinity Anomaly" in the northern North Atlantic 1968-1982. *Progress in Oceanography*, **20**, 103-151. 山形俊男 (1996) 数十年から数百年の気候変動をきめる海洋. 岩波講座 「地球惑星科学」11券『気候変動論』pp.69-101.

에필로그

(1) 토머스 쿤, 《과학혁명의 구조》 (까치, 2002).

(2) 이산화탄소 증가에 따른 지구온난화를 정면으로 반대하는 연구자도 있다. 특히 MIT의 기상학자 리차드 린젠(Richard Lindzen)은 종종 매스컴에 등장하여 그런 주장을 펼쳤다. 예를 들어 Grossman, D (2001) Dissent in the Maelstrom. *Scientific American*, November issue. Lindzen, RS, (2007) Why So Gloomy? *Newsweek(Atlantic Edition)* **149**, 16/17, p.88.

(3) Hardin G, (1968) The tragedy of the commons. *Science*, **162**, 1243-1248.

(4) Broecker WS (1987) Unpleasant surprises in the greenhouse? *Nature*, **328**, 123-126.

| 더 읽으면 좋은 자료들 |

아래 제시한 목록은 이 책에서 설명한 기후변화의 여러 현상을 보다 깊이 이해하는 데 도움이 된다.

제4기의 기후변화에 관한 책

- Imbrie J, Imbrie KP (1979) *Ice Ages, Solving the Mystery*. Enslow Publishers.
- Broecker WS, Peng TH (1984) *Tracers in the Sea*. Eldigio Prss.
- Broecker WS (2003) *Fossil Fuel CO2 and the Angry Climate Beast*. Eldigio Press.
- Ruddiman WF (2001) *Earth's Climate: Past and Future*. WH Freeman.
- Bradley RS (1999) *Paleoclimatology: Reconstructing Climates of the Quaternary*. Academic Press.
- 住明正, 安成哲三, 山形俊男, 増田耕一, 阿部彩子, 増田富士雄, 余田成男 (1996) 気候変動論 (岩波講座「地球惑星科学」11巻) 岩波書店.
- 日本第四紀学会, 町田洋, 岩田修二, 小野昭編 (2007) 地球史が語る近未米の環境. 東京大学出版会.

장기적인 기후변화에 관한 책

- 平朝彦 (2007) 地球史の探求(「地質学」第3巻). 岩波書店.
- 住明正, 平朝彦, 鳥海光弘, 松井孝典編 (1996-98) 岩波講座「地球惑星科学」全14巻, 岩波書店.
- 池谷仙之, 北里洋 (2004) 地球生物学ー地球と生命の進化. 東京大学出版会.
- 丸山茂徳, 磯崎行雄 (1998) 生命と地球の歴史. 岩波書店.
- van Andel TH (1982) *Tales of an Old Ocean*. WH Freeman.

바다와 기후변화의 관계를 설명한 책

- 野崎義行 (1994) 地球温暖化と海―炭素の循環から探る. 東京大学出版会
- 蒲生俊敬 (1996) 海洋の科学―深海底から探る. NHKブックス.
- 東京大学海洋研究所編 (1997) 海洋のしくみ. 日本実業出版社

기후 시스템을 설명한 자료

- 廣田勇 (1992) グローバル気象学. 東京大学出版会.
- 鳥海光弘, 田近英一, 吉田戌生, 住明正, 和田英太郎, 大河内直彦, 松井孝典 (1996) 地球システム科学(岩波講座「地球惑星科学」2巻). 岩波書店.
- 小倉義光 (1999) 一般気象学(第2版). 東京大学出版会.
- Committee on Abrupt Climate Change (2002) *Abrupt Climate Change*: *Inevitable Surprise*s. National Academy Press.

동위원소 분석 기술을 설명한 자료

- 日本地球化学会監修 (2003-08) 地球化学講座 全7巻. 培風館.
- 酒井均, 松久幸敬 (1996) 安定同位体地球化学. 東京大学出版会.
- 兼岡一郎 (1998) 年代測定概論. 東京大学出版会.
- Hoefs J (2008) *Stable Isotope Geochemistry*. Springer Verlag.
- 永田俊, 宮島利宏編 (2008) 流域環境評価と安定同位体―水循環から生態系まで. 京都大学学術出版会.

최근의 기후변화를 설명한 자료

- Burroughs WJ (2007) *Climate Change*: *A Multidisciplinary Approach* (2nd ed.). Cambridge University Press.
- Graedel TE, Crutzen PJ (1997) *Atmosphere, Climate and Change*. WH Freeman.
- Weart SR (2003) *The Discovery of Global Warming*. Harvard University Press. 《지구온난화를 둘러싼 논쟁》김준수 역, 동녘사이언스.
- Houghton J (1997) *Global Warming* (2nd ed.). Cambridge University Press.
- 小池勳夫編 (2006) 地球温暖化はどこまで解明されたか―日本の科学者の貢

献と今後の展望2006. 地球温暖化研究イニシャティブ気候変動研究分野第2次報告書, 丸善.

- IPCC Working Group I (2007) *The Physical Science Basis of Climate Change*. S Solomon *et al*. eds., Cambridge University Press.

- 国立環境研究所地球環境センターがつくる「ココが知りたい温暖化」も役に立つ. http:// www.cger.nies.go.jp/ja/library/qa/qa_index-j.html.

| 그림 출처 및 저작권 |

그림 0-1 IPCC (2014), Climate Change 2013: The physical science basis. Contribution of Working Group I to the Fifth Assessment Report of the IPCC. TF Stocker *et al.* eds., Cambridge University Press. pp.433-497에서 수정.

그림 1-3 c) http://www.educa.madrid.org/web/ies.rayuela.mostoles/ deptos/dbiogeo/recursos/Apuntes/BioGeoBach1/6-Clasificacion/ ActualProtistas.htm.

그림 2-5 McCrea JM (1950) On the isotopic chemistry of carbonates and a paleotemperature scale. *Journal of Chemical Physics*. **18**, 849-857. Epstein S. Buchsbaum R. Lowenstarm HA Urey HC (1953) Revised carbonate-water isotopic temperature scale. *Bulletin of the Geological Society of America*, **64**, 1315-1326에서 수정.

그림 2-8 Emiliani C (1955) Pleistocene temperatures. *Journal of Geology*. **63**, 538-578.

그림 2-10 Dansgaard W (2004) *Frozen Annals: Greenland Ice Cap Research*. Narayana Press에서 수정.

그림 2-12 Emiliani C (l955) Pleistocene temperatures. Journal of Geology. **63**, 538-578. Shackleton NJ (1967) Oxygen isotope analyses and Pleistocene temperatures re-assessed. *Nature*, **215**, 15-17에서 수정.

그림 3-3 Flint RF (1971) *Glacial and Quaternary Geology*. John Wiley & Sons 에서 수정.

그림 3-6 Fairbanks RG (1989) A 17,000-year glacio-eustatic sea level record: influence of glacial melting dates on the Younger Dryas event and deep ocean circulation. *Nature*, **342**, 637-642. Chappell J. Polach H (1991) Postglacial sea-level rise from a coral record at Huon Peninsula, Papua New Guinea. *Nature*, **349**, 147-149. Bard E, Hamelin B, Arnold M, Montaggioni L, Cabioch G, Faure G, Rougerie F (1996) Deglacial sea-level record from Tahiti corals and the timing of global meltwater discharge. *Nature*, **382**, 241-244. Yokoyama Y, Lambeck K. DeDeckker P. Johnston p. Fifield LK (2000) Timing of the Last Glacial Maximum from observed sea-level minima. *Nature*, **406**, 713-716. Hanebuth T. Stattegger K. Grootes PM (2000) Rapid flooding of the Sunda Shelf: A late-glacial sea-level record. *Science*, **288**, 1033-1035의 데이터를 이용하여 작성.

그림 4-1   Shackleton NJ, Imbrie J, Hall MA (1983) Oxygen and carbon isotope record of East Pacific core V19-30: implications for the formation of deep water in the late Pleistocene North Atlantic. *Earth and Planetary Science Letters*. **65**. 233-244에서 수정.

그림 4-3   Berger A. Loutre MF (1991) Insolation values for the climate of the last 10 million years. *Quaternary Science Reviews*, **10**, 297-317에서 수정.

그림 4-8   Milankovitch M (1941) *Kanon der Erdbestrahlungen und seine Anwendung auf das Eiszeitenproblem* (*Canon of Insolation and the Ice Age Problem*). Belgrade. Translated by Israel Program for Scientific Translations. Jerusalem, 1969. Berger A (1988) Milankovitch theory and climate. *Reviews of Geophysics*, **26**, 624-657에서 수정

그림 4-10   Hays JD, Imbrie J. Shackleton NJ (1976) Variation in the Earth's orbit: pacemaker of the ice ages. *Science*, **194**. 1121-1132에서 수정.

그림 4-12   Imbrie J (1985) A theoretical framework for the Pleistocene ice ages. *Journal of Geological Society of London*, **141**, 417-132에서 수정.

그림 4-13   Imbrie J. Hays JD. Martinson DG. McIntyre A, Mix AC. Morley JJ. Pisias NG, Prell WL. Shackleton NJ (1984) The orbital theory of Pleistocene climate: support from a revised chronology of the marine ^{18}O record. In *Milankuvitch and Climate*. A Berger, J Imbrie, J Hays,

G Kukla, B Saltzman eds., Reidel, pp.269-306에서 수정.

그림 4-14   Henderson GM, Slowey NC (2000) Evidence from U-Th dating against Northern Hemisphere forcing of the penultimate deglaciation. *Nature*, **404**, 61-66. Winograd IJ, Coplen TB, Landwehr JM, Riggs AC, Ludwig KR, Szabo BJ, Kolesar PT, Revesz KM (1992) Continuous 500,000-year climate record from vein calcite in Devils Hole, Nevada. *Science*, **258**, 255-260. Imbrie J, Hays JD, Martinson DG, McIntyre A, Mix AC, Morley JJ, Pisias NG, Prell WL, Shackleton NJ (J984) The orbital theory of Pleistocene climate: support from a revised chronology of the marine ^{18}O record. In *Milankovitch and Climate*. A Berger, J Imbrie, J Hays, G Kukla, B Saltzman eds., Reidel, pp.269-306. Berger A, Loutre MF (1991) Insolation values for the climate of the last 10 million years. *Quaternary Science Reviews*, **10**, 297-317에서 수정.

그림 6-3   IPCC (2014), Climate Change 2013: The physical science basis. Contribution of Working Group I to the Fifth Assessment Report of the IPCC. TF Stocker *et al.* eds., Cambridge University Press, pp.433-497 을 새로 작성.

그림 6-6   스크립스 해양연구소의 홈페이지 http://scrippsco2.ucsd.edu/data/atmospheric_co2.html의 데이터를 이용하여 새로 작성.

그림 6-7   Etheridges DM, Steele LP, Langenfelds RL, Francey RJ, Barnola JM, Morgan VI (1996) Natural and anthropogenic changes in atmospheric CO_2 over the last 1000 years from air in Antarctic ice and firn. *Journal of Geophysical Research*, **101**, 4115-4128에서 수정.

그림 7-4   윌러드 리비의 노벨화학상 수상연설(1960년 12월 12일)을 바탕으로 다시 작성.

그림 7-5   Arnold JR, Libby WF (1949) Age determinations by radiocarbon content: Checks with samples of known age. *Science*, **110**, 678-680을 수정.

그림 7-6   Reimer PJ *et al.* (2004) IntCal04 terrestrial radiocarbon age calibration.

0-26 cal kyr BP. *Radiocarbon*, **46**, 1029-1058을 수정.

그림8-1   新版 日本の自然 7 『日本列島をめぐる海』 岩波書店, 1996.

그림8-3   우즈홀 해양연구소의 홈페이지에 게재된 그림을 새로 작성. (http://www.whoi.edu/science/MCG/doneylab/tracer/tracer.html)

그림8-6   Trenberth KE, Caron JM (2001) Estimates of meridional atmosphere and ocean heat transport. *Journal of Climate*. **14**, 3433-3443을 수정.

그림8-10   岩波講座地球惑星科学 3 『地球環境論』 p. 95, 岩波書店, 1996

그림8-11   Kroopnick P (1974) The dissolved O_2-CO_2-^{13}C system in the eastern equatorial Pacific. *Deep-Sea Research*. **21**, 211-227. Kroopnick P (1980) The distribution of ^{13}C in the Atlantic Ocean. *Earth and Planetary Science Letters*, **49**, 469-484의 데이터를 이용하여 작성.

그림8-12   Lynch-Stieglitz J, Adkins J, Curry WE, Dokken T, Hall IR. Herguera JC, Hirschi JJM, Ivanova EV, Kissel C, Marchal O, Marchitto TM, McCave IN, McManus JF, Mulitza S, Ninnemann U, Peeters F, Yu EF, Zahn R (2007) Atlantic meridional overturning circulation during the last glacial maximum. *Science*. **316**, 66-69을 수정.

그림8-14   Stommel H (1961) Thermohaline convection with two stable regimes of flow. *Tellus*, **13**, 224-230을 수정.

그림9-1   Dansgaard W (2004) *Frozen Annals: Greenland Ice Cap Research*. Narayana Press을 수정.

그림9-3   Dansgaard W (2004) *Frozen Annals: Greenland Ice Cap Research*. Narayana Press에서 인용. photo by Henrik Clausen

그림9-4   Dansgaard W, Johnsen SJ, Moller J. Langway CC Jr. (1969) One thousand centuries of climatic record from Camp Century on the Greenland ice sheet. *Science*, **166**. 377-381. Dansgaard W (2004) *Frozen Annals: Greenland Ice Cap Research*. Narayana Press을 수정.

그림9-5   Dansgaard W, Johnsen SJ. Clausen HE. Langway CC Jr. (1971) Climatic record revealed by the Camp Century ice core. In *The Cenozoic Glacial Ages*, KK Turekian ed., Yale University Press, pp. 37-56을 수정.

그림 9–7   Grootes PM, Stuiver M, White JWC, Johnsen S, Jouzel J (1993) Comparison of oxygen isotope records from the GISP2 and GRIP Greenland ice cores. *Nature*, **366**. 552–554을 수정.

그림 10–3   Jouzel J, Lorius C, Petit JR, Genthon C, Barkov NI, Kotlyakov VM, Petrov VM (1987) Vostok ice core: a continuous isotope temperature record over the last climatic cycle (160,000 years). *Nature*, **329**, 403–408을 수정.

그림 10–4   국제원자력기구(IAEA)의 데이터를 바탕으로 다시 작성.

그림 10–5   일본 토호쿠대학 이학연구과부속 대기해양변동관측연구센터의 물질순환학분야 웹사이트(http://tgr.geophys.tohoku.ac.jp)를 바탕으로 다시 작성.

그림 10–6   Petit JR, Jouzel J, Raynaud D, Barkov NI, Barnola JM, Basile I, Bender M, Chappellaz J, Davis M, Delaygue G, Delmotte M, Kotlyakov VM, Legrand M, Lipenkov VY, Lorius C, Pepin L, Ritz C, Saltzman E, Stievenard M (1999) Climate and atmospheric history of the past 420,000 years from the Vostok ice core, Antarctica. *Nature*, **399**, 429–436을 수정.

그림 10–7   Mayewski PA, Meeker LD, Twickler MS, Whitlow SI, Yang Q, Lyons WB, Prentice M (1997) Major features and forcing of high-latitude northern hemisphere atmospheric circulation using a 110,000-year long glaciochernical series. *Journal of Geophysical Research*. **102**, 26345–26366. Petit JR. Jouzel J, Raynaud D, Barkov Nl, Barnola JM, Basile I, Bender M, Chappellaz J, Davis M, Delaygue G, Delmotte M, Kotlyakov VM, Legrand M, Lipenkuv VY, Lorius C, Pepin L, Ritz C, Saltzman K, Stievenard M (1999) Climate and atmospheric history of the past 420,000 years from the Vostok ice core, Antarctica, *Nature*, **399**, 429–436을 수정.

그림 10–8   Thompson LG, Mosley-Thompson E, Davis ME, Henderson KA, Brecher HH, Zagorodnov VS, Mashiotta TA, Lin P–N, Mikhalenko VN, Hardy DR, Beer J (2002) Kilimanjaro ice core records: Evidence of

Holocene climate change in tropical Africa. *Science*, **298**, 589–593을 수정.

그림 11–3 Stuiver M, Grootes PM, Braziunas TF (1995) The GISP2 $\delta^{18}O$ climate record of the past 16,500 years and the role of sun, ocean, and volcanoes. *Quaternary Research*, **44**, 341–355. Johnsen SJ, Clausen HB, Dansgaard W, Gundestrup NS, Hammer CU, Andersen U, Andersen KK, Hvidberg CS, Dahl-Jensen D, Steffensen JP, Shoji H, Sveinbjornsdottir AE, White J, Jouzel J, Fischer D (1997) The $\delta^{18}O$ record along the Greenland Ice Core Project deep ice core and the problem of possible Eemian climatic instability. *Journal of Geophysical Research*, **102**, 26397–26410. North Greenland Ice Core Project Members (2004) High-resolution record of Northern Hemisphere climate extending into the last interglacial period. *Nature*, **431**, 147–151을 수정.

그림 11–4 Lea OW, Pak DK, Peterson LC, Hughen KA (2003) Synchroneity of Tropical and High-Latitude Atlantic Temperatures over the Last Glacial Termination. *Science*, **301**, 1361–1364. Stuiver M, Grootes PM, Braziunas TF (1995) The GISP2 $\delta^{18}O$ climate record of the past 16,500 years and the role of sun, ocean, and volcanoes. *Quaternary Research*, **44**, 341–355. Hughen KA, Overpeck JT, Peterson LC, Trurnbore S (1996) Rapid climate changes in the tropical Atlantic region during the last deglaciation. *Nature*, **380**, 51–54을 수정.

그림 11–5 Clarke GKC, Leverington DW, Teller JT, Dyke AS (2003) Superlakes, megafloods, and abrupt climate change. *Science*, **301**, 922–923을 새로 작성. Fisher TG (2004) River Warren boulders, Minnesota, USA: catastrophic paleoflow indicators in the southern spillway of glacial Lake Agassiz. *Boreas*, **33**, 349–358에서 인용.

그림 11–6 Kennett JP, Shackleton NJ (1975) Laurentide ice sheet meltwater recorded in Gulf of Mexico deep-sea cores. *Science*, **188**, 147–150을 수정.

그림 11-7   Tarasov L, Peltier WR (2006) A calibrated deglacial drainage chronology for the North American continent: evidence of an Arctic trigger for the Younger Dryas. *Quaternary Science Reviews*, **25**, 659-688을 수정.

그림 11-8   Grootes PM, Stuiver M (1997) Oxygen 18/16 variability in Greenland snow and ice with 10^3- to 10^5-year time resolution. *Journal of Geophysical Research*, **102**, 26455-26470을 수정.

그림 11-10   Broecker WS, Bond G, Klas M, Clark E, McManus J (1992) Origin of the north Atlantic's Heinrich events. *Climate Dynamics*, **6**, 265-273을 수정.

그림 11-11   Bard E (2000) Climate shock: Abrupt changes over millennial time scales. *Physics Today*, **55**, 32-38을 수정.

그림 12-1   Stuiver M, Grootes PM, Braziunas TF (1995) The GISP2 $\delta^{18}O$ climate record of the past 16,500 years and the role of sun, ocean, and volcanoes. *Quaternary Research*, **44**, 341-355을 수정.

그림 12-2   Thomas ER, Wolff EW, Mulvaney R, Steffensen JP, Johnsen S, Arrowsmith C, White JWC, Vaughn B, Popp T (2007) The 8.2 ka event from Greenland ice cores. Quaternary Science Reviews, 26, 70-81을 수정.

그림 12-3   IPCC (2014), Climate Change 2013: The physical science basis. Contribution of Working Croup I to the Fifth Assessment Report of the IPCC. TF Stocker *et al.* eds., Cambridge University Press, pp. 433-497 을 수정.

그림 12-4   Thompson LG, Mosley-Thompson E, Dansgaard W, Grootes PM (1986) The Little Ice Age as recorded in the stratigraphy of the tropical Quelccaya Ice Cap. *Science*, **231**, 161-364을 수정.

그림 12-5   a) The collection of Rijksmuseum Amsterdam, b) The collection of the Museum of London. c) Meteo Climato의 홈페이지 http://pagesperso-orange.fr/meteoclimato/Images/Cham/Chamonix%20ancien/Chamonix%20ancien.html) d) NASA, e) Carrier Corporation refrigeration advertisement, 1949, I) Fabre, Antoine Francois Hippolyte. *Némésis médicate iliustrée*, *recueil de satires*, Paris, Bureau de la Némésis médicale, 1840.

그림 12–7   Berger A, Loutre MF (1991) Insolation values for the climate of the last 10 million years. *Quaternary Science Reviews*, **10**, 297–317. Imbrie J. Hays JD, Martinson DG. McIntyre A, Mix AC, Morley JJ, Pisias NG, Prell WL, Shackleton NJ (1984) The orbital theory of Pleistocene climate: support from a revised chronology of the marine ^{18}O record. In *Milankovitch and Climate*, A Berger, J Imbrie, J Hays, G Kukla, B Saltzman eds., Reidel. pp. 269–306. EPICA Community Members (2004) Eight glacial cycles from an Antarctic ice core. *Nature*, **429**, 623–628. Broecker WS, Stocker TF (2006) The Holocene CO_2 rise: Anthropogenic or natural? *EOS*, **87**, 27을 수정.

그림 13–2   Stocker TF, Marchal O (2000) Abrupt climate change in the computer: is it real? *Proceedings of the National Academy of Science*, **97**, 1362–1365을 수정.

그림 13–3   Stuiver M, Grootes PM, Braziunas TF (1995) The GISP2 δ^{18}O climate record of the past 16,500 years and the role of sun, ocean, and volcanoes. *Quaternary Research*, **44**, 341–355을 수정.

D0N0032 그림 7-1 The US National Archives and Records Administration 그림 7-2 ⓒ Mary Evans/ PPS 그림 7-7 Ernest Orlando Lawrence Berkeley National Laboratory 그림 8-7 Woods Hole Oceanographic Institution, photo by Vicky Cullen 그림 8-9 Photograph by Nick Romanenko, Lamont-Doherty Earth Observatory, courtesy AIP Emilio Sergè Visual Archives 그림 8-13 真鍋 淑郎 그림 9-6 Photograph by J. Murray Mitchell, courtesy Emilio Sergè Visual Archives/Gift of Chester C. Langway Jr. 그림 10-2 NOAA Paleoclimatology Program/Department of Commerce. Todd Sowers, LDEO, Columbia University, Palisades, New York, USA 그림 11-2 Alamy/PPS 그림 11-9 NOAA Paleoclimatology Program/Department of Commerce. Anne Jennings, Institute of Arctic and Alpine Research, University of Colorado-Boulder, Colorado 그림 12-5 a) The collection of Rijksmuseum Amsterdam, b) The collection of the Museum of London. c) Meteo Climato 의 홈페이지 http://pagesperso-orange.fr/meteoclimato/Images/Cham/Chamonix%20ancien/ Chamonix%20ancien.html d) NASA, e) Carrier Corporation refrigeration advertisement, 1949, l) Fabre, Antoine Francois Hippolyte. Nemesis medicate iliustree, recueil de satires, Paris, Bureau de la Nemesis medicale, 1840. 그림 12-6 왼쪽 그림) Gugelmann Collection, Swiss National Library, Bern, 오른쪽 사진) Photograph by Michael Hambrey, ⓒ www.glaciers-online.net